住房和城乡建设部"十四五"规划教材
教育部高等学校工程管理和工程造价专业教学指导分委员会规划推荐教材
高等学校智能建造专业系列教材

丛书主编　丁烈云

智能工程机械与建造机器人概论
（机器人篇）

Introduction to Intelligent Construction Machinery and Robots
（Robotic Aspects）

袁　烽　主编
徐卫国　主审

中国建筑工业出版社

图书在版编目（CIP）数据

智能工程机械与建造机器人概论. 机器人篇 = Introduction to Intelligent Construction Machinery and Robots (Robotic Aspects) / 袁烽主编. -- 北京：中国建筑工业出版社，2024.11. -- （住房和城乡建设部"十四五"规划教材）（教育部高等学校工程管理和工程造价专业教学指导分委员会规划推荐教材）（高等学校智能建造专业系列教材 / 丁烈云主编）. -- ISBN 978-7-112-30352-6

Ⅰ. TH2-39；TP242.6

中国国家版本馆 CIP 数据核字第 20244NG218 号

当前，以建筑机器人为代表的智能建造技术快速发展，对建筑行业的转型升级产生了重要推动力。《智能工程机械与建造机器人概论（机器人篇）》面向新技术革命背景下国家智能建造人才培养急切需求，通过整合当今智能建造机器人领域的成熟技术与前沿知识，建立一套全面的、清晰的、紧跟时代发展的教学知识体系，助力学生从宏观层面把握智能建造机器人的基本理论和技术发展，为相关研究、实践提供基础理论与系统的知识背景。教材内容采用了知识图谱引领的编写范式，围绕智能建造机器人的工作原理、软硬件共性技术、建造工艺、应用场景类型等知识领域展开从知识模块到知识点的系统论述与阐释，并结合工程案例对智能建造机器人当代实践和未来发展进行了剖析与展望。

本教材可作为普通高等院校智能建造及相关专业本科或研究生的课程教材，也可供土木工程、水利工程、交通工程和工程管理等相关专业的科研与工程技术人员参考。

为了更好地支持相应课程教学，我们向采用本书作为教材的教师提供教学课件，有需要的可与出版社联系，邮箱：jckj@cabp.com.cn，电话：（010）58337285，建工书院 http://edu.cabplink.com（PC端）。

总　策　划：沈元勤
责任编辑：张　晶　冯之倩　牟琳琳
责任校对：赵　力

住房和城乡建设部"十四五"规划教材
教育部高等学校工程管理和工程造价专业教学指导分委员会规划推荐教材
高等学校智能建造专业系列教材
丛书主编　丁烈云
智能工程机械与建造机器人概论（机器人篇）
Introduction to Intelligent Construction Machinery and Robots (Robotic Aspects)
袁　烽　主编
徐卫国　主审

*

中国建筑工业出版社出版、发行（北京海淀三里河路9号）
各地新华书店、建筑书店经销
北京红光制版公司制版
北京圣夫亚美印刷有限公司印刷

*

开本：787毫米×1092毫米　1/16　印张：14½　字数：357千字
2024年8月第一版　2024年8月第一次印刷
定价：49.00元（赠教师课件）
ISBN 978-7-112-30352-6
（43654）

版权所有　翻印必究
如有内容及印装质量问题，请与本社读者服务中心联系
电话：（010）58337283　　QQ：2885381756
（地址：北京海淀三里河路9号中国建筑工业出版社604室　邮政编码：100037）

高等学校智能建造专业系列教材编审委员会

主　任：丁烈云

副主任（按姓氏笔画排序）：

朱合华　李　惠　吴　刚

委　员（按姓氏笔画排序）：

王广斌　王丹生　王红卫　方东平　邓庆绪　冯东明
冯　谦　朱宏平　许　贤　李启明　李　恒　吴巧云
吴　璟　沈卫明　沈元勤　张　宏　张　建　陆金钰
罗尧治　周　迎　周　诚　郑展鹏　郑　琪　钟波涛
骆汉宾　袁　烽　徐卫国　翁　顺　高　飞　鲍跃全

出 版 说 明

智能建造是我国"制造强国战略"的核心单元，是"中国制造 2025 的主攻方向"。建筑行业市场化加速，智能建造市场潜力巨大、行业优势明显，对智能建造人才提出了迫切需求。此外，随着国际产业格局的调整，建筑行业面临着在国际市场中竞争的机遇和挑战，智能建造作为建筑工业化的发展趋势，相关技术必将成为未来建筑业转型升级的核心竞争力，因此急需大批适应国际市场的智能建造专业型人才、复合型人才、领军型人才。

根据《教育部关于公布 2017 年度普通高等学校本科专业备案和审批结果的通知》（教高函〔2018〕4 号）公告，我国高校首次开设智能建造专业。2020 年 12 月，住房和城乡建设部办公厅印发《关于申报高等教育职业教育住房和城乡建设领域学科专业"十四五"规划教材的通知》（建办人函〔2020〕656 号），开展了住房和城乡建设部"十四五"规划教材选题的申报工作。由丁烈云院士带领的智能建造团队共申报了 11 种选题形成"高等学校智能建造专业系列教材"，经过专家评审和部人事司审核所有选题均已通过。2023 年 11 月 6 日，《教育部办公厅关于公布战略性新兴领域"十四五"高等教育教材体系建设团队的通知》（教高厅函〔2023〕20 号）公布了 69 支入选团队，丁烈云院士作为团队负责人的智能建造团队位列其中，本次教材申报在原有的基础上增加了 2 种。2023 年 11 月 28 日，在战略性新兴领域"十四五"高等教育教材体系建设推进会上，教育部高教司领导指出，要把握关键任务，以"1 带 3 模式"建强核心要素：要聚焦核心教材建设；要加强核心课程建设；要加强重点实践项目建设；要加强高水平核心师资团队建设。

本套教材共 13 册，主要包括：《智能建造概论》《工程项目管理信息分析》《工程数字化设计与软件》《工程管理智能优化决策算法》《智能建造与计算机视觉技术》《工程物联网与智能工地》《智慧城市基础设施运维》《智能工程机械与建造机器人概论（机械篇）》《智能工程机械与建造机器人概论（机器人篇）》《建筑结构体系与数字化设计》《建筑环境智能》《建筑产业互联网》《结构健康监测与智能传感》。

本套教材的特点：（1）本套教材的编写工作由国内一流高校、企业和科研院所的专家学者完成，他们在智能建造领域研究、教学和实践方面都取得了领先成果，是本套教材得以顺利编写完成的重要保证。（2）根据教育部相关要求，本套教材均配备有知识图谱、核心课程示范课、实践项目、教学课件、教学大纲等配套教学资源，资源种类丰富、形式多样。（3）本套教材内容经编写组反复讨论确定，知识结构和内容安排合理，知识领域覆盖全面。

本套教材可作为普通高等院校智能建造及相关本科或研究生专业方向的课程教材，也可供土木工程、水利工程、交通工程和工程管理等相关专业的科研与工程技术人员参考。

本套教材的出版汇聚高校、企业、科研院所、出版机构等各方力量。其中，参与编写的高校包括：华中科技大学、清华大学、同济大学、香港理工大学、香港科技大学、东南大学、哈尔滨工业大学、浙江大学、东北大学、大连理工大学、浙江工业大学、北京工业大学等共十余所；科研机构包括：交通运输部公路科学研究院和深圳市城市公共安全技术研究院；企业包括：中国建筑第八工程局有限公司、中国建筑第八工程局有限公司南方公司、北京城建设计发展集团股份有限公司、上海建工集团股份有限公司、上海隧道工程有限公司、上海一造科技有限公司、山推工程机械股份有限公司、广东博智林机器人有限公司等。

本套教材的出版凝聚了作者、主审及编辑的心血，得到了有关院校、出版单位的大力支持，教材建设管理过程严格有序。希望广大院校及各专业师生在选用、使用过程中，对规划教材的编写、出版质量进行反馈，以促进规划教材建设质量不断提高。

中国建筑出版传媒有限公司
2024 年 7 月

序　言

教育部高等学校工程管理和工程造价专业教学指导分委员会（以下简称教指委），是由教育部组建和管理的专家组织。其主要职责是在教育部的领导下，对高等学校工程管理和工程造价专业的教学工作进行研究、咨询、指导、评估和服务。同时，指导好全国工程管理和工程造价专业人才培养，即培养创新型、复合型、应用型人才；开发高水平工程管理和工程造价通识性课程。在教育部的领导下，教指委根据新时代背景下新工科建设和人才培养的目标要求，从工程管理和工程造价专业建设的顶层设计入手，分阶段制定工作目标、进行工作部署，在工程管理和工程造价专业课程建设、人才培养方案及模式、教师能力培训等方面取得显著成效。

《教育部办公厅关于推荐2018—2022年教育部高等学校教学指导委员会委员的通知》（教高厅函〔2018〕13号）提出，教指委应就高等学校的专业建设、教材建设、课程建设和教学改革等工作向教育部提出咨询意见和建议。为贯彻落实相关指导精神，中国建筑出版传媒有限公司（中国建筑工业出版社）将住房和城乡建设部"十二五""十三五""十四五"规划教材以及原"高等学校工程管理专业教学指导委员会规划推荐教材"进行梳理、遴选，将其整理为67项，118种申请纳入"教育部高等学校工程管理和工程造价专业教学指导分委员会规划推荐教材"，以便教指委统一管理，更好地为广大高校相关专业师生提供服务。这些教材选题涵盖了工程管理、工程造价、房地产开发与管理和物业管理专业主要的基础和核心课程。

这批遴选的规划教材具有较强的专业性、系统性和权威性，教材编写密切结合建设领域发展实际，创新性、实践性和应用性强。教材的内容、结构和编排满足高等学校工程管理和工程造价专业相关课程要求，部分教材已经多次修订再版，得到了全国各地高校师生的好评。我们希望这批教材的出版，有助于进一步提高高等学校工程管理和工程造价本科专业的教学质量和人才培养成效，促进教学改革与创新。

教育部高等学校工程管理和工程造价专业教学指导分委员会
2023年7月

前　言

当前，全球数字化进程的加速发展，人工智能已成为引领世界发展的关键技术，为建筑业提供了巨大的转型动力与升级潜力。随着微型传感器、处理器、执行器等系统被嵌入设备、工件和材料中，机器人等数字建造工具开始获得识别、监测、感知以及学习能力，逐渐实现智感、精控、群智的全面升级，进而极大地提高了工程建造效率和精度。美、日、德等制造强国已纷纷将建造机器人作为重点研究方向进行战略部署，政府、企业、研究机构积极推动机器人智能建造技术研发与产业化。我国正面临老龄化、少子化的社会发展挑战，未来十年将出现千万级建筑劳动力缺口，建筑业自动化、数字化、智能化趋势已不可逆转。作为世界最大的建筑市场，我国应加快面向绿色化、工业化和智能化的机器人建造技术发展。

建造信息化水平提升以及不同工种机器人之间的集成与协作促进了智能建造机器人作业能力和工作范围的迅速扩展。此外，随着参数化设计流程的建立，从几何参数化、性能参数化到建造参数化的打通，建筑的生产分工与设计职责正在被重新定义。建筑已变成人机协作的群智实践，不断有包括设计软件工具到专门化的工艺研发以及智能化流程。智能建造机器人作为这种新智能建造范式的重要一环，承担着将设计转化为实体建筑的重要任务，是建立智能化设计知识共享库的重要载体与赋能手段。建立以智能建造机器人为核心的设计建造一体化工作流程，打通从数字到物理的智能建造工作场景和应用范式，对实现建筑工程的高效精造意义重大。

我国智能建造机器人研究起步较晚，但已在勘察检测、本构加工、金属焊接、3D打印等方向上进行了探索研究。同济大学、清华大学、东南大学、南京大学、青岛理工大学、华南理工大学等高校相继建立机器人实验室，开展智能建造机器人教学实践，中建科技集团有限公司、上海建工股份有限公司、三一筑工科技股份有限公司、广东博智林机器人有限公司、上海一造科技有限公司等企业进行了智能建造机器人技术研发，并在特定领域已经取得令人瞩目的成绩。然而，我国智能建造机器人的发展仍旧面临诸多问题与难点：一是面对技术卡脖子问题，需要建立智能建造机器人编程与控制平台，开发自主知识产权的机器人控制软件，建立多场景、多工艺的机器人软件控制标准以及开放的软件研发与应用生态；二是需要突破智能建造机器人装备共性技术、建立机器人集成硬件系统以及人机交互的移动硬件平台标准，建立并规范全流程、多场景智能建造机器人的技术体系；三是需要建立智能建造机器人生产、建造工艺体系，加强多场景应用示范，提升建筑产业化水平。系统掌握智能建造机器人的工作原理、软硬件共性技术、建造工艺系统、工作场景以及产业化应用等基础知识，加快共性和专业技术的研发创新，对于推动我国智能建造机器人产业高质量发展具有重要意义。

根据国内外多年来的教学与实践经验，智能建造机器人理论和技术发展已较为成熟。基于多年的科研和实践基础，我们总结并编写了《智能工程机械与建造机器人概论（机器人篇)》，致力于从更广阔的科技领域、更贴合的专业角度、更合理的教学培养方式，向各层级的智能建造、建筑、土木工程相关专业师生及从业者系统阐释智能建造机器人的基础知识和成熟技术，以期推动智能建造机器人的进一步发展。本书涵盖了同济大学、清华大学、德国斯图加特大学、瑞士苏黎世联邦理工学院、澳大利亚墨尔本皇家理工学院等国内外知名院校，广东博智林机器人有限公司、上海一造科技有限公司等行业先锋企业的智能建造机器人研究成果与实践案例，包含绪论和9个章节内容：绪论部分介绍了智能建造机器人发展的国家需求、产业背景以及数字工匠、性能建构等智能设计建造新理念；第1章概述了智能建造机器人的内涵、特性、发展现状与趋势；第2章介绍了智能建造机器人的主要工作原理；第3、4章分别阐述了智能建造机器人的硬、软件共性技术；第5章重点介绍了增材、等材、减材等三类智能建造工艺机器人的技术特点和应用案例；第6、7章基于工作场景分别阐述了全流程、多场景智能建造机器人和其他智能建造机器人的技术和应用；第8章论述和展望了智能建造机器人的产业化发展；第9章介绍了智能建造机器人在3D打印、砖构和木构工艺应用层面的工程实践案例。

　　本书编写团队既有多年从事智能建造机器人相关研究的专家学者，也有长期奋斗于工程建造和机器人装备、工艺研发的高级技术人员。其中，同济大学主要承担了本书绪论及1~8章的编写工作，博士后欧雄全、柴华参与了协助编写，博士生李可可、吴昊、高天轶、周鑫杰、谢星杰、袁梦豪、许心慧参与了资料收集整理和图表绘制工作；广东博智林机器人有限公司的刘震、窦正伟参与编写了第6章部分内容；上海一造科技有限公司的孟媛、韩力负责编写了第9章的工程案例内容。全书由清华大学徐卫国教授审定。

　　本书可作为高校智能建造专业教材使用，也可为建筑及智能建造领域的从业人员提供理论参考。在编写和审定过程中，本书得到了有关专家和业内同行的大力支持和帮助，在此编者表示衷心的感谢！

目 录

绪论 ·· 1
  国家需求：建筑工业化与智能建造发展 ······································· 1
  产业背景：信息技术革命下的产业升级 ······································· 3
  数字工匠：人机共生的产业未来再定义 ······································· 5
  性能建构：后人文主义重塑建造新范式 ······································· 7

1 智能建造机器人概论 ·· 11
  知识图谱 ·· 11
  本章要点 ·· 11
  学习目标 ·· 11
  1.1 从建筑工业化到机器人建造 ··· 11
  1.2 智能建造机器人的内涵与特征 ·· 15
  1.3 智能建造机器人发展现状与趋势 ······································· 18
  本章小结 ·· 23
  思考与练习题 ·· 24

2 智能建造机器人工作原理 ··· 25
  知识图谱 ·· 25
  本章要点 ·· 25
  学习目标 ·· 25
  2.1 智能建造机器人系统构成 ·· 26
  2.2 智能建造机器人分类 ·· 27
  2.3 智能建造机器人工作流程 ·· 36
  本章小结 ·· 38
  思考与练习题 ·· 38

3 智能建造机器人硬件共性技术 ··· 41
  知识图谱 ·· 41
  本章要点 ·· 41
  学习目标 ·· 41
  3.1 智能建造机器人集成硬件系统 ·· 42
  3.2 智能建造机器人机构构型设计 ·· 48
  3.3 智能建造机器人移动技术 ·· 51
  本章小结 ·· 58

思考与练习题 58

4　智能建造机器人软件共性技术 59
知识图谱 59
本章要点 59
学习目标 59
　4.1　智能建造机器人编程技术 60
　4.2　智能建造机器人协同技术 65
　4.3　智能建造机器人定位技术 72
本章小结 76
思考与练习题 76

5　智能建造工艺机器人 79
知识图谱 79
本章要点 79
学习目标 80
　5.1　智能建造工艺机器人概述 80
　5.2　增材建造机器人 81
　5.3　等材建造机器人 104
　5.4　减材建造机器人 113
本章小结 124
思考与练习题 124

6　全流程多场景智能建造机器人 125
知识图谱 125
本章要点 125
学习目标 125
　6.1　全流程多场景智能建造机器人概述 126
　6.2　主体结构建造机器人 130
　6.3　感知定位机器人 136
　6.4　物料运输机器人 140
　6.5　质量检测机器人 145
　6.6　装饰装修机器人 150
本章小结 161
思考与练习题 161

7　其他智能建造机器人 163
知识图谱 163
本章要点 163
学习目标 163
　7.1　现场勘查机器人 163

  7.2 运营维护机器人 ……………………………………………………… 170
  7.3 破拆机器人 ………………………………………………………… 176
  本章小结 ………………………………………………………………… 180
  思考与练习题 …………………………………………………………… 181

8 智能建造机器人产业化发展 …………………………………………… 183
  知识图谱 ………………………………………………………………… 183
  本章要点 ………………………………………………………………… 183
  学习目标 ………………………………………………………………… 183
  8.1 智能建造机器人整合设计建造一体化流程 …………………… 184
  8.2 智能建造机器人促进数字建造产业化发展模式 ……………… 185
  8.3 智能建造机器人推动定制化生产和现场建造的高效精造未来 … 188
  本章小结 ………………………………………………………………… 194
  思考与练习题 …………………………………………………………… 194

9 智能建造机器人实践 ……………………………………………………… 197
  知识图谱 ………………………………………………………………… 197
  本章要点 ………………………………………………………………… 197
  学习目标 ………………………………………………………………… 197
  9.1 机器人3D打印工艺应用案例——乌镇"互联网之光"博览中心 … 197
  9.2 机器人砌筑工艺应用案例——南京园博园L酒店 …………… 201
  9.3 机器人木构工艺应用案例——四川省成都市天府农博园瑞雪多功能展示馆 … 204
  本章小结 ………………………………………………………………… 208
  思考与练习题 …………………………………………………………… 208

参考文献 ……………………………………………………………………… 209
后记 …………………………………………………………………………… 217

国家需求：建筑工业化与智能建造发展

1. 从建造大国走向建造强国

过去三十多年，我国的工程建造取得了举世瞩目的成就，已成为全球最大的建筑市场。虽然我国是建造大国，但是传统建造方式占比高、效率低、安全风险大、智能化程度低，制约了我国迈向建造强国的步伐。建筑业是指在国民经济中从事工程建设的行业，包括勘察、设计、生产、施工、运维等活动，其具体建造对象包括房屋、桥梁、隧道、公路、铁路等，长期以来都是我国的支柱产业。但是，建筑业传统碎片化、粗放式的建造方式已带来产品性能欠佳、资源浪费较大、安全问题突出、环境污染严重和生产效率较低等一系列问题，严重制约着我国经济社会的可持续和高质量发展。

建筑业作为劳动力密集型行业，劳动力是其主要成本之一。长期以来，成本低廉、供应充足的农村转移劳动力为我国建筑业的快速发展提供了重要支撑。随着我国劳动年龄人口迎来增长拐点，劳动力供应减少以及人工成本上升已成必然。国家统计局《农民工监测调查报告》显示，我国农民工平均年龄不断上升，50岁以上的老龄劳动力已占比近30％（图0-1），其中从事建筑业的劳动力在2014年达到6109万人顶峰后逐年下降，近十年已减少近千万劳动力（图0-2）。当前，中国正面临老龄化、少子化的社会发展挑战，未来十年建筑业劳动力缺口预估将超过1000万，建筑业的自动化、数字化、智能化趋势已成必然。

此外，建筑业作为仅次于采矿业的第二高危行业，露天的作业环境、混乱的工地现场、艰苦的居住条件都阻碍了劳动力选择进入建筑业的步伐。这些因素都迫使建筑业正在成为受劳动力短缺影响严重的行业：一方面建筑业的快速发展对劳动力的需求巨大，另一方面生产技术落后、工人技能素质偏低等问题不断凸显，建筑生产工艺的转型升级不可避免地成为促进建筑业健康发展的必然需求。当前社会发展的新问题、新需求不但让建筑工程建造活动日益复杂，也对建筑工业化的发展提出了更高的要求。

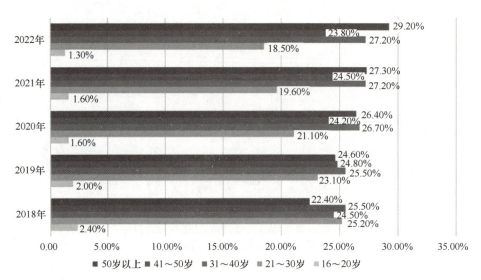

图 0-1　近五年我国农民工年龄构成统计

（图片来源：作者根据国家统计局 2022 年《农民工监测调查报告》数据资料绘制）

图 0-2　近十年我国建筑业劳动力数量统计

（图片来源：作者根据国家统计局 2013—2022 年《农民工监测调查报告》数据资料绘制）

根据我国 1995 年发布的《建筑工业化发展纲要》，建筑工业化是指通过现代化的制造、运输、安装和科学管理的工业化生产、装配式施工融合的生产方式。建筑工业化的主要标志是建筑设计标准化、构配件生产工厂化、施工机械化和组织管理科学化。将建筑工业化与新一代信息技术相结合，形成集标准化设计、工厂化生产、机械化施工、信息化管理、智能化应用于一体的新型建筑工业化技术，是建筑工业化发展的必然趋势。我国建筑业也迫切需要制定工业化与信息化相融合的智能建造发展战略，彻底改变传统碎片化、粗放式的工程建造模式，实现从建造大国向建造强国转变。

2. 建筑工业化与智能建造协同

2020 年，中央开始密集部署加快"新基建"进度，发力于科技赋能建筑业，打造集约高效、经济适用、智能绿色、安全可靠的现代化建筑基础设施体系。在建筑业新型工业化及国家新基建政策形势推动下，促进了智能建造的发展壮大。

为加快推进建筑工业化、数字化、智能化升级，推动建筑业高质量发展，住房和城乡建设部等13个部门在广泛调研的基础上，制定出台了《关于推动智能建造与建筑工业化协同发展的指导意见》（以下简称《指导意见》）。《指导意见》明确提出，要围绕建筑业高质量发展总体目标，以大力发展建筑工业化为载体，以数字化、智能化升级为动力，形成涵盖科研、设计、生产加工、施工装配、运营等全产业链融合一体的智能建造产业体系。同时，住房和城乡建设部以全面落实《指导意见》各项要求为基础，进一步提出了相应的目标任务："一是要以大力发展装配式建筑为重点，推动建筑工业化升级；二是要以加快打造建筑产业互联网平台为重点，推进建筑业数字化转型；三是要以积极推广应用智能建造机器人为重点，促进建筑业提质增效；四是要以加强示范应用为重点，提升智能建造与建筑工业化协同发展整体水平"。

长期以来，建筑业主要依赖规模投入、大规模投资拉动发展，工业化、信息化程度较低，企业科技研发投入比重不高，建筑业与先进制造技术、信息技术、节能技术融合不够，智能化施工装备能力亟待提升，迫切需要利用5G、人工智能、物联网等新技术升级传统建造方式。随着大数据、云计算、人工智能、互动技术、虚拟及增强现实技术的不断开发，数字设计及数字建造无时不在寻求与这些新兴的科学与技术相结合，引领建筑行业向新的方向拓展。在近年来的政策推动和支持下，我国建筑业持续快速发展，产业规模不断扩大，建造能力不断增强，BIM等信息技术迅速推广，以机器人为代表的智能建造装备和施工机械自主研发取得积极进展，工程设计、施工和运行维护信息化水平不断提升。依托于信息化技术、智能建造机器人技术以及大数据、互联网等手段，我国建筑业将逐步实现智能建造，同时带来建造效率、效益和效能的提升。

产业背景：信息技术革命下的产业升级

1. 当代建筑业的信息化升级

科技发展始终是建筑业转型发展的强大推动力。社会生产方式从手工业转向机器生产的进展由第一次工业革命开始，并为建筑建造领域带来生产方式与建造工艺的改变。近年来，随着信息技术的快速发展，基于数据、模型、算法以及流程的新型工业化正在重新定义建筑工程建造的核心议题。从广义上讲，建筑工程建造是一种特殊的制造业。建筑业的发展同样受到原材料生产、建造设备自动化等因素的严格限制。当前，我国建筑业的工业化、信息化程度落后于工业、交通等其他行业。根据麦肯锡2017年发布的数据，我国建筑业的信息化程度处于各行业最底层，甚至低于农业和渔猎等传统领域。粗放式的生产方式导致了生产效率的低下，也带来了工程造价的大量浪费。

建筑业信息化是指通过运用计算机、互联网、物联网、云计算、通信、自动化、系统集成与信息安全等现代信息技术改造和提升建造模式，提高建筑业的技术、设计、生产、管理和服务水平。建筑业信息化包括设计信息化、生产管理信息化和施工管理信息化等内容，贯穿设计、生产、施工管理、运营维护等建筑业全产业链，其目标是让信息在行业中各环节之间高效流通和共享，提高工作效率和工程质量。

如今新一轮信息技术革命的到来为建筑业信息化发展提供了重要机遇。"工业4.0"概念自2013年4月在德国汉诺威工业博览会上正式推出以来，迅速在全球范围内引发了工业转型竞赛。为了提高工业竞争力，一批世界工业大国相继提出了自己的工业转型战略。例如美国提出了"工业互联网"发展战略，中国在2015年印发的《中国制造2025》也将智能制造定为实施制造强国战略第一个十年行动纲领的重要内容。物联网、云计算、人工智能、信息物理系统（Cyber Physical System，CPS）等信息化技术的迅猛发展为高度灵活的个性化产品生产与服务模式奠定了基础，被认为是工业生产领域的又一次重大革命，并深刻地改变了包含建筑业在内的各行业的生产。因此，如何利用信息化技术将粗放型、劳动密集型生产方式转变为精细化、系统化、智能化建造模式，成为当代建筑业升级的关键问题。

2. 智能建造推动建筑产业变革

2022年，住房和城乡建设部颁布的《"十四五"建筑业发展规划》提出：对标2035年远景目标，初步形成建筑业高质量发展体系框架，建筑工业化、数字化、智能化水平大幅提升，达到建造方式绿色转型成效显著，加速建筑业由大向强转变，为形成强大国内市场、构建新发展格局提供有力支撑。利用新兴技术解决传统建造方式问题、推动建筑产业变革越来越受到关注，其中智能建造又被认定是重要的切入点。

智能建造是基于新一代信息技术与工程建造融合的新建造模式。信息化能解决建筑业的数字化和信息流通问题，但无法模拟解决人脑进行的设计、判断、预警、决策等问题，也不能主动执行，更不能根据新的问题进行主动迭代，修正已有的经验和认知模式。建筑业的智能建造是依托建筑工业化和信息化，在工程的设计、生产、施工和运维中，以人工智能算法为核心，融合图像与视频识别、语音识别、BIM、机器人等技术手段，提高建造效率和质量，并降低人力资源投入和人员劳动强度，实现建筑业的高度自动化和数字化。

丁烈云院士将智能建造定义为"利用以三化（数字化、网络化和智能化）和三算（算据、算力、算法）为特征的新信息技术，实现工程建造要素资源数字化，通过规范化建模、网络化交互、可视化认知、高性能计算以及智能化决策支持，实现数字链驱动下的工程立项策划、规划设计、施（加）工生产、运维服务一体化集成与高效率协同，拓展工程建造价值链、改造产业结构形态，交付以人为本、绿色可持续的智能化工程产品与服务"。因此，智能建造包含了智能设计、智能生产、智能施工、智能运维等内容，其实现涉及信息、机械、材料、建筑等学科的交叉融合，利用先进信息技术和建造技术，对建造全过程进行技术和管理创新，促使建设过程由数字化、自动化向集成化、智慧化变革。

建筑设计行业作为大规模社会化生产分工合作的产物，随着智能化、信息化社会的到来而发生转向，融入智能建筑设计与建造产业网链，即房屋建造或环境建设的全过程及各专业充分利用数字技术及智能算法在同一数字平台实现建造目标。这一过程同时也可看成是虚拟建造与物质建造的结合：虚拟建造即是在计算机内的建筑建造过程，形成数字信息流；物质建造以虚拟建造形成的数字信息为依据，展开部件的加工与现场施工，同时与数字信息交互，继续优化修正已有数字信息，延续数字信息流，直至项目建成交付使用；最终把虚拟建造形成的信息模型及物质建造形成的数字化交付成果一并交给建筑使用者及物业管理者。在当前实践中，基于信息物理系统的建筑智能建造充分利用信息化手段以及机器人装备优势，加强环境感知、建造工艺、材料性能等因素的信息整合。通过智能感知与机器人装备，实现了高精度、高效率的建筑工程建造。伴随着环境智能感知、云计算、网络通信和网络控制等系统工程被引入建筑智能建造领域，"信息"成为建筑建造系统的核心，而建筑不仅是标准化构件的现场装配，还包含非标准化构件的机器人定制化生产，以及智能化建造装备下的现场建造。以智能建造机器人为重要装备的建造内容不仅能够提高劳动生产率、应对劳动力供给等问题，同时有助于引领建筑业走上工业化、信息化、智能化的道路，在高性能、集约化、可持续性发展方面形成有力的抓手与支撑。在此背景下，加快发展智能建造机器人对于提升国家建筑智能化产业的竞争力具有极其重要的意义。

数字工匠：人机共生的产业未来再定义

数字技术的发展正快速促进建筑学的进步。数字工具深入建筑设计和建造的各个环节，扩展了设计师的思维能力。面对建筑产业的升级，人机协作开启了建筑数字化设计与建造的新可能。在这一过程中，"数字工匠"（Digital Craftsmanship）的兴起不仅致力于提升设计合理性和建造效率，也关注工具、劳动力、协作、材料、文化等多样而辩证的话题，对走向人机共生的建筑产业未来进行再定义。

1. 建筑师与工匠的历史关系

从古代到中世纪时期的建筑都是由工匠建造，自由的工匠和行会工人在杂乱的建造现场讨论建造问题并寻找解决方案。建筑的最终形态不是预先设计表达的全部内容，而是依赖于工匠对结构、材料、技艺经验的判断、深化与实施。文艺复兴时期，莱昂·巴蒂斯塔·阿尔伯蒂（Leon Battista Alberti，1404—1472年）观察到了城市中"自由建筑师"（Free Lance Architect）现象的出现，并将"建筑"作为一门学科加以抽象化和理论化。建筑首先在脑中成形，通过制图加以标记、注解来表达，再由建造者们按图如实建造。对建筑制图的诉求也意味着建筑师从工匠（Craftsman）到图匠（Draftsman）的职业变化，附加在建筑设计这种著作权（Authorship）价值随之显现。建筑师地位的提升所带来的是工匠地位的相应下降，在引发设计与建造分离的同时，也带来了头脑与双手的分离。随着资本主义社会的发展，工业流水线的兴起与普及使得社会出现了人逐渐失去某些技能（Deskilling）的产业发展状况。19世纪晚期，工艺美术运动（Arts & Crafts Movement）则认为工业化与机器的大规模使用造成了手工艺的衰败与社会阶层的对立。

进入20世纪的现代主义时期，工业化极大地改变了建筑学，重新定义了设计的目的以及建造的产业化流程，迫使建筑师用不同于以往的方式思考。这其中的重要表征之一就是对工业生产逻辑的顺应，也意味着从设计到建造以直线运动为标准的空间操作、对材料标准化等原则的全盘接受，在很大程度上也决定了设计与建造必须面临的局限。如今随着建筑业的数字化转型，人类逐渐意识到智能化生产遵循着相反的生产逻辑，不但可以实现大规模批量化生产，还可以实现差异性定制。随着参数化设计工具以及机器人技术的加入，工业标准化久违了的差异性、可变性和独特性可以被重新召回到建筑批量生产的视野，也让建筑师与建造的关系再一次紧密地联系起来。

2. 建造视角下的技术文化观

如今，建筑这门学科感受到了行业高度分化与逐渐被隔离的危机，设计主体、方法和工具相关的议题亟需被重新思考。BIM这样的信息集成工具成为设计师、施工方与各方代理的同步工作载体，另外通过数控工具也可以实现非标准化的构件建造，这些工具固然提升了设计与建造分工之间指令传达的效率，但是并没有真正地为创作提供更多可能。机器不仅是建造的工具（Tool of Making），同样是思考的工具（Tool of Thinking）。随着从几何参数化、性能参数化到建造参数化的设计方法与设计流程打通，当下的数字环境更倾向于将大脑与新工具如机器人联合起来形成一种全新关系，设计的主体（Subject）不再局限于人类，机器同样成为主体的一部分，这种混合了有机体与机器的特征被定义为"赛博格"（Cyborg）。

在人机共生的条件下，当下设计主体已经发生了根本性改变，设计的方法不同于从设计"意图—制图—建造"的流程，人机共生的全新关系决定了新的"数字工匠"（Cyborg Craftsmanship）模式。通过人机协作，以往以物体为中心、以作品为导向的工作模式发生根本性的转变，参数化设计与建造流程本身可以成为创作的源泉。对数字工具的应用也不仅局限于信息的整合，甚至直接延伸到控制机器人的创造性工作。

3. 数字工匠的一体化工作流程

长期以来，建筑绘图是设计意图到建造之间最关键的步骤。但是，制图的动作与创作思维的认知机制之间存在差异。创作强调对于空间关系的创造，而并非是制图过程那样将不同信息叠加。电脑辅助制图软件的出现提高了制图效率，但并未对设计方法产生实质的影响，所起到的作用也仅限于对设计意图的数字化传达。造成这种局限的重要原因之一是传统的设计是以物体为中心（Object-Centric）展开。随着算法作为核心的语言工具的到来，参数化工具可以无缝衔接设计到空间建造的全过程，这种组织形式的演变成为全新生产力。不同于早期从设计"意图—制图—再现—建造"的过程，借助参数化设计方法达成的人机协作重新建立起从设计"意图"到"建造"之间的全新连接。最终成果并不是预先给定的，而是从设计目标出发、依照逻辑逐步推演而来，生形（Formation）、模拟（Simulation）、迭代（Iteration）、优化（Optimization）与建造（Fabrication）形成一体化工作流程（图0-3）。

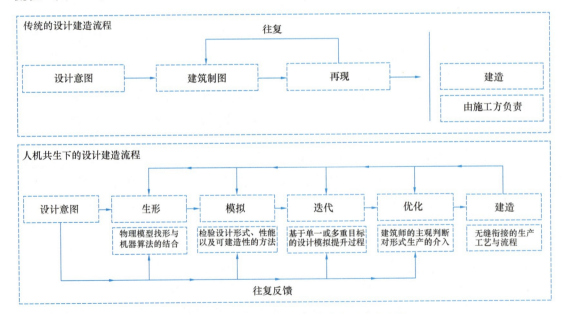

图0-3 传统与设计共生下的设计建造流程比较

生形过程的本质是在概念生成阶段，将人脑的直觉意象与经验判断转化为人脑和体外化的物理模型找形以及机器算法全面结合的动态化决策思维过程，其核心特征是增强化的逻辑性、过程性与人机协作性。

模拟是检验设计形式、性能以及可建造性的有效方法。计算机模拟工具除了可以实现多维度建筑表现、建筑信息可视化之外，还能够将建筑性能化评价过程融入形式决策过程，甚至可以将各种建造工艺的研发转化为参数化逻辑融入设计流程当中。

迭代是基于单一或者多重目标的设计模拟过程的提升。随着多学科的交叉，结构、环境领域的知识被不断引入建筑创作思维过程，并实现性能的可度量。

优化并非寻找最优解，而是将建筑师的主观判断、物质材料的建造工艺特征与迭代的设计过程结合的过程。建筑优化的设计过程正是人机协作的趣味所在，同样的工具在不同人手中也会展现不同的匠心。

建造在人机协作时代被重新纳入建筑师的职责与掌控范围。随着参数化的设计流程的建立，从几何参数化、性能参数化到建造参数化的打通，建筑的生产分工与设计职责正在被重新定义。

4. 人机共生下的全新工作模式

在从设计到建造的一体化过程中，机器之间的数据传递在各个阶段形成了网络化的反馈关系。同时，人作为设计建造主体又始终与机器保持着有机的协作共生关系。人机共生下的全新工作模式表现为一体化、体外化和虚拟化/物质化的数字孪生三大特征。

一体化首要是人的思维与机器运算思维的打通，其次是设计与建造的打通，一切建立在建筑设计方法从几何参数化、性能参数化到建造参数化的一体化联动基础之上。

体外化是对待人体与机器的基本态度。机器不应当被视为人在思维和身体上的延伸，而是独立于人体，有着与人类不同的能力与思考方式，应该作为"合作同伴"（Partnership）参与到设计过程中。机器过程的参与并非是主导设计，而是在预设条件下增强人的能力。

虚拟化/物质化的数字孪生是人机协作成果获得直接体现的重要原因。无论是可视化、参数化找形还是性能化模拟，都在追求虚拟空间中的数字信息与物理空间中的实体之间精确的映射关系。数字孪生是将可视化信息转化为实体建造的关键，这种共生关系为形式的生成、材料的分布带来了新的可能。

此外，数字工匠的工作方法很大程度上依托于智能感知与机器人智能建造平台。在不同学科、不同知识背景的共同参与下，通过不断的实验性的工作，达成从实验室原型研究到成熟工艺的实践探索。当建筑师可以直接无缝衔接生产工艺与流程，提升的不仅是生产效率，也塑造着未来的建筑创作范式革新与建筑产业格局。

性能建构：后人文主义重塑建造新范式

在数字时代的今天，数字技术已经实现将所有物质信息编码进行处理转化。这极大地解放了建筑思维的烦琐工作，形成了针对数字化建筑这一新范式的讨论。在数字平台的依托下，性能与建筑以数字信息为接口实现性能参数与建筑参数之间的转化。在性能与建筑之间非实体与实体的转化中，建筑师以数字信息为媒介，将建筑的几何形式作为性能参数的物质呈现，控制建筑建造过程的完成，这一过程即为性能化建构。集成性能化建构设计方法与多材料智能建造机器人建造技术工艺，实现数字建造过程中几何参数、性能参数、建造参数的一体化联动，支撑着当今数字建筑设计与建造走向智能时代。

1. 从"形式美学"到"性能美学"

数字化设计正随着建筑形式伦理意义的转变以及建筑技术的提升而逐渐脱离"找形"这一纯粹以形式为目的的美学方式。单纯的自上而下研究"形式美学"（Aesthetics Performance）已经不再是数字化建筑的主要目的，取而代之的"性能美学"（Performance Aesthetic）逐渐成为新的标准范式。

在如今新文化时代的背景下，建筑形式的意义正在回归到建筑建造本身的伦理价值，强调建筑的原真性以及客观性。在数字化工具的帮助下，关注建筑单元构件对人体感受、环境条件以及结构有效性的性能回应，通过算法逻辑的代入，单元构件的叠加排列形成了性能新美学的定义。这种以性能化为建筑形式目的的数字设计方法体系形成了"性能化建构"的定义。

2. 性能化建构设计方法

对性能美学的追求将特别关注自然中的"数字"信息，如在建筑环境下人的行为信息、自然环境的生态信息以及建筑本身的结构信息。这种细腻的观察视角将建筑设计核心重新回归到对空间、体验等建筑本体的多维性感知，将人文对建筑的感知放大并重构。

在性能化建构中，数字信息的摄取只是对建筑信息设定了数据库的范围。最重要以及决定性能化建构设计思路的是怎样将这些性能模拟信息从性能化的角度出发转化，建立数字信息与建筑生形的几何逻辑，结合数字化"计算生形"平台建立脚本，让性能表现通过几何形式物质化，完成从性能因素到具体建筑建造这一由虚到实的跨越过程。在成形以及模拟的互动推进中，形成性能化建构设计体系的综合设计平台。将不同性能参数的分析对象以及软件工作包纳入一个工作空间中，利用数字化强大精准的数据处理能力完成参数传递以及转化过程，最终输出几何逻辑生成结果，从而完成性能数据转化（图 0-4）。

图 0-4　性能化建构思路

数字化建造工具和设备以及数字化高性能要求下的新材料同样决定了性能化建构的完成与发展。其中，建筑信息模型（BIM）的提出成为数字建造整体过程的技术基础，其是从设计到建造的过渡媒介。理想的数字建造利用参数化的虚拟模型搭建起数字建构与真实建造的联系，任何参数的变化都将直接影响最终的真实施工。

3. 环境性能化

环境性能化是指在连续变化的环境场中，依托建筑参数的模拟模型，对所设计空间中的外界环境影响因素的回应和适应方式进行预测，从而评估空间设计的使用效能，其核心是环境模拟模型。

将环境因素作为建筑设计参数，根据建筑单元构件对环境的感知、反馈与协同关系并建立内部空间与环境因素之间的逻辑联系，从而形成以环境性能为设计目标的几何生形。由于在现代建筑尺度下环境反馈是持续动态的，单一的构件形式不能满足不同环境反馈的要求，必然要建立环境性能的多目标模型，建立一个可以综合权衡多方面数据并进行整体分析与决策的平台是首要问题。

从环境性能参数到几何生形的过程，模拟软件发展已非常成熟。如针对建筑表皮生态性能研究，主流分析软件包括了 Autodesk Ecotect Analysis、Autodesk Vasari、ANSYS Airpak 等多种模拟平台。通过将这些软件与 Rhinoceros、Grasshopper、Processing 等建筑设计软件结合，可以建立计算框架来进行重复迭代计算，从而设计生成环境性能驱动下的表皮形式。同时，环境性能的评估和认证标准也日益成熟。例如奥雅纳（ARUP）建筑工程公司于 2000 年创立的可持续项目评估程序（SPeAR）工具，结合 LEED、BREEAM、CEEQUAL 等标准，令环境性能可量化，形成了建筑环境性能设计量化评估的基础。

4. 结构性能化

结构性能化是通过数字化工具计算模拟、运算和优化建筑的结构性能，寻找空间形态和建筑结构的合理关系，实现形与力的双向交互，其核心是搭建结构性能化模型。前数字时代的结构性能设计是建筑师应用图解静力学等经典结构图解分析方法针对特定材料、特定形态、特定结构目标的设计方法。20 世纪 60 年代以后，随着电脑计算技术发展和新结构计算方法的出现，令结构环境模拟技术得以提高。随着云计算、大数据、虚拟仿真等数字技术的发展，建筑师已经可以通过智能工具插件与平台对建筑结构性能进行模拟、分析与优化，获得深入把控结构性能的机会，并创造新的建筑空间形式和性能美学。

新技术和新材料的不断革新使得材料性能参数和力学算法被贯彻到整个设计过程中。依托不断涌现的结构性能化技术平台，可以实现在不同静力学与动力学情况下分析出单一或混合智能材料，以及搭建复杂结构系统，建立从材料性能参数到结构性能生形的建构体系。因此，结构性能化设计不是基于建筑几何结构设计，亦非套用成熟结构体系的传统找形过程，而是建立一种建筑与结构新的找形方法与思维范式，实现复杂建筑系统下结构性能化技术介入早期概念生形的建筑设计过程，并以此批判现代主义进程中将结构设计沦为单纯的合理化设计过程思维方法。

5. 行为性能化

行为性能化是指在动态行为驱动的空间设计过程中，依托建筑空间界面的动态模拟模型，对所设计空间中的动态智能体（Agent）行为（一般来自人）的回应和动作进行预测，从而生成建筑空间的使用效能，其核心是行为模拟。空间具有流动性和互动性，空间生形基于行为触发了多种行为导向的空间生形可能性。自然界的行为轨迹呈现出环境作用下个体或集体的共同相互作用影响。设计建立空间中行为轨迹与建筑空间界面形式之间的逻辑关联性，通过对人行为的模拟，开启互动空间中建筑空间界面的生成，同时，建筑动态信息反馈给行为发生端，从而影响行为发生轨迹，完成空间中的互动过程。在整个互动过程中，空间中行为信息一直处于触发和反馈信息的实时循环过程，进而给性能参数增加了时间维度上的契合性。

行为性能映射了建筑空间的动态性，赋予建筑以感情和个性，促使建筑可以实时对空间效能变化作出自主性反馈。空间动态性，增加了整个空间的亲切感，促进了空间与使用者的界面交流。行为性能化建构超出了传统建筑建造的静态解读，强调了空间效能在时间维度上的建构与重塑。

1 智能建造机器人概论

【知识图谱】

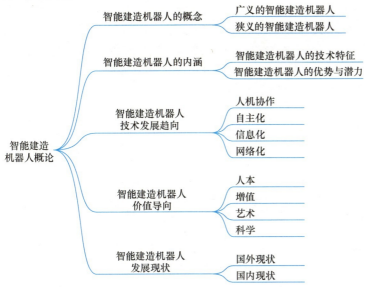

【本章要点】

知识点 1. 智能建造机器人的概念。

知识点 2. 智能建造机器人的内涵。

知识点 3. 智能建造机器人的技术发展趋向。

知识点 4. 智能建造机器人的四个价值导向。

知识点 5. 智能建造机器人的发展现状。

【学习目标】

（1）理解智能建造机器人的概念内涵和价值导向。

（2）了解智能建造机器人的历史特征与技术发展趋向。

（3）了解智能建造机器人的国内外发展现状。

1.1 从建筑工业化到机器人建造

18世纪末期，随着蒸汽机和机械设备的出现，第一次工业革命促使工业生产向自动化生产迈出了第一步。20世纪初期的第二次工业革命，电力能源利用以及随之而来的标准化生产流水线大幅提高了工业化生产和管理效率，同时也对产品的标准化设计提出了新要求。20世纪70年代，计算机辅助建造技术（CAM）将计算机技术与电气、机械、控制工程加以整合，不仅大大提高了工业生产的自动化水平和生产效率，产品加工的灵活性和适应性也得到了大幅提升。基于工业化生产的大批量预制向个性化定制的生产模式转变，成为第三次工业革命的重要内容。在制造业领域，新一轮技术革命的核心是信息物理系统，即物理与信息领域的高度交叉与整合。随着微型传感器（Sensor）、处理器（Processing Unit）、执行器（Actuator）等系统被嵌入设备、工件和材料中，以工业机器人为代表的工具开始获得识别、监测、感知以及学习能力，逐渐实现智能感知、系统运行与组织能力的全面升级。互联网、人工智能、机器学习与机器人制造的连接大大提高了工业制造过程的智能化水平，也为生产技术的第四次飞跃开启了大门。第四次工业革命综合利用了第一次、第二次工业革命创造的"物理系统"和第三次工业革命带来的"信息系统"，通过信息与物理的深度融合，实现智能化生产与制造。尽管建造技术的发展很少被技术史所重视，但是其发展史仍旧与工业技术的发展史保持了一定程度的同步，并能够通过几次工业革命标画其历史演变进程（图1-1）。

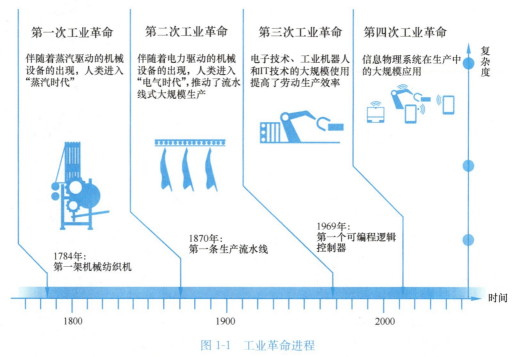

图 1-1　工业革命进程

（图片来源：作者根据 German Research Center for Artificial Intelligence 资料绘制）

1.1.1　建筑工业化生产

第一次工业革命是社会生产从手工业向机器工业过渡，并在建筑建造领域带来了生产方式和建造工艺的发展。在第一次工业革命之前，建筑建造过程很大程度上依赖于在地性材料、技术、建筑知识以及建造传统。第一次工业革命以后，铁路系统的快速发展大大提高了货物与材料的流动速度和运输能力，直接导致了工业城镇数量的增长以及建筑物和基础设施建设需求的快速膨胀。工业化生产的建筑材料和预制构件（如铸铁构件、玻璃、工厂预制的砖或者人造石材）不断涌现，在大型钢结构桥梁、基础设施以及火车站、展览馆、百货公司等标志性建筑中被广泛应用，并直接影响了建筑行业及其施工过程。1851年伦敦世界博览会的水晶宫是第一座用工业化预制生产的金属与玻璃建造的建筑"纪念碑"，整座建筑采用了标准化预制的铁、木材、玻璃构件，现场装配过程花费了9个月时间，是现代预制装配式建筑的先驱。现代建筑史学家肯尼斯·弗兰姆普敦（Kenneth Frampton）在《现代建筑：一部批判的历史》中写道："水晶宫与其说是一个特殊形式，不如说它是从设计构思、生产、运输到最后建造和拆除的一个完整的建筑过程的整体体系。"

新的建筑系统需要新的建造技术与之相适应。在这一时期，特殊的建筑机械、起重机械开始出现在建筑工地上，逐渐改变了建筑工地的组织模式。到20世纪初，随着钢铁、混凝土等建筑构件批量生产能力以及铁路系统长途运输能力的迅速提升，基于工业生产的预制构件开始出现在小型单体建筑中。这种大批量预制建造模式在当时应用范围有限，直到第二次工业革命时期才得到充分发展并被广泛应用。

1.1.2 批量化预制建筑

20世纪20至30年代，随着第一次世界大战后城镇住房短缺问题的日益凸显，建筑业开始从制造业借鉴工业化生产方式——像制造汽车一样建造建筑，从而催生了大量模块化、标准化建筑体系。通过设计有限数量的建筑标准构件，制定不同标准构件的组合语法，形成相互间略有差异的建筑形式。这一过程简化了施工现场的工作内容，从而缩短了工期并减少了建造成本。例如格罗皮乌斯（Walter Gropius）的德绍—特尔滕（Dessau-Törten）住宅区，以及恩斯特·诺伊费特（Ernst Neufert）在第二次世界大战期间开发的住宅造楼机（Hausbaumaschine，英译为House Building Machine）是批量化预制建筑的典型代表。德绍—特尔滕住宅区采用了在工地现场批量生产的空心砖，通过轨道式起重机吊装重型建筑构件。这种流程导向的建造方案不再是简单地从其他行业借鉴创新技术和方法，而是通过技术应用形成建筑建造流程与组织方式的改变。

第二次世界大战之后，建筑构件的工业化生产在欧洲得到了大规模实现。紧迫的战后重建任务和住房需求，以及随后1950—1970年的建筑工业化快速发展使得建筑大批量生产具有了现实意义。随着建筑标准化系统的发展，大批量生产的建筑构件在居住、教育、商业以及工业建筑中被大量使用，节省了大量建造成本和时间。20世纪60年代初，针对大型建筑项目的预制构件还需要在建筑工地上或者工地附近进行预制。但在随后的数年里，越来越多的独立预制工厂开始出现。工厂覆盖范围的扩大使得材料运输距离大大缩短，批量化生产的预制建筑构件以前所未有的规模被应用于实际建造中。同期，混凝土浇筑技术也得到了显著发展，滑模浇筑（Slip Forming）以及升板施工（Lift-slab Constructions）等技术应用不仅促进了建筑构件的工业化预制，而且对施工过程的自动化起到了重要作用。

1.1.3 建筑数字化建造

20世纪70年代中期，西方国家受到石油危机以及日渐凸显的社会问题的影响，建筑工业化的尝试在美国和欧洲大比例下降，但是建筑业采用工业化材料和生产方式已经被接受。20世纪80年代以后，计算机辅助设计与计算机辅助建造技术开始被引入建筑领域。强大的计算机建模能力以及数控加工技术使得新理念可以在建筑形式中得以表达，并建造实现了一系列非线性的标志性建筑。但是，高昂的造价使数字建造技术难以被广泛应用于小型民用建筑中。建筑数字化设计与建造技术与社会日益增长的个性化、定制化需求存在契合，也催生了建筑及构件的大批量定制生产，但受限于经济性、效率等现实因素，大批量定制模式在建筑领域至今仍未完全实现。从制造业引入的数控机床（Computer Numerical Control，CNC）、激光切割等数字建造工具并未对建筑生产过程产生深远影响。但从20世纪60年代起，一批特殊的建筑机器人开始在工厂和工地上出现以促进建筑自动化建造，这些探索在今天看来具有重要价值。

建筑自动化建造开始于20世纪60年代的日本。日本没有经历西方国家的石油危机，同时人口持续增长带来大量的建造需求。一些大型预制企业如积水建房（Sekisui House）、丰田住宅（Toyota Home）和松下住宅（Panasonic Homes）基于自身在其他自动化领域的成功经验，开始探索建筑构件生产的自动化。早期探索是将预制生产从建筑工地转移进入自动化的工厂中。但是，这些预制工厂仍然以人力劳动为主，更多的是一种流水线组织而不是真正的自动化。值得一提的是，日本的预制建造工厂与欧洲略有不同，其在追求快速、经济生产相同构件的同时，也能够根据用户需求实现定制化与个性化生产。由于日本的预制流水线与大量人力劳动结合，工厂能够在不影响整个生产线的前提下生产满足客户需求的单个构件，即单个构件可以从流水线上取出来，并在进入下一个生产阶段之前进行再加工。这种定制化的生产模式尽管在自动化程度和生产力水平上与当前的工业机器人相差甚远，但仍然可以看作是机器人批量定制建造的先驱。

随着20世纪70年代工业机器人在制造业领域的繁荣，日本清水建设（Shimizu）首先设立了一个机器人研究团队，机器人研究在接下来的十年迎来了热潮。随后出现的单工种机器人与之前的建筑自动化流水线存在显著的不同。单工种机器人不再局限于预制化的工厂环境，而是能够将施工现场的复杂性同步考虑，实现拆除、测量、挖掘、铺设、运输、焊接、喷漆、检查、维护等多样化的现场作业。但是单工种机器人大多关注于建立一个可以重复执行具体施工任务的简单数控系统，往往基于手动控制，自动化程度低，上下游工序之间没有实现协同。因此，单工种机器人虽然实现了机器换人，但实质上没有明显提升建造生产效率。

在单工种机器人之后，一体化自主建造工地（Integrated Automated Construction Sites）成为提高现场建造效率和自动化程度的解决方案。一体化自主建造工地的基本理念是采用工厂化的流水线生产模式来组织建筑工地的建造过程，即建筑工地可以像预制工厂一样合理组织生产。第一个大型一体化自主建造工地概念出现于1985年前后，有序整合了早期单工种机器人与其他基础控制和操作系统。垂直移动的"现场工厂"为现场建造提供了一个系统化组织的遮蔽空间，使得现场作业能够不受天气等因素影响。从单工种机器人向一体化自主建造工地的转变最早由早稻田建造机器人组织（Waseda Construction Robot Group，WASCOR）在1982年发起。该组织汇集了日本主要建造和设备公司的研究人员，共同发起倡议并展开了30个建筑施工现场实践。其中有些作为原型研究，其他则是一些商业化的应用。但是由于相对较高的应用成本，其市场份额和应用范围十分有限。

1.1.4 机器人的互联建造

随着信息技术的突飞猛进，基于信息物理系统（CPS）的个性化、智能化建造成为当代建筑建造技术发展的重要方向。无论是德国"工业4.0"、美国"工业互联网"、还是"中国制造2025战略"，其核心均是信息物理系统。伴随着环境智能感知、云计算、网络通信和网络控制等系统工程被引入建筑领域，信息技术与机器人的集成使建造机器人具备了计算、通信、精确控制和远程协作功能。建筑全生命周期、全建造流程的信息集成过程推动建筑产业向高度智能化的互联建造时代推进。

互联建造面向"工厂"和"现场"两种核心生产环境：一方面，通过"数字工厂"建立建筑智能化生产系统，"数字工厂"作为一种基础设施通过网络化分布实现建筑的高效、定制化生产；另一方面，"现场智能建造"通过智能感知、检测以及人机互动技术将现场建造机器人、3D打印机器人等设备应用于现场施工过程，通过工厂与现场的网络互联和有机协作，形成高度灵活、个性化、网络化的建筑产业链。借助互联建造，虚拟设计与物质建造的界限逐渐模糊，并从本质上影响未来建筑的生产方式。随着"信息"成为建造系统的核心，面向个性化需求的批量化定制建造将成为发展潮流。

批量定制的概念出现于20世纪70年代，关注于标准化和大规模生产的成本与效率，进而为客户提供满足特定需求的产品和服务。随着技术进步，批量化定制概念在制造业领域得到了显著发展。但是在建筑领域，受限于落后的自动化和信息化水平，批量化定制建造仍然在探索。信息物理系统在建造过程中将个性化定制信息与具有批量定制能力的建造机器人技术相结合，从而满足大批量定制生产所需要的经济性与效率。建筑不再是标准化构件的现场装配，取而代之的是非标准化构件的机器人定制化生产以及智能化建造装备下的现场建造。

1.2 智能建造机器人的内涵与特征

1.2.1 智能建造机器人的内涵

智能建造机器人包括"广义"和"狭义"两层含义。广义的智能建造机器人包括了建筑全生命周期（包括勘测、建造、运营、维护、清拆、保护等）相关的所有机器人设备，涉及面极其广泛，如管道勘察/清洗、消防等特种机器人均可纳入其中。狭义的智能建造机器人特指与建筑施工作业密切相关的机器人设备，通常是指在建筑预制或施工工艺中执行某个具体建造任务（如砌筑、切割、焊接等）的装备系统，其涵盖面相对较窄，但具有显著的工程实施能力与工法特征，如墙体砌筑机器人、3D打印机器人、钢结构焊接机器人等。本书所关注的智能建造机器人是指狭义层面的智能建造机器人。此外，智能建造机器人还包括极限环境下的智能建造机器人，如美国国家航空航天局（NASA）正在研究的外太空智能建造机器人，以及能够在地球极地、高原、沙漠等不同极限环境下工作的特种机器人。

1.2.2 智能建造机器人的技术特征

建筑工程，尤其是施工现场的复杂性程度远远高于制造业结构化的工厂环境，因而智能建造机器人所要面临的问题也比工业机器人更为复杂。与工业机器人相比，智能建造机器人具有不同的技术特点：

首先，智能建造机器人需要具备较大的承载能力和作业空间。在建筑施工过程中，智能建造机器人需要操作幕墙玻璃、混凝土砌块等建筑构件，因此对机器人的承载能力提出了更高的要求。这种承载能力可以依靠机器人自身的机构设计，也可以通过与起重、吊装设备协同工作来实现。现场作业的智能建造机器人还需要具有移动能力或较大的工作空间，可以采用轮式移动机器人、履带机器人及无人机实现机器人移动作业功能，满足大范围建造作业需求。

其次，智能建造机器人在非结构化的工作环境中需要具有较高的感知与反馈能力以及广泛的适应性。在施工现场，智能建造机器人不仅需要具有导航能力，还需要具备在脚手架上或深沟中的移动作业、避障等能力。基于传感器的智能感知技术是提高建造机器人智能性和适应性的关键。传感器系统既要适应非结构化环境，也需要考虑高温等恶劣天气条件，以及充满灰尘的空气、极度的振动等环境条件对传感器响应度的影响，以保证机器人的建造精度。

再次，智能建造机器人面临更加严峻的安全性挑战。在大型、高层建筑建造中，智能建造机器人任何可能的碰撞、磨损、偏移都可能造成灾难性后果，因此需要更加完备的实时监测与预警系统。建筑工程建造涉及的方方面面都具有极高的复杂性和关联性，往往不是实验室研究所能够充分考虑的。因此在总体机构系统设计方面，智能建造机器人往往需要采用人机协作模式来完成复杂的建造任务。

最后，智能建造机器人与制造业机器人在编程与控制方面存在较大差异。基于流水线作业的工业机器人通常采用现场边端编程方式，一次编程完成后机器人可进行重复作业，该模式显然不适用于复杂多变的建造过程。智能建造机器人编程以离线编程（Off-Line Programming）为基础，需要与高度智能化的现场建立实时感知与反馈，以适应复杂的现场施工环境。

由于工业机器人发展较为成熟，在工业机器人基础上开发智能建造机器人装备似乎较为便捷。但是从硬件方面来看，工业机器人并非是解决建造问题的最有效工具。绝大多数工业机器人的硬件结构巨大而笨重，通常只能举起或搬运相当于自身重量10%的物体。智能建造机器人的优势在于可以采用建筑结构辅助支撑，机器人自身因而可以采用更加轻质高强的材料，但是在土方挖掘、搬运、混凝土浇捣、打印等作业中，智能建造机器人仍不可避免地具有较大自重。在硬件稳定性方面，智能建造机器人需要处理的材料较重，机械臂的活动半径也较大，机械臂需要增强，以保证自身所需的直接支撑。这种增强型的智能建造机器人需要在传统工业机器人之外进行特别研发。

1.2.3 智能建造机器人的优势与潜力

智能建造机器人的优势可以归纳为以下几个方面：其一，智能建造机器人通过替代人类的体力劳动，能够将人从危险、沉重、单调重复的建筑作业中解放出来，有效改善建筑行业的工作条件；其二，在传统领域使用机器人替代建筑工人，同时开发机器人工艺完成新型建造任务，能够有效应对劳动力短缺问题；其三，通过开发专门化的机器人建造工具与工艺，智能建造机器人能够显著提高建筑生产效率，并创新性地实现人工无法实现的工艺目标；其四，智能建造机器人能够优先实现建筑的特定性能设计目标，通过传感器引导、自动化编程、远程控制等操作以实现精确控制、实时记录与监控，因而能对建造质量产生积极影响并减少资源消耗；其五，机器人具备将建筑活动拓展到人类所无法适应的空间与环境领域的潜力，如在极限环境、水下、沙漠、高温高压区域进行建造；其六，机器人工作平台执行无限、非重复任务的能力突破了传统手工和机器生产局限，使复杂建筑系统以及小批量定制化建造成为可能。

随着信息技术的快速发展，智能建造机器人的潜力被进一步挖掘。首先在硬件方面，机器人本体及其零配件呈现出便捷化、灵活化的趋势，机器人装配、安装和维护的速度较以往得到了显著提高。例如即插即用（Plug-and-Play，PnP）技术的发展有效规避了系统整合的复杂性，大大提高了终端用户的体验。其次，随着各种智能感知技术的成熟，基于激光定位、机器学习与虚拟现实的自主编程，以及基于加工对象测量信息反馈的机器人路径规划，使得机器人编程变得快速轻松，进而减少重复性工作，降低准入门槛。随着人工智能和传感器技术的进展，机器人能够通过对于所在环境的感知来调整行动，以适应多变的任务，进而提供更高的建造精度，提升建造质量。此外在建筑生产过程中，机器人能够承担熟练技术工人的工作，并结合机器人自身特性开展替代手工的工作。例如机器人可以利用力矩传感器的反馈来进行研磨、修边或者抛光等技术操作，也可以在喷涂过程中实时调整涂料的厚度或成分。最后得益于机器人感知与交互技术的发展，基于人机交互的协作建造成为众多复杂建造作业的首选。通过传感器实时感知，机器人能够自动规避与协作人员发生碰撞的风险。人机协作通过任务分配不仅有助于提升预制化工厂的生产效率，也为机器人在非结构化环境下的现场施工应用打下了基础。

1.2.4 智能建造机器人技术发展趋势

在技术发展层面，智能建造机器人发展呈现四大趋势：第一，人机协作。随着对人类建造意图的理解以及人机交互技术的进步，机器人从与人保持距离作业向与人自然交互并协同作业方面发展。第二，自主化。随着执行与控制、自主学习和智能发育等技术的进步，智能建造机器人从预编程、示教再现控制、直接控制、遥控等被操纵作业模式向自主学习、自主作业方向发展。第三，信息化。随着传感与识别系统、人工智能等技术的进步，机器人从被单向控制向自主存储、自主应用数据的方向发展，正逐步发展为如同计算机、手机一样的信息终端。第四，网络化。随着多机器人协同、控制、通信等技术的进步，机器人从独立个体向互联、协同合作的方向发展，通过在施工环境建立信息互联，实现实时调整工作、更换工具、切换任务，响应不同工作环境变化，从而实现智能化的建筑柔性建造机制（图1-2）。

智能建造机器人的发展同时也体现出人本、增值、艺术、科学四个价值导向。在人本价值导向上，智能建造机器人研究主要以"机器"代替"人"为目标，通过开发适宜的机器人建造装备与工艺来替代传统工人完成重复、危险的建造工作。智能建造机器人的研究发展，能够提高劳动效率、避免资源浪费，解决建筑业高度依赖人力资源的落后现状，推

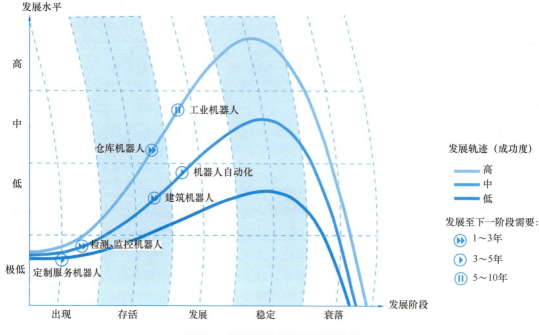

图 1-2 智能建造机器人发展阶段

动建筑业的智能转型升级。在增值价值导向上,建筑设计建造流程中利用智能建造机器人可以实现传统工艺难以实现的创新工艺,并将建筑设计一体化流程与新工艺整合到建筑形态设计与结构设计之中,为工程与建筑领域带来创新途径。在艺术价值导向上,建筑师通过机器人开发独特的计算性设计建造能力,将材料性能、结构性能及建造工艺进行整合,能够创造具有前瞻性和高度艺术性的建筑作品。在科学价值导向上,建筑工程领域的智能建造机器人研究还可以针对极端非结构化环境下的高风险性建筑工程项目。例如月面人居等复杂恶劣环境,为系统研发智能感知、生形设计以及自主无人建造提供了典型研究场景。探索极端环境下的建筑智能设计与自主无人建造,为智能建造机器人领域提出科学问题、发现科学理论、建立内在机制与揭示发育规律提供了重要机遇。

1.3 智能建造机器人发展现状与趋势

1.3.1 国外智能建造机器人发展现状

智能建造机器人的发展与工业机器人产业的整体发展趋势紧密相关。面对机器人产业的蓬勃发展,世界各国研发机构不断深化技术研究,抢占智能工业时代高地。2015年,日本国家机器人革命推进小组发布了《机器人新战略》,高度重视对机器人产业发展影响重大的下一代技术和标准,推进人工智能、模式识别、机构/驱动/控制/操作系统和中间件等方面的技术研发。美国2013年公布的《美国机器人路线图》部署了未来要攻克的机器人关键技术,包括非结构化环境下的感知操作、类人灵巧操作、能与人类协作和具备在人类生产生活场景中的自主导航能力、良好的安全性能等。2014年,欧盟委员会和欧洲机器人协会下属的 180 个公司及研发机构共同启动全球最大的民用机器人研发计划（SPARC）。随着智能建造机器人研究投入逐年加大，日本、美国、瑞士、德国、澳大利亚等发达国家已经取得了突出的研究成果。

日本智能建造机器人研究起步较早。从 20 世纪 80 年代起，日本就将机器人装备引入建筑施工领域，研制出一系列切实可行的建造机器人。日本的研究涉及建筑活动范围较广，包括高层建筑抹灰、地面磨光、瓷砖铺、玻璃安装、玻璃清洗、模板制作、混凝土浇灌、钢架调整、内外装修以及搬运机器人等。日本早期的建造机器人不仅自动化程度低，而且建造能力有限，在建造效率与经济性方面并没有实质性的突破。

美国智能建造机器人研究呈现迅猛发展态势，在多个领域走在世界前列。美国南加州大学（University of Southern California）与美国国家航空航天局（NASA）合作研发的轮廓工艺（Contour Crafting）技术将 3D 打印技术应用于建筑行业，并利用高密度、高性能混凝土进行大尺度层积建造，在世界范围内产生了深远影响。美国建筑机器人公司（Construction Robotics）开发了半自动砌筑（Semi-Automated Mason，SAM）机器人，配备了夹具、砖料传递系统以及位置反馈系统，可使墙体砌筑效率提高 3~5 倍，并减少 80% 的人工砌筑作业。在美国科学促进会（American Association for the Advancement of Science，AAAS）2014 年年会上，哈佛大学威斯研究所（Wyss Institute at Harvard）的研究团队公布了其模仿白蚁处理信息方式制造的"白蚁机器人"。该机器人能自动选择位置放置砖块，只需简单规则就能建造复杂结构。麻省理工学院媒体实验室（The MIT Media Lab）在建筑机器研究领域取得了重要进展，不仅探索了玻璃打印、石子打印等建造工艺，而且还开发了大型机器人数字建筑平台（Digital Construction Platform，DCP），能安全、迅速而节能地建造大型建筑。该平台模拟了 3D 打印机功能，配有大小两个机械臂。大机械臂具有 4 个自由度，主要完成大范围移动动作，小机械臂具有 6 个自由度，用于保证作业精度。这种自动化机器人系统能够取代危险、缓慢而又能量密集的传统制造方法，展现了巨大的应用潜力。

苏黎世联邦理工学院（ETH Zürich）的法比奥·格拉马奇奥（Fabio Gramazio）与马赛厄斯·科勒（Matthias Kohler）教授在 2008 年威尼斯建筑双年展中的 R-O-B 项目，用 6 轴机器人进行复杂墙体砌筑，取得了轰动效应并带动了建筑学领域机器人数字建造的热潮。机器人砌筑同时也是苏黎世联邦理工学院早期机器人研究的重点内容。他们针对非结构化环境下的砌筑作业研发了第一代"现场建造机器人（In situ Fabricator）"系统，其主体由一个汽油发动机驱动的履带式移动平台顶置一具 6 轴 ABB 工业机械臂组成，机械臂前端配置吸盘式抓取装置。该系统还集成了移动机器人自主导航技术，使其能够在存在障碍物的复杂施工环境中工作，砌筑效率约为人工的 20 倍。2016 年，苏黎世联邦理工学院搭建了大尺度空间桁架式智能建造机器人平台，实现了 45m×17m×6m 的覆盖范围，为未来建筑机器人自动化组装、3D 打印等工艺研发提供了强大的技术与实验平台。此外，格拉马奇奥与科勒还探索了飞行机器人建造方法。2012 年，他们实施了一个名为飞行组装建筑（Flight Assembled Architecture）的实验项目，利用多台四旋翼无人机搭建了一个高约 6m、包含 1500 块轻质砖块的大尺度曲线形构筑物，成功验证了飞行器平台实施结构体建造的可行性，产生了强烈的社会反响（图 1-3）。

20 世纪 90 年代，德国卡尔斯鲁厄理工学院（KIT）研发的世界首台自动砌墙机器人

图 1-3　Gramazio & Kohler 飞行机器人砌筑工艺
（图片来源：《建筑机器人——技术、工艺与方法》）

Rocco 以及斯图加特大学开发的砌筑机器人 Bronco，开启了德国智能建造机器人研究的序幕。2010 年以来，德国斯图加特大学计算机设计学院（ICD）利用计算设计与机器人建造方法，将材料性能、结构性能及建造工艺整合，重点针对木材和碳纤维材料进行了创新设计与建造探索，制造了一系列具有重要学术价值的建筑装置和展亭：在木结构建造方面，ICD 通过展亭建造对机器人木材铣削工艺、机器人木材切割工艺进行了实验性探索。他们开发的机器人木缝纫工艺将工业缝纫机用于薄木板结构的建造，形成了新型薄板结构连接方式，有效提高了木板材的结构效率和节点稳定性；在碳纤维材料建造方面，ICD 将多机器人协同技术用于碳纤维、玻璃纤维结构的缠绕成形，创造了高度定制化的纤维编织结构，2017 年更是将无人机与工业机器人协同，探索大尺度机器人碳纤维编织的可能性。随着研究的深入，ICD 正逐渐将建造机器人研究向自适应建造、人机协作建造等领域拓展（图 1-4）。

图 1-4　ICD 机器人碳纤维编织工艺
（图片来源：《建筑机器人——技术、工艺与方法》）

在智能建造机器人研究方面，澳大利亚的发展同样值得关注。澳大利亚机器人公司 Fastbrick Robotics 开发了哈德良 109（Hadrian109）砌筑机器人系统。该系统基于履带式挖掘机平台改装而成，配备长达 28m 的两段式伸缩臂，沿伸缩臂敷设有砖块传送轨道，末端配备砖块自动夹取装置。哈德良 109 系统可以在单体建筑物尺度开展工作，大大拓展了机器人砌筑建造范围，并将砌筑精度控制在 0.5mm 的水平。澳大利亚皇家墨尔本理工大学（RMIT University）的智能建造机器人实验室在机器人塑料打印、机器人金属折弯等领域展现出了一定技术优势。罗兰·斯努克斯（Roland Snooks）教授基于集群智能（Swarm Intelligence）逻辑及多代理系统的算法策略进行形态设计，利用机器人打印、金属折弯工艺打造了多种创新型的建筑装置作品。

除此之外，瑞典、英国、西班牙、韩国等各国也取得了一定的研究成果。2015 年，瑞典 nLink 公司采用"移动平台＋升降台＋机械臂"的结构推出了一款移动钻孔机器人（Mobile Drilling Robot）系统，并投入商业市场。瑞典于默奥大学（Umeå universitet）提出的 Ero 概念机器人系统采取分离回收的方式直接将混凝土与钢筋剥离，实现资源回收。2015 年，英国政府资助了一项名为"针对建筑环境的柔性机器人装配模块"（Flexible Robotic Assembly Modules for the Built Environment，FRAMBE）的新一代智能建造机器人研究计划。该计划基于模块化建筑方法，运用机器人技术建造预制模块，实现现场机器人装配。西班牙加泰罗尼亚高等建筑研究院（Institute for Advanced Architecture of Catalonia）开发的"Mini Builders"系统，旨在解决"轮廓工艺"系统中的最大问题——建筑本体尺寸受限于打印机大小。该系统包括地基机器人（Foundation Robot）、抓握机器人（Grip Robot）和真空机器人（Vacuum Robot）三套 3D 打印机器人，分别用于地基、墙体和墙面的打印作业。三者通过计算机协调彼此的运作工艺，并结合自身传感器和定位数据按顺序执行建造任务。

1.3.2　国内智能建造机器人发展现状

我国智能建造机器人研究起步较晚，发展水平较低，但在特定领域已经取得了令人瞩目的成绩。国内建筑院校是智能建造机器人研究与推广的主要平台。2010 年以来，同济大学、清华大学、东南大学、南京大学、青岛理工大学、浙江大学等高校相继建立机器人实验室，开展智能建造机器人教学实践。其中，同济大学是国内智能建造机器人领域的主要推动者。

同济大学建筑与城市规划学院建筑智能设计与建造团队（AIDC）长期从事智能建造机器人建造装备、工具端与工艺研发。研究中心配备了国际领先水平的实验设备，包括智能建造机器人平台、机器人协同软件"FURobot"以及一系列自主研发的机器人工具端，搭建了世界领先的建造机器人软硬件平台。从 2011 年起，同济大学连续举办了上海"数字未来"（Digital FUTURES）活动，针对不同主题探讨智能建造机器人在建筑学教育、科研和实践中的潜力和可能。2015 年，同济大学与上海一造科技有限公司（以下简称"一造科技"）合作，建立了国际首台大尺度桁架式智能建造机器人加工平台，实现了 18 轴联动控制。基于机器人建造平台，团队相继开发了机器人木构、陶土打印砌筑、塑料 3D 打印等工艺，掌握了达到国际水平的专门化技术（图 1-5）。面向建筑机器人编程与控制需求，同济大学与一造科技合作，在 Grasshopper 平台上研发了建筑机器人控制软件

图1-5 同济大学与上海一造科技有限公司（Fab-Union）开发的机器人木构工艺，2016

FURobot，引领了全球建筑机器人软件的开发与应用。此外，同济大学先后出版了《建筑数字化编程》《建筑数字化建造》《机器人建造》《探访中国数字工作营》《从图解思维到数字建造》《计算性设计》《数字化建造》《建筑工作室》等多本相关著作，确立了国内建筑数字化设计与建造的理论框架。2016年，由上海市科学技术委员会批准、立项，同济大学、同济大学建筑设计研究院（集团）有限公司、上海市机械施工集团有限公司联合建设了"上海建筑数字建造工程技术研究中心（SFAB）"，旨在建设示范性的机器人智能建造共性技术研发平台，通过建造装备、工艺研究与应用在上海大力推广机器人智能建造技术，对智能建造机器人研发成果的迅速转化起到了重要推动作用。2017年，同济大学与中国建筑集团有限公司合作，在"十三五"重点研发计划"绿色施工与智能建造"项目下，开发了移动履带式现场机器人建造平台，填补了我国在该领域的空白。2023年，同济大学与比利时新鲁汶大学（UCLouvain）获批了国家重点研发计划"政府间国际科技创新合作"重点专项项目"图解静力学设计与机器人建造耦合的绿色木构建筑体系研究"，项目由袁烽教授与新鲁汶大学丹尼斯·扎斯塔夫尼（Denis Zastavni）教授联合主持，合作研发了基于机器人建造的高性能木结构建筑体系，推动木结构建筑高效发展与智能化转型。

清华大学建筑学院也积极将机器人智能建造内容融入建筑系教学。从2015年起，清华大学在暑期"参数化非线性建筑设计研习班"中开设了"机械臂建造班"，相继尝试了机器人木构、机器人三维打印等研究教学。2017年10月，清华大学联合中南置地成立了"清华大学（建筑学院）—中南置地数字建筑联合研究中心"，致力于研究与数字建造相关的多项关键性课题。研究中心成立初期重点研发了"混凝土3D打印—系统化智能建造体系"，其中徐卫国教授领衔的研究团队在机器人混凝土打印方面进行了深入探索。2018年，徐卫国教授团队利用双机器人协同三维打印混凝土技术，建造了直径达3m的复杂曲面空间形体，高效地呈现出数字设计的复杂形态。2018年8月，该研究中心把机器人自动砌砖与3D打印砂浆结合在一起，形成"机械臂自动砌筑系统"，并首次将其用于实际施工现场，建成了一座"砖艺迷宫花园"。2019 年，该研究中心运用其自主研发的机械臂 3D 打印混凝土技术，在上海宝山智慧湾建成了当时世界上规模最大的混凝土 3D 打印步行桥。

东南大学、南京大学、青岛理工大学、浙江大学等高校也相继在教学中引入了机器人建造。东南大学在多年的数字建造教学基础上加入了机器人建造内容，主要针对机器人木构铣削工艺开展了探索。在第三届中国建筑学会建筑师分会数字建筑设计专业委员会（DADA）国际工作坊中，东南大学团队完成了神经元机器人（Neuron Robot）木构建造实践，采用机器人铣削工艺建造了跨度 7m、高 3m 的木板材结构。同年，在东南大学建筑系开设的大四设计课程"机器人建造"中，学生采用机器人切割纤维板建造了 Crown 拱形结构。在 2018 年发布的 Mero 机器人木构项目中，东南大学再次将铣削工艺扩展到实木材料的节点加工中，完成了多个木网壳结构的实验建造。2016 年，南京大学首次在教学中尝试机器人建造技术，完成了张拉整体结构单元的数字建造。2016 年，青岛理工大学建筑学院数字建构实验室（DAM_Lab）成立了机器人建造中心（Robotics Fabrication Center），并以此为契机召开了国际机器人建构工作营，应用机器人夹取工具和热线切割工具分别开展了"木构搭建"和"EPS 泡沫切割塑形"的建构实验。2018 年，浙江大学建筑系建设了机器人实验室，并开设"数字化设计与机器人建造"课程，将其作为建筑系参数化设计课程体系中的新增部分，同时将热线切割等机器人建造技术引入建筑设计思考中。

此外，上海市机械施工集团有限公司牵头，联合天津大学、北京石油化工学院以及江阴纳尔捷机器人有限公司等单位共同开发了"多瓣式空间网壳节点加工机器人"智能焊接机器人装备，并成功应用于上海世博会阳光谷、上海自然博物馆（新馆）细胞壁钢结构工程、上海中心大厦以及上海世博会博物馆"云结构"等多项工程项目。这些尝试不仅填补了我国基于机器人施工装备的复杂焊接节点流水化制作工艺空白，而且对于提升我国建筑行业在大跨度和空间异形钢结构的建造水平方面具有深远影响和重要意义。河北工业大学、河北建工集团在 863 计划的支持下，于 2011 年成功研发我国第一套面向建筑板材安装的辅助操作机器人系统——"C-ROBOT-I"。该机器人系统面向大尺寸、大质量板材的干挂安装作业，可满足大型场馆、楼宇、火车站与机场等装饰用大理石壁板、玻璃幕墙、天花板的安装作业需求。

因此，从国内外现状可以看出，智能建造机器人的研发主要建立在相关工业机器人技术的基础上，通过技术集成、改造和创新，以应对建筑生产与施工中面临的需求和问题。但是除了砌筑等少数领域的研究相对深入外，大多数机器人建造技术的信息化、智能化水平以及技术成熟度仍有待进一步优化与完善。

【本章小结】

本章内容主要包括智能建造机器人的定义、内涵、技术特征与发展现状及发展趋势。智能建造机器人智能建造技术能够有效提高劳动生产率，避免资源浪费，解决建筑行业高度依赖人力资源的落后现状，让建筑产业提升到工业级精细化水平，规模化地满足社会对个性化定制与批量化生产日益增长的需求，推动建筑业从碎片化、粗放型、劳动密集型生产方式向集成化、精细化技术、机器密集型生产方式的转型升级。本章通过全面介绍智能建造机器人的历史发展、概念、技术特征与发展趋势，建立对于智能建造机器人的初步理解。

思考与练习题

1. 单工种机器人建造的优势和局限性体现在哪些方面？
2. 简述一体化自主建造工地的基本概念。
3. 简述智能建造机器人的两大主要应用场景。
4. 简述智能建造机器人的概念与内涵。
5. 简述智能建造机器人的四个技术特征。
6. 智能建造机器人的优势体现在哪些方面？
7. 智能建造机器人技术发展呈现_____、_____、_____、_____四大趋势。
8. _____与上海一造科技有限公司合作研发了国际首台大尺度桁架式智能建造机器人平台，该平台实现了_____轴联动控制，为建筑机器人工艺研发提供了强大的技术支撑。
9. 美国建筑机器人公司（Construction Robotics）开发了半自动砌砖机器人砌筑系统，配备夹具、砖料传递系统以及一套位置反馈系统，在当时可使墙体砌筑效率提高_____倍，减少_____的人工砌筑作业。
10. 20世纪90年代，德国卡尔斯鲁厄理工学院（KIT）率先研发了世界首台自动砌墙机器人_____，斯图加特大学开发了一款砌筑机器人_____，开启了德国智能建造机器人研究的序幕。

思考与练习题
参考答案

2 智能建造机器人工作原理

【知识图谱】

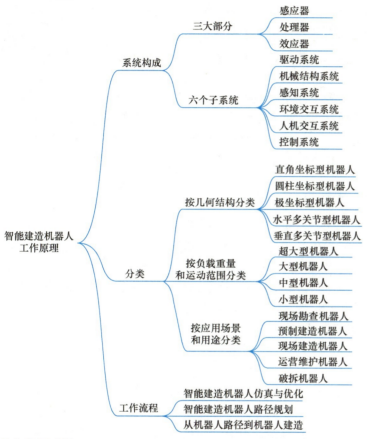

【本章要点】

知识点1. 智能建造机器人的系统构成。

知识点2. 智能建造机器人的类型划分。

知识点3. 智能建造机器人的工作流程。

【学习目标】

（1）了解并掌握智能建造机器人的三大组成部分和六个子系统。

（2）熟悉智能建造机器人的主要类型及其划分方式。

（3）熟悉并理解智能建造机器人的主要工作原理和流程。

2.1　智能建造机器人系统构成

2.1.1　智能建造机器人三大组成部分

智能建造机器人主要由三大部分、六个子系统组成。

三大部分分别是感应器（传感器部分）、处理器（控制部分）和效应器（工具端部分）。感应器是智能建造机器人的感知系统，用于获取自身及周围环境的信息。不同类型的传感器可以提供多种信息，帮助机器人理解其工作环境与工作状态。处理器是智能建造机器人的大脑，负责处理传感器获取的数据、制定决策并生成控制指令。这部分通常由嵌入式计算机、微处理器或其他控制单元组成。机器人的控制算法和决策系统通过处理器实现，以使机器人能够执行复杂的任务，如路径规划、障碍物避让和协调多个动作。效应器是智能建造机器人的执行机构，包括各种机械和电动部件，用于执行实际的任务。这些部件根据处理器生成的指令做出动作，使机器人能够在物理世界中操作。三大部分的协同工作使智能建造机器人能够感知周围环境，作出智能决策并在实际环境中执行任务。

2.1.2　智能建造机器人六个子系统

组成机器人的六个子系统是：驱动系统、机械结构系统、感知系统、环境交互系统、人机交互系统以及控制系统。每个系统各司其职，共同完成机器人的运作。

1. 驱动系统

驱动系统涉及机器人的动力来源和运动控制。这包括机器人的电动驱动部件、液压或气动系统等，用于提供动力以使机器人能够移动，操作和执行各种任务。驱动系统可以直接驱动，也可以通过同步带、链条、轮系、谐波齿轮等机械传动机构进行间接驱动。

2. 机械结构系统

机械结构系统是机器人为完成各种运动的机械部件，是系统的执行机构。机械结构系统的设计影响机器人的外形、运动范围、承载能力等特性，需要平衡稳定性、灵活性和耐用性，以适应不同的任务和环境。以六轴机器人为例，系统由骨骼（杆件）和连接它们的关节（电机）构成，具有多个自由度，主要包括手部、腕部、臂部、足部（基座）等部件。

（1）手部

手部又称为末端执行器或夹持器，是工业机器人对目标直接进行操作的部分，在手部可安装专用的工具头，如焊枪、喷枪、电钻、电动螺钉（母）拧紧器、砖块夹取器等。末端可安装工具头的部位被称为法兰（Flange），是机器人运动链的开放末端。

（2）腕部

腕部是连接手部和臂部的部分，主要功能是调整机器人手部即末端执行器的姿态和方位。

（3）臂部

臂部用以连接机器人机身和腕部，是支撑腕部和手部的部件，由动力关节和连杆组成。用以承受工件或工具的负荷，改变工件或工具的空间位置，并将它们送至预定位置。

（4）足部

足部是机器人的支撑部分，也是机器人运动链的起点，有固定式和移动式两种。

3. 感知系统

感知系统由内部传感器模块和外部传感器模块组成，用以获取内部和外部环境状态中有意义的信息。智能传感器的使用提高了机器人的机动性、适应性和智能化水准。感知系统的数据用于创建环境模型、检测障碍物、识别目标等，为机器人的决策和控制提供关键信息。

4. 环境交互系统

环境交互系统是机器人的关键组成部分，负责机器人与其周围环境的实际物理互动。这包括规划工作空间布局、识别和抓取物体、实现碰撞避免、协作与合作，以及适应不同的环境需求。该系统的设计需要综合考虑操作的准确性、效率和安全性，以确保机器人能够在多样化的任务和环境中有效执行任务，并与人类操作员或其他机器人协同合作。

5. 人机交互系统

人机交互系统涉及人类与机器人之间的交流和互动。其可以是触摸屏、语音识别、手势控制等，使操作人员能够与机器人进行沟通、设定任务和监控工作进程。友好的人机交互界面可以提高机器人的易用性和效率。

6. 控制系统

控制系统通常是机器人的中枢结构。控制的目的是使被控对象产生控制者所期望的行为方式，控制的基本条件是了解被控对象的特性，而控制的实质是对驱动器输出力矩的控制。现代机器人控制系统多采用分布式结构，即上一级主控计算机负责整个系统管理以及坐标变换和轨迹插补运算等；下一级由许多微处理器组成，每一个微处理器控制一个关节运动，它们并行完成控制任务。控制系统可根据控制条件的不同分为以下几种：

（1）按照有无反馈分为：开环控制和闭环控制。

（2）按照期望控制量分为：位置控制、力控制和混合控制。

位置控制分为单关节位置控制（包括位置反馈、位置速度反馈和位置速度加速度反馈）和多关节位置控制，其中多关节位置控制分为分解运动控制和集中控制；力控制分为直接力控制和阻抗控制；混合控制结合了力控制和位置控制，允许机器人在保持一定位置精度的同时，对外部力做出适应性反应。

（3）智能化的控制方式：模糊控制、自适应控制、最优控制、神经网络控制、模糊神经网络控制、专家控制以及其他控制方式。

2.2 智能建造机器人分类

2.2.1 按几何结构分类

根据作业需求的不同，机器人的机械部分具有不同类型的几何结构，几何结构的不同决定了其工作空间与自由度的区别（表2-1）。

机器人几何结构形式分类　　　　　　　　表 2-1

类型	类型示意图	结构类型	工作空间
直角坐标型	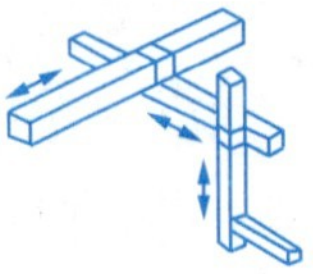	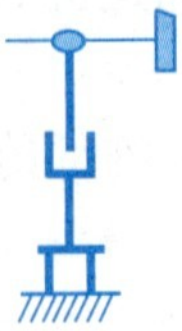	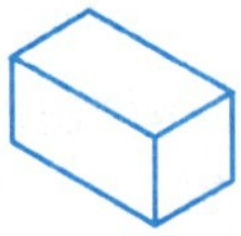
圆柱坐标型	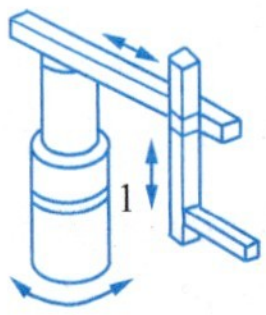	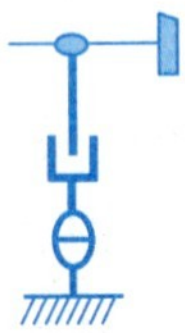	
极坐标型	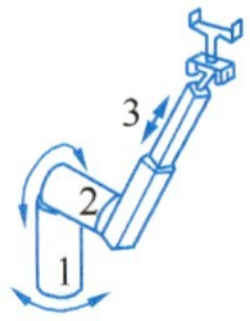	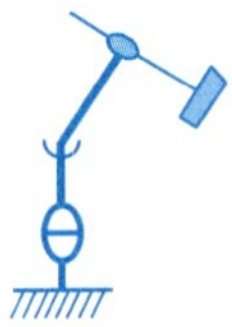	
SCARA 型	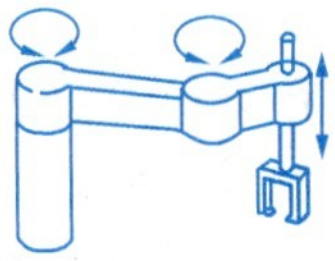	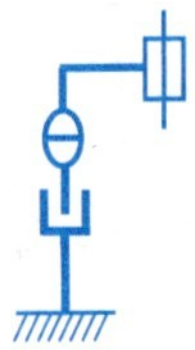	
垂直多关节型	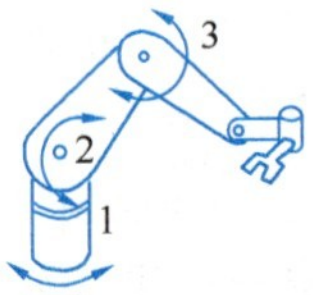		

1. 直角坐标型机器人（直角坐标系）

直角坐标型机器人，又称笛卡尔坐标型机器人。具有空间上相互垂直的多个直线移动轴，通过直角坐标方向的 3 个互相垂直的独立自由度确定其手部的空间位置。其动作空间为一长方体。直角坐标型机器人适用于需要在平面或立体空间内进行精确定位和完成移动的任务，如装配、加工、搬运等。

2. 圆柱坐标型机器人（柱面坐标系）

圆柱坐标型机器人主要由旋转基座、垂直移动轴和水平移动轴构成，具有一个回转和两个平移自由度。其动作空间呈圆柱形。圆柱坐标型机器人适用于需要在柱面或圆周上进行任务的场景，如焊接、喷涂、打印等。

3. 极坐标型机器人（球面坐标系）

极坐标型机器人，又称球面坐标型机器人。其基本特点是可以在一个球面范围内进行定位和运动。它通常由一个旋转基座和一个可在球面上定位的臂构成。极坐标型机器人分别由旋转、摆动和平移三个自由度确定，动作空间形成球面的一部分。极坐标型机器人适用于需要覆盖球形工作区域的任务，如搬运、装配、检测等。

4. 水平多关节型机器人

水平多关节型机器人，又称选择顺应性装配机器手臂（Selective Compliance Assembly Robot Arm，SCARA）。其结构上具有串联配置的两个能够在水平面内旋转的手臂，自由度可依据用途选择2~4个，动作空间为圆柱体。水平多关节机器人在x、y方向上具有顺从性，而在z轴方向具有良好的刚度，此特性特别适合于装配、打印等工作。

5. 垂直多关节型机器人（多关节坐标系）

垂直多关节型机器人模拟人的手部功能，由垂直于地面的腰部旋转轴、带动小臂旋转的肘部旋转轴以及小臂前端的手腕等组成。手腕通常有2~3个自由度，其动作空间近似一个球体。

2.2.2 按负载重量和运动范围分类

机器人额定负载，也称持重，是指正常操作条件下，作用于机器人手腕末端，不会使机器人性能降低的最大荷载。负载是指机器人在工作时能够承受的最大载重。工具负载数据是指所有装在机器人法兰上的负载。它是另外装在机器人上并由机器人一起移动的质量。负载数据，如质量、重心位置（质量受重力作用的点）、质量转动惯性矩以及所属的主惯性轴等，必须输入机器人控制系统，并分配给正确的工具。机器人的运动范围也称工作空间、工作行程，是指在机器人执行任务的运动过程中其手腕参考点或末端执行器中心点所能到达的空间范围，一般不包括末端执行器本身所能扫掠的范围。机器人的运动范围严格意义上讲是一个三维的概念。根据负载重量和机器人的运动范围，可将智能建造机器人分为超大型机器人、大型机器人、中型机器人和小型机器人（表2-2）。

智能建造机器人根据负载重量和运动范围分类　　　表2-2

类型	负载重量	动作范围
超大型机器人	大于1t	—
大型机器人	100kg~1t	10m^{3}以上
中型机器人	10~100kg	1~10m^3
小型机器人	小于10kg	小于1m^3

1. 超大型机器人

负载重量为1t以上的机器人可称为超大型机器人。超大型智能建造机器人是一类具备卓越负载能力的巨大机械系统，代表了现代建筑工程的高度自动化和技术化趋势，它们在处理大规模建筑和土木工程项目时发挥着不可或缺的作用。典型的超大型机器人包括挖掘机械臂，用于大规模土方工程和基础设施建设；大型隧道盾构机，用于地下隧道的开挖和建设；自动混凝土泵机器人，能够精确地输送混凝土到建筑工地上，确保混凝土浇筑质量和效率。这些超大型智能建造机器人的应用丰富多样，为各类工程项目提供了强大的技术支持。

2. 大型机器人

负载重量为 100kg～1t、动作范围为 10m³ 空间容积以上的机器人可称为大型机器人。大型智能建造机器人是一类具有显著负载能力和广泛应用范围的机器人系统,在建筑和土木工程领域扮演着重要的角色,能够应对各种大型工程项目的挑战。美国南加州大学(University of Southern California)与美国国家航空航天局合作研发的轮廓工艺(Contour Crafting)机器人系统运用高密度、高性能混凝土进行大尺度 3D 打印层积建造,是大尺度现场智能建造机器人的典型代表。

3. 中型机器人

负载为 10～100kg、动作范围为 1～10m³ 空间容积的机器人可称为中型机器人。由于中型智能建造机器人的负载和工作范围符合传统人工作业的尺度,因此中型智能建造机器人是建筑领域应用最为广泛的机器人类型,作业范围涵盖了多数建筑施工、装饰装修、清洁维护等多应用场景。总体而言,中型智能建造机器人代表了机器人技术在建筑领域的前沿应用,它们通过提供高度自动化和智能化的施工解决方案,为建筑工程带来了更高的效率、质量和可持续性。

4. 小型机器人

负载小于 10kg、动作范围小于 1m³ 的机器人可称为小型机器人。它们代表了建筑领域中日益智能化的趋势,专注于执行精细和有限空间内的建筑任务。这些小型机器人通常配备高度精确的传感器和自动化控制系统,以便在室内和狭小环境中进行检测、维护等任务。集群机器人属于小型机器人的范畴:小型机器人以集群的方式协同工作,以执行复杂的建筑任务。它们之间通常有高度的通信和协同能力,可以协同完成大规模建筑项目。例如,小型无人飞行器和无人地面车辆可以协同工作,用于建筑工地的监测、勘测和物流运输,提高了工地管理的效率。

2.2.3 按应用场景和用途分类

根据机器人在建筑全生命周期内的应用场景与用途,可以将智能建造机器人划分为现场勘查机器人、建造机器人、运营维护机器人和破拆机器人四个主要类别(表 2-3)。

智能建造机器人按应用场景和用途分类　　　　　　　　　表 2-3

类别			工作任务	具体类型
智能建造机器人	现场勘查机器人		场地勘查与测量	移动勘查机器人
				调研无人机
	建造机器人	预制建造机器人	增材建造	混凝土 3D 打印机器人
				陶土 3D 打印机器人
				塑料 3D 打印机器人
				金属 3D 打印机器人
			等材建造	金属焊接机器人
				纤维缠绕机器人
				弯折机器人
				砌筑机器人
				木缝纫机器人

续表

类别			工作任务	具体类型
智能建造机器人	建造机器人	预制建造机器人	减材建造	木构加工机器人
				石材切割机器人
				泡沫切割机器人
		现场建造机器人	感知定位	放线机器人
				航测机器人
			主体结构施工	钢筋绑扎机器人
				现场焊接机器人
				布料机器人
				地面整平机器人
				地面抹平机器人
			装饰装修	安装装配机器人
				喷涂机器人
				地坪施工机器人
				抹灰机器人
				腻子涂敷机器人
				墙地砖施工机器人
				丝杆支架安装机器人
			物料运输	通用物流机器人
				板材运输机器人
				码垛运输机器人
			施工质量检测	混凝土检测机器人
				幕墙检测机器人
				焊缝检测机器人
			辅助建造机器人	建筑场地清扫机器人
				智能施工升降机
	运营维护机器人		建筑维护和检查	立面维护机器人
				建筑清洁机器人
				通风系统检查机器人
	破拆机器人		建筑拆除、材料回收	拆除机器人
				物料回收机器人

1. 现场勘查机器人

在工程项目前期调研阶段，现场勘查机器人主要用于建筑工地的勘查与测量，如建筑场地和周边环境的测量和建模等。典型的现场勘查机器人包括移动勘查机器人与调研无人机等类型，能够在具有挑战性的环境与地形中进行自由移动和数据采集工作。现场勘查机器人在数据丰富度、速度、工作流程和数据整合方面具有优势，能够有效减少人力成本。研究表明，移动勘查机器人可以将测量师的工作时间减少75%。例如，苏黎世联邦理工学院的机械工程系机器人与智能系统研究所（Institute of Robotics and Intelligent Systems，IRIS）开发了一种可良好适应各种地形的腿式机器人（图2-1），适用于室内场所或者室外场所的测量、建图、仪表检查等任务。无人机（Unmanned Aerial Vehicle，UAV）作为机器人的一种，也越来越多地用于建造场地的调研工作。基于UAV的数据采集在大幅降低成本和工作量的同时，可以用最小的成本覆盖大面积的场地。在2018年上海"数字未来"工作营中，同济大学研究团队用无人机开展了高时空分辨率感应下的城市环境扫描和数据可视化研究，项目选取同济大学校园作为环境测量场地，采集并分析了校园设计中隐藏环境参数的垂直变化。

图 2-1　ANYmal 勘查机器人

（图片来源：《建筑机器人——技术、工艺与方法》）

2. 预制建造机器人

机器人在建筑预制装配中具有重要意义和显著优势，能够有效加快建筑的施工速度，提高装配的质量和效率，降低人力成本和工伤风险。预制建造机器人的种类繁多，根据材料处理方式的不同可以分为增材打印机器人、等材建造机器人和减材加工机器人。

增材打印机器人能够根据设计的要求，直接通过材料逐层叠加的方式将建筑材料建造成复杂的形状和结构。相比传统的建筑施工方法，增材打印机器人不仅可以大大缩短建造周期、提高施工效率，还便于实现个性化、定制化的建筑设计，满足客户的需求。常见的增材打印机器人包括混凝土3D打印机器人、金属3D打印机器人、陶土3D打印机器人（图2-2）等。

等材建造机器人通过对材料进行连接、变形等处理实现预制构件生产。金属焊接机器人可以高效

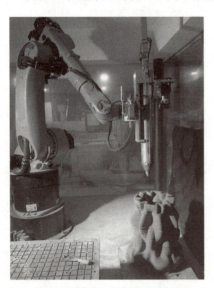

图 2-2　陶土 3D 打印机器人

地完成大型金属结构的焊接任务,确保结构的牢固和稳定;纤维缠绕机器人则可以将碳纤维、玻璃纤维等材料缠绕成轻量化且高强度的结构部件;弯折机器人能够精确地将杆件或板材弯折成复杂的形状,为轻量化结构建造提供更多可能性。常见的等材建造机器人还包括砌筑机器人、木缝纫机器人(图 2-3)等。

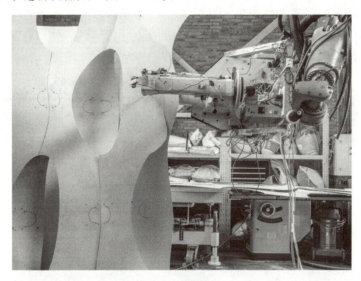

图 2-3 木缝纫机器人

减材加工机器人通过铣削、切割等减材加工工艺从构件中去除多余的材料,进行建筑构件的定制化加工。常见的减材加工机器人包括木构加工机器人、石材切割机器人、泡沫切割机器人等。木构加工机器人通常以铣削、锯切等方式对胶合木梁、木板等构件进行成形加工与节点生产(图 2-4);石材切割机器人通过锯切、线切割等方式进行异形石材的定制化切割;泡沫切割机器人通过热线切割、铣削等方式为现场浇筑的混凝土等结构提供定制化的模具,为现场建造提供必要的工具支持。

图 2-4 木构切割机器人

3. 现场建造机器人

在施工现场，机器人可以被用于多样化的建造任务，根据建筑施工过程划分，现场建造机器人包括感知定位机器人、主体结构施工机器人、装修装饰机器人、物料运输机器人、施工质量检测机器人、辅助建造机器人等。

感知定位机器人通过搭载传感器和视觉系统，能够感知施工现场的环境和物体，精确定位建筑元件和障碍物，为后续施工提供准确的定位和导航信息。其主要包括放线机器人、航测机器人等（图 2-5）。

图 2-5　放线机器人
（图片来源：一造科技提供）

主体结构施工机器人主要进行主体结构的建造工作，例如钢筋绑扎机器人、现场焊接机器人、布料机器人、地面整平机器人（图 2-6）、地面抹平机器人等。它们具备高精度的操作能力，能够准确、高效地进行建筑结构的组装和安装，提升施工速度和质量。

装修装饰机器人主要用于建筑内部的装修和装饰工作，如涂料喷涂、墙面贴瓷砖和地板铺设。其主要包括喷涂机器人（外墙喷涂机器人、砂浆喷涂机器人、室内喷涂机器人）、抹灰机器人、腻子涂敷机器人、地坪施工机器人（地坪研磨机器人、地坪涂料涂敷机器人）、安装装配机器人（墙板安装机器人）、墙地砖施工机器人（墙砖铺贴机器人、地砖铺贴机器人、景观地砖铺贴机器人）、丝杆支架安装机器人等。它们能够自动执行精细的装修任务，提高施工效率，确保装修质量的一致性和美观度（图 2-7、图 2-8）。

图 2-6　地面整平机器人
（图片来源：博智林提供）

图 2-7　丝杆支架安装机器人　　　　　　图 2-8　地砖铺贴机器人
（图片来源：博智林提供）　　　　　　　（图片来源：博智林提供）

物料运输机器人专门用于在施工现场内进行物料和设备的运输。它们可以自动化地搬运重物、运输材料，并且能够遵循预定路径，减轻工人的负担，提高物料运输的效率和安全性。其主要包括板材运输机器人（图 2-9）、码垛运输机器人、通用物流机器人等。

施工质量检测机器人用于对施工质量进行检测和评估。它们通常搭载高精度的测量设备，如激光扫描仪，能够对建筑结构进行精确的测量和验证，提供可靠的数据和反馈，以确保施工质量符合要求。其主要包括混凝土检测机器人、幕墙检测机器人、焊缝检测机器人等。

辅助建造机器人用于辅助施工工作，如建筑场地清扫机器人（图 2-10）、智能施工升降机等。它们能够减轻工人的体力劳动，提高工作效率，保证施工的顺利进行。

图 2-9　墙体搬运机器人　　　　　　　　图 2-10　建筑场地清扫机器人
（图片来源：博智林提供）　　　　　　　（图片来源：博智林提供）

4. 运营维护机器人

建筑施工和运营过程中建筑维护的自动化和智能化也是智能建造机器人研究的重要方

向。运营维护主要对建筑物进行检查、清洁、保养、维修。相应的运营维护机器人主要包括两大类：一类是建筑清洁机器人，另一类是建筑物的缺陷检查与维护机器人。例如，高层建筑的立面通常铺满瓷砖、玻璃幕墙或其他表皮材料，必须在整个的建筑生命周期内进行定期检测、维修和维护。通常，工人通过从屋顶悬挂的吊笼或吊车对立面进行检测、清洁和维护，工作单调、低效且危险。运营维护机器人不仅能够自主执行这些单调和危险的任务，同时能够提供大量的详细检测数据，用于建筑性能分析。

5. 破拆机器人

破拆机器人是建筑垃圾循环利用和科学管理的突破口。因此，破拆机器人不仅需要将建筑物进行破拆，同时需要考虑对拆卸产生的建筑垃圾进行分解和回收利用。广东博智林机器人有限公司（简称"博智林"）开发的建筑废弃物再利用流动制砖车采用游牧式作业方式就地对建筑废弃物进行深加工，集成了破碎筛分、计量搅拌、压制成型、成品码垛等功能，将建筑垃圾直接转化为再生建材制品，如园林路面砖、植草砖、盲道砖、各种实心混凝土砖等，即产即销、变废为宝，节省建筑废弃物清运费、砖类建材采购费，减少粉尘污染和运输排放（图 2-11）。

图 2-11　建筑废弃物再利用流动制砖车
（图片来源：博智林提供）

2.3　智能建造机器人工作流程

智能建造机器人的工作流程涉及从任务规划到执行过程的一系列步骤，以完成各种建筑相关任务。

2.3.1　智能建造机器人仿真与优化

智能建造机器人的运动学仿真是智能建造机器人控制的首要环节，其工作流程通常包括以下步骤：首先，定义机器人的几何构型，包括关节数目、关节类型和几何约束关系。然后，建立世界坐标系和机器人本体坐标系来描述姿态和位置。在此基础上，建立关节模型，包括旋转轴、转动范围和关节限制，并通过正、逆向运动学进行机器人模拟：正向运动学计算确定机器人末端执行器的位置和姿态，逆向运动学计算则通过给定末端执行器的位置和姿态来计算关节位置。在进行运动学模拟时，还需要建立机器人和环境的碰撞体积模型，并使用相应的碰撞检测算法进行机器人与周围环境的碰撞检测。最后一步是将运动轨迹转化为机器人的运动控制指令，控制关节的位置、速度或加速度。这是一个一般性的智能建造机器人模拟工作流程，具体的实现方法可能因智能建造机器人的类型、复杂性和应用领域不同而有所差异。

2.3.2 智能建造机器人路径规划

机器人建造中的铣削、弯折、3D 打印等工艺的实现需要将建筑设计的几何信息转译为可被建造的机器加工路径。转译过程中，建筑几何被用于定义材料的空间定位，构件加工预组装顺序等信息则用于定义生产过程的时间进度。在参数化的建筑设计流程中，参数化建筑几何向机器人建造路径的转换可以被描述为以下步骤：建造工具逻辑定义（TCP 定位）→几何参数提取→参数转译。在实际操作中，针对不同的机器人建造工艺可以开发不同的工具包，将几何坐标、曲率、向量等几何参数依据材料特性和工具特性转译为相应的位置、姿势、速度等机器人建造信息，并通过机器人模拟与编程，对机器人运动进行模拟与检测，输出机器人建造路径。

在实际建造过程中，首先根据特定的建筑任务，确定任务的具体要求和目标。在此基础上，机器人开始感知其工作环境，使用传感器如摄像头、激光扫描仪等来获取关于周围环境、物体和障碍物的信息。基于感知数据，机器人使用路径规划算法确定其需要遵循的最佳路径，以在工作区域内移动并到达目标位置。

2.3.3 从机器人路径到机器人建造

一旦机器人到达目标位置，其会执行特定的建筑任务。这可能包括使用机械臂进行装配、焊接、喷涂等操作，或者使用工具和夹爪来处理物体。在执行任务期间，机器人需要与环境和物体进行互动，包括抓取、移动、旋转或放置物体，以及与其他机器人或设备协同合作。机器人在执行任务时可能会收集关于任务进展、完成情况和环境状态的数据。这些数据可以通过人机界面传递给操作员，以便监控和调整任务进程。一旦任务完成，机器人可以生成报告或记录，以记录任务的执行情况、时间和问题。这些报告可以用于后续的分析和改进。

智能建造机器人的工具端通过感应器、处理器和效应器三个部分来执行接收到的机器人路径信息。机器人工具端的感应器分为两类：一类是感应机器人发出的信号，另一类是感应环境中的信号。感应机器人发出的信号主要是指当机器人建筑工具端需要与机器人的动作产生配合时，工具端需要接收从机器人发出的指令并产生相应的动作。工具端的处理器主要是处理感应器所有接收到的信号，然后依据预设程序针对不同的信号发出不同的指令，进而控制效应器的运行。效应器是指依据接收的信号来产生具体动作的装置。效应器的种类多样，这种丰富度使得机器人可以取代减材建造，甚至三维成型技术中的数控设备，成为全能的建造工具。机器人从控制系统接收路径信息，通过感应器接收信号，通过处理器处理信号，并最终通过效应器执行操作，将建筑设计几何转化为实际的物质生产。例如，在斯图加特大学计算设计学院的阿希姆·门格斯（Achim Menges）教授研究团队于 2015 年完成的展馆建造中，将碳纤维材料在一个薄膜结构表面进行缠绕建造。设计几何被首先转译为机器人缠绕路径,在缠绕过程中由于薄膜结构形态不稳定,很容易受到环境温度、机器人动作或者空气流动的影响,因此工具端需要通过一个压力感应装置实时感应来自薄膜的压力,并以此来判断薄膜结构的变形情况,从而调整机器人的姿态,使碳纤维始终紧贴在薄膜结构的内壁上(图 2-12)。

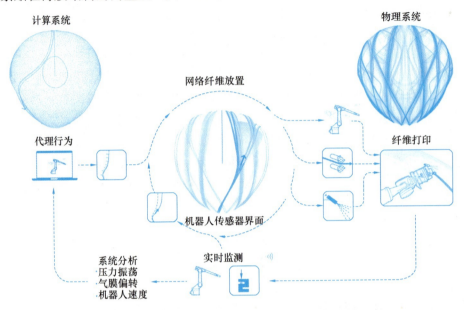

图 2-12 斯图加特大学"2015 ICD/ITKE 研究展馆"机器人建造流程与工作原理
(图片来源:《建筑机器人——技术、工艺与方法》)

智能建造机器人的工作流程根据不同的任务和应用可以有所变化,但通常涵盖了任务规划、环境感知、路径设计、任务执行、环境交互、数据反馈等关键步骤。各个步骤之间的有序衔接,使机器人能够在建筑领域执行各种复杂的任务。

【本章小结】

本章内容主要包括智能建造机器人的系统构成、分类和工作流程。正常运作的智能建造机器人主要包括感应器、处理器、效应器三大组成部分,涵盖驱动系统、机械结构系统、感知系统、环境交互系统、控制系统六个子系统。智能建造机器人可按几何结构、负载和运动范围、应用场景和用途等方式进行类型划分,其工作流程包含仿真优化、路径规划、智能建造等环节。本章通过介绍智能建造机器人的系统构成、分类与工作流程,明确智能建造机器人的基本工作原理。

思考与练习题

1. 组成智能建造机器人的三大部分分别是_____、_____和_____。
2. 组成机器人的六个子系统分别是_____、_____、_____、_____、_____、_____。

3. 以六轴机器人为例，智能建造机器人机械结构系统主要由_____、_____、_____、_____四个部分组成。

4. 按照期望控制量，机器人的控制方式可以分为_____、_____、_____三种类型。

5. 根据作业需求的不同，机器人的机械部分具有不同类型的几何结构，常见的机器人几何结构包括_____、_____、_____、_____、_____五种类型。

6. 根据负载重量和机器人的运动范围，可将智能建造机器人分为_____、_____、_____、_____四种类型。

7. 根据智能建造机器人在建筑全生命周期内的应用场景与用途，可以将机器人划分为_____、_____、_____、_____四个主要类别。

8. 根据材料处理方式的不同，预制智能建造机器人可以分为_____、_____、_____三种类型。

9. 基于建筑施工场景，现场建造机器人可以分为哪些主要类型？

10. 智能建造机器人的工作流程包含哪些关键步骤？

思考与练习题
参考答案

3 智能建造机器人硬件共性技术

【知识图谱】

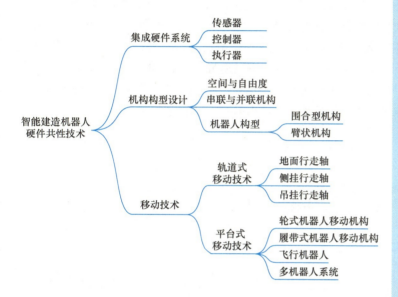

【本章要点】

知识点1. 智能建造机器人集成硬件系统。

知识点2. 智能建造机器人机构构型设计。

知识点3. 智能建造机器人的移动技术。

【学习目标】

（1）理解智能建造机器人集成硬件系统的概念及组成部分。

（2）熟悉智能建造机器人的硬件工具端系统及各种智能建造工艺。

（3）理解智能建造机器人的工作空间与自由度的概念。

（4）了解智能建造机器人的主要构型方式与构型设计原理。

（5）熟悉智能建造机器人的主要移动技术。

3.1 智能建造机器人集成硬件系统

3.1.1 机器人集成硬件系统概述

智能建造机器人集成硬件系统，是将以机器人为主体的多种设备和构件通过通信和控制连接，组成能够完成特定建造任务的硬件装备，主要涉及设备选型、现场传感与控制、末端执行机构设计和先进制造工艺集成应用几个方面。除了硬件部分，该系统还包括现场信息交互、编程、设计、动力学仿真等软件环节。

从系统与控制的角度来看，智能建造机器人系统可以分解为传感器、控制器与执行机构。智能建造机器人与施工场地构成一个动态系统，为了满足建筑施工准确性的要求，实现机器人精确加工和灵活建造，在设计机器人机架系统时，需要掌握自动控制原理。其核心是传感器将系统的输出结果及环境状态反馈给控制器处理，从而指示执行器进行操作（图3-1）。

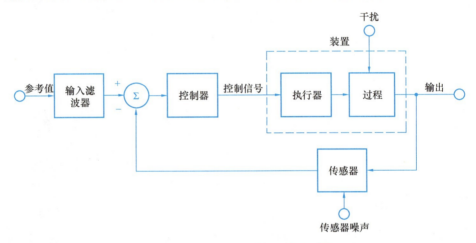

图 3-1　基本反馈系统的组件流程图

一般而言，智能建造机器人都是从特定工艺出发进行硬件集成，在开发时需要充分了解建造生产流程、工艺特点、上游设计需求等，与建筑、结构、测量等专业密切相关。基于这些信息，再进行功能定制、设备选型、机构设计和集成，使多样的设备连接成为一个复杂的网络，相互配合完成建造任务，这又与机械、电气等专业相关。

从开发者的角度来看，设备的集成会从原型机开始，从实验过渡到样机，再从样机转向生产实践。由设计和施工行业发掘和总结问题，进行初步实验。这要求设计师除了了解建造工具与建造过程，从工具创新的角度推动设计与建造的整合，还要具备开发"原型"建造机器人的能力，同时推动跨学科的"产—学—研"综合研究路径，使研究成果能够切实地为施工建造提质增效以及新型建造提供可能性。

3.1.2 传感器、控制器与执行器

机器人反馈系统的核心是输出控制信息的过程，智能建造机器人通过搭建软件平台与编程实现这一过程的逻辑控制，而机器人的控制器、执行器与传感器为实现这一过程提供

硬件基础，三者缺一不可。对于三者基础原理的认知与对各类型硬件的调用与组合，使建筑师能够合理地构建原型机，并对其进行快速迭代，实现所设计的大部分功能。

1. 传感器

传感器是将某种环境状态按一定规律变换成不同形式的信息输出的检测装置，通常由敏感元件和转换元件组成。从能量角度看，传感器是一种换能器，从一个系统接受能量并转化为另一种形式。建造过程常见的环境感应包括压力感应、加速度感应、位移感应、温度感应、流量感应、距离感应和视觉识别等。越是复杂和多元的信号，越是存在一定程度的相互耦合，因此需要对这些信息进行解耦，从而获得所需结果。

2. 控制器

控制器是处理传感器的信息并发出控制信号的组件，其目标是使输出结果与目标结果相符。对于控制算法，较为经典的是比例—积分—微分控制器（PID），由比例单元（P）、积分单元（I）和微分单元（D）组成，分别实现该系统的弹性控制、阻尼控制和稳态偏差消除。PID控制器主要适用于线性且动态特性不随时间变化的系统，对于更复杂的系统，现代控制理论有一系列对应的方法。当然，控制器也可以是非常简单的逻辑器件。如同济大学建筑与城市规划学院袁烽教授团队研发的专利"一种应用于机械臂上的夹取工具"，由一个继电器构成了该工具的处理器：机器人发送高电平到工具端上时，继电器接通线路一，控制五位三通气阀接通气路A，将抓手夹紧；机器人发送低电平到工具端上时，继电器接通线路二，控制气阀接通气路B将抓手张开。

3. 执行器

执行器是可以产生实际效应以改变环境的装置，常见的机器人工具端执行器包括钻头、铣刀、锯、打磨器、抓手、吸盘、焊枪、喷枪等。当然，机器人本体作为最重要的执行器之一，其功能是使末端工具以精确的轨迹运动。不同的工具给予其不同的功能，这就是机器人的开放性所在。正因如此，智能建造机器人集成硬件系统是以机器人为主体、配合多种外围设备的系统。

对于智能建造机器人工具端的开发，以Arduino系列为首的单片机是大多数开发者的首选。单片机又称微控制器（Micro controller），是把中央处理器、存储器、定时器、输入输出接口、通信接口等都集成在一块集成电路芯片上的微型计算机，其低成本和灵活性为实验试错和反复调试提供了诸多便利。

单片机作为具备信息处理的中枢，常常进行模拟量和数字量之间的转换，对于模拟量到数字量的转换，包括积分、逐次逼近、并行/串行比较、Σ-Δ等方法；而从数字量到模拟量，常采用脉冲宽度调制（Pulse Width Modulation，PWM）的方式进行比例控制，这种输出方式可以理解为使用高频率的开关控制来近似模拟信号（图3-2）。

在同济大学2014年上海"数字

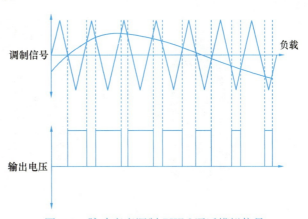

图3-2 脉冲宽度调制PWM逼近模拟信号

未来"工作营中,袁烽教授团队研发完成了一种高自由度、高精度、全自动砌砖机原型机,Arduino 作为其核心控制器。砖被批量地储存在竖向储砖槽"弹夹"中,在 Arduino 的控制下,通过基于步进电机系统的二轴执行器,将砖块精确运送至机器人拾取位置,将传统反复的手工取砖、送砖工作替换为弹夹式的填充作业,极大地提高了作业效率,减少了人工工作量。通过与机器人控制柜进行通信,控制砌筑过程的信号,同时也通过传感器及相关辅助执行器,构建了机器人自动送砖机构,与机器人的砌筑过程进行联动。

3.1.3 先进工艺的集成应用

智能建造在施工工艺上主要通过增材、等材和减材三个方面的创新来提高效率和质量,而施工工艺的实现离不开硬件工具端系统。根据不同工艺,其硬件系统各有特点。

1. 增材工具端

增材制造技术根据施工模型信息,将混凝土、塑料、金属合金、砂石等原材料直接成型为建筑构件,可大大减少材料浪费、简化施工环节。增材制造的实现形式具体表现为 3D 打印,即通过各种材料精确堆叠,来实现快速、高效的建筑施工。当前相对成熟的是混凝土 3D 打印和塑料 3D 打印,这两种工艺不仅可以制造建筑构件本身,还可以为建筑结构制造模板。增材工具端系统主要包括供料系统、成型系统和辅助系统。供料系统实现材料输送或泵送、供料速度控制、缺料补料检测等。成型系统实现从原材料转化为建筑构件的机制,包括混凝土和黏土的挤出或喷射成型、塑料和焊材等熔融材料的冷却成型、砂石或固废颗粒的胶结成型技术。辅助系统主要完成材料冷却、余料回收、扫描检测等环节。常见的增材工具端有:

(1) 挤出式混凝土打印工具端

挤出式混凝土打印工具端主要应用于机器人混凝土打印工艺,机器人的精确定位配合机器人混凝土打印的末端执行器来实现混凝土的三维打印成型。ETH 研究团队在 2.5h 内采用桁架机器人打印了 2.7m 高的 3D 打印混凝土,大大提高了复杂混凝土结构的建造效率。同济大学与皇家墨尔本理工大学建筑学院联合开展的"机器人力学打印"项目应用了上海一造科技有限公司开发的一种新型 3D 打印混凝土技术,以不均匀和不平行层积的方式打印,结合预应力钢筋拉结,实现了空间结构的混凝土打印。图 3-3 展示了该项目构件的打印场景。

图 3-3 "机器人力学打印"项目中应用的非水平层积式打印方法

(2) 混凝土模板滑动制造工具端

智能动态铸造（Smart Dynamic Casting）是 ETH 研究团队将传统的滑模铸造技术与机器人建造技术相结合开发的混凝土建造方式。传统滑模工艺中液压千斤顶由 6 轴机器人代替，从而允许结构通过机器人控制的滑模轨迹动态成形。

(3) 挤出式塑料 3D 打印工具端

塑料作为一种成本相对低廉且可塑性极强的原材料，是最受欢迎的打印耗材。在建筑领域，两种主流的机器人塑料 3D 打印工艺分别是机器人层积 3D 打印工艺和机器人空间 3D 打印工艺。

机器人层积 3D 打印工艺的成型原理与工业 3D 打印机非常相近，高温熔融热塑性高分子材料由挤出头挤出，机器人带动工具端运动，熔融的线状物可以准确地勾勒出一条打印路径。在建造领域，机器人的层积 3D 打印技术通常用于大尺度构件的打印作业。2017 年，上海同济大学建筑与城市规划学院展出了全球首座机器人改性塑料（Modified Plastic）3D 打印步行桥，该桥就是由机器人层积 3D 打印工艺完成的。

机器人空间 3D 打印工艺是近年来发展的一种新工艺，不同于层积 3D 打印工艺依靠截面切片的思路来处理打印路径，空间打印路径是一个三维空间的网格系统。因而，在打印结构设计上拥有更强的灵活性及创新性。2017 年，英国伦敦大学巴特莱特建筑学院（UCL Bartlett School of Architecture）的设计计算实验室（Design Computation Lab, DCL）利用机器人空间打印技术制造了一把由复杂的空间曲线组成的三维像素化椅子。

2. 等材工具端

等材制造技术通过连接组合规则或不规则的、天然或人造的材料，实现建筑构件的成型。通常可以直接利用原始材料，或对建筑废弃物进行回收利用，将其转化为新的建筑材料，有助于减少材料的损耗和环境负荷。该类工具端系统主要包括夹具、运送机构、感知定位传感器及处理器，并且此工艺通常需要结合计算机视觉及传感器技术来感知环境，以实现充分的自动化。

(1) 砌筑夹取工具端

砌筑夹取工具端是一种最普遍的等材工具端，可以自动将砖块或石材按照设计要求精确地放置在正确的位置上。例如，2016 年的上海池社项目就使用了砌筑夹具，将上海旧建筑拆下的老砖进行再利用，实现了长条形曲面墙体的自动化砌筑。又例如，ETH 团队在 2020 年进行的一项自动化石墙砌筑研究，采用了针对不规则形状石材的大型夹具，并且开发了相应的感知和规划算法（图 3-4）。

图 3-4　上海池社项目中用于砌筑旧砖的夹具（左）和 ETH 团队进行石块砌筑的夹具（右）

(图片来源：《建筑机器人——技术、工艺与方法》)

位于乌镇"互联网之光"博览中心园区主展馆东侧的水亭（图 3-5），是数字化设计和机器人砖构一体化的一次实践。为了保证砌筑的准确性和时间成本，所有的砖墙由机器人进行批量定制生产，现场预制完成后所有墙体可以直接进行吊装，在短短一周内便顺利完成了自由渐变的整体形式。在 2020 年完成的江苏园博园的城市展园某酒店项目中（图 3-6），项目用远小于常规砖墙砌筑砂浆层的超薄型 4mm 砌筑砂浆，使得每平方米的砂浆使用量降低为常规墙体的 1/3，并且墙体更加平整细腻。

图 3-5　水亭机器人参数化砖墙应用

图 3-6　南京某酒店机器人参数化砖墙应用

（2）金属折弯工具端

金属折弯工艺是利用金属的塑性变形实现工件加工。目前，金属折弯作业主要使用数控折弯机，可满足大多数工程应用的需要。折弯机器人已经发展为钣金折弯工序的重要设备，折弯机器人与数控折弯机建立实时通信，工业机器人配合真空吸盘式抓手，可准确对多种规格的金属产品进行折弯作业。

自动折弯机器人集成应用主要有两种形式：一是以折弯机为中心，机器人配置真空吸盘、磁力分张上料架、定位台、下料台、翻转架等形成的折弯单元系统；二是自动折弯机器人与激光设备或数控转塔冲床、工业机器人行走轴、板料传输线、定位台、真空吸盘抓手形成的板材柔性加工线。

（3）碳纤维编织工具端

建筑机器人碳纤维编织工艺是一种先进的机器人制造技术，它利用机器人的精确控制能力来编织碳纤维材料，制造出结构性能优越的建筑构件。这种工艺通过机器人自动化操作，将碳纤维线束按照预定的图案和方向交织成形，形成具有高强度、轻质和高耐久性的复合材料结构。碳纤维的这种应用不仅增强了建筑材料的性能，还允许设计师创造出复杂且具有美学价值的形状和结构。此外，机器人碳纤维编织工艺能够提高生产效率，减少材料浪费，并支持可持续建筑发展，为现代建筑提供了新的设计和施工可能性。斯图加特大学 ICD 在纤维复合材料制造工艺的探索上走在时代前列。

建筑机器人碳纤维编织工艺的核心是将纤维材料按照预设顺序缠绕在模板上。2012 年，斯图加特大学 ICD/ITKE 年度展亭第一次采用碳纤维编织工艺进行大尺度结构建筑。此后，ICD 先后对模块化编织技术、双机器人协同编织、机器人现场自适应编织等技术展开研究，并在多个研究项目中得以示范应用，取得了令人瞩目的研究成果（图 3-7）。

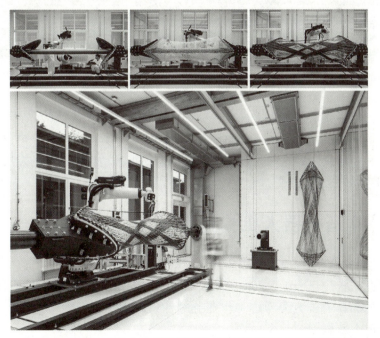

图 3-7　纤维增强复合材料建筑元件的制造过程及工厂内部场景

（图片来源：斯图加特大学 ICD 提供）

3. 减材工具端

智能建造在减材制造技术中，主要通过计算规划来精确选材或控制材料用量，避免过量的材料浪费。智能建造机器人可以根据建筑模型进行精确的材料投放和加工，最大限度地减少浪费，提高资源利用率。

（1）激光和热线切割工具端

激光和热线切割是基于直线切割逻辑的加工建造工艺。激光切割工具端利用激光技术对金属板材、有机玻璃等材料进行精确切割，加工速度快且材料利用率高；泡沫热线/热刀切割工具端主要用于切割聚苯乙烯（EPS）、聚氨酯（PU）和聚乙烯（PE）等可熔融轻质材料，能够快速实现大体积材料的加工成型。

（2）木材铣削工具端

木材铣削工具端主要用于铣削或切割加工，可以在木材表面上进行切削、钻孔、雕刻等，以实现各种形状和纹理的木材加工需求。常见的木材铣削工具端包括钻头、铣刀、链锯、带锯、圆盘锯等。这些工具与多自由度的机械臂相结合，通常可以发挥更大的作用。例如，2021年同济大学袁烽教授团队进行的基于带锯的双曲木梁加工工艺研究，将相对传统的带锯装载于机械臂上，开创了一种新的建筑木材工艺（图3-8）。

图3-8 基于带锯的双曲木梁加工工艺用到的木材加工工具端

智能建造机器人工具端系统通过增材、等材和减材等方面的创新，可以提高建筑施工的效率、质量和可持续性。这种先进技术的应用有助于推动建筑行业的发展，实现更高水平的智能化和自动化。

3.2 智能建造机器人机构构型设计

智能建造机器人运用建造工具按照设定的运动过程加工对象材料，以完成建造成果的工具载体。因此，智能建造机器人的选型及后续使用都与机器人运动学密切相关。智能建造机器人构型的选择需要充分考虑工作任务的各项因素，包括工作范围、建造精度、荷载、稳定性、成本效率等。

3.2.1 空间与自由度

以刚体为主的机械运动是建造过程最普遍的现象，因而自由度是智能建造机器人选型需要考虑的基本因素。刚体在三维空间中的运动可以分解为平移和旋转两部分，每部分都有3个自由度：刚体可以沿3个相互垂直的方向（通常是 x、y、z 轴）进行平移，构成了刚体的3个平移自由度；刚体还可以绕这3个相互垂直的方向进行旋转，构成了刚体的3个旋转自由度。机器人需要具有不少于任务要求的自由度。例如，实现单个物体在现实世界内的自由平移，至少需要3个自由度；若还需任意旋转，则至少要6个自由度；对于避障和姿势有特殊要求的，则需要更多自由度。

当前最为成熟的是单自由度的驱动单元，如电机、气缸等驱动下的关节、滑轨、推杆、拉索等，其中以伺服电机和减速机的组合最为普遍。这些驱动单元常常被称作"轴"，并与传动机构共同组合成为更高复杂度的机械整体。多个轴根据旋转和平移的组合形成不同的构型，并且在工作范围、精度等性能方面各有特点，以满足不同的任务需求。

机器人的运动学问题可以用空间来描述。机器人的工作空间是将末端执行器纳入计算后，机器人末端能够到达的位置集合；与工作空间相对应的是任务空间，即建造任务表达的空间。只有工作空间包含任务空间，机器人才可能胜任该工作。

3.2.2 串联与并联机构

智能建造机器人从活动关节的组合方式来看，分为并联和串联两大类，其在运动空间上各有特点。串联机器人的运动和形式都相对灵活，同样尺度的机构下工作范围更大，但刚度较差、负载较小、存在误差积累。然而相比机械加工，建造任务一般是移动性较强、精度和速度要求较低的任务，因此当前在建造领域的中小型机器人主要是串联式的。

并联机器人是较晚被应用的构型，目前常用于分拣、搬运等任务。其特点是刚度高、负载大、运动性能好、无累计误差、精度较高；但工作范围相对机构自身也较小，且难以单独实现大幅度的旋转。在建造领域，其对于大重量物料的大行程搬运有结构优势，随着控制技术的发展，拉索式并联机器人被用于较大尺度的建造。

从运动学的角度来看，串联机器人的逆运动学方程较难解，而并联机器人的正运动学方程较难解。对于求解的个数，串联机器人的逆运动学可能有多解，而正运动学有唯一解；并联机器人的逆运动学有唯一解，而正运动学可能有多解。

3.2.3 常见智能建造机器人构型

1. 围合型机构

围合型机构的特点是尺度可以做得较大，但移动性较差。该机构通常是固定式的，也常作为其他构型机器人的移动平台。

直角坐标构型又称笛卡尔坐标构型，是最为直观也是最为普遍的构型，用于实现末端的平移运动。其组成部分包含直线运动轴、运动轴的驱动系统、控制系统和终端设备，具有3个自由度，其3个轴均为线性滑轨。该构型具有超大行程、组合能力强等优点（图3-9左）。这种构型的工作空间利用充分，运动求解简单直观，无奇异点；在刚度保证时，其精度在各处一致。但缺点是机体较为笨重，一般至少包含3根大梁，常被称为"龙门式"机器人。

并联拉索构型是较晚应用的构型，一定程度上克服了直角坐标构型笨重的缺点，其运动速度也更快、成本更低，方便实现更大尺度的建造任务。但是在当前技术下，拉索驱动精度较差，运动控制算法也在发展中。为了保证末端稳定性，约束通常存在冗余（图3-9右）。

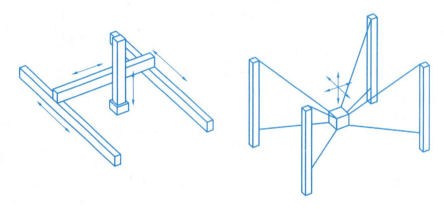

图3-9 直角坐标构型（左）和并联拉索构型（右）

2. 臂状机构

臂状机构大部分都是串联型机器人，一般至少包含一个根部的旋转关节，其特点是与同样尺度的围合机械相比具有更大的工作范围，更为轻巧，具备装载在移动平台上的潜力；但其精度在各处是不同的，精度主要与臂长成正比，且与根部旋转关节的性能联系紧密，主要包含圆柱坐标构型、球面坐标构型、关节型（称回转坐标型）三类。

圆柱坐标构型至少包含一个竖向线性滑轨和一个根部的旋转关节，由此形成圆柱形的工作范围，主要包括极坐标型机器人和水平多关节机器人。其特点是以相对简单的机构和较低的成本获得较大的工作范围和较好的稳定性，塔式起重机就是一个典型且常见的案例。顺应性装配机械臂（Selective Compliance Assembly Robot Arm，SCARA）也是一种基于圆柱坐标系的4自由度工业机器人，具有3个旋转副轴和1个移动副轴，定位精度主要由前两轴保证。因其较高的刚度和较快的移动速度，在被应用于装配和搬运等工程领域后十分受欢迎。SCARA机器人还被广泛应用于各种高速、高精度装配作业中。

球面坐标构型的第一第二轴为旋转关节，第三轴为线性滑轨，即回转、俯仰和伸缩运动，由此形成一个球状工作范围。世界首台工业机械臂Unimate就采用了这种构型。其特点是尽量将关节集中在根部，从而提升机构的灵活性。但是末端的旋转姿态无法确定，因此通常在末端会进一步装载小型关节。

关节型机器人又称回转坐标型机器人，即通常所说的"机械臂"，是灵活度最高的构型之一，其全部轴均为旋转关节。由于具有较多的旋转轴，其求解较为复杂，并且存在一些奇异点。常见的关节型通用机器人具有6个自由度，即有6个关节；对于一些简单的水平搬运任务，从成本和稳定性出发减少为4个自由度，由此出现了码垛机器人；而对于需要调整姿态适应复杂工作环境、与人进行交互的协作性机器人，又会增加到7个自由度。

对于大多数建造任务，由于建造过程是实现单个刚体在空间中的自由运动，因此理论上6~7个自由度都可以满足。而在一些特殊场景下，例如特大范围的建造，还会采用更多的冗余自由度。例如2015年出现的Hadrian X超大范围砌砖机器人，在3自由度的大型起重机末端搭载了更灵活的6自由度伸缩臂，总共包含9个自由度。

3.3 智能建造机器人移动技术

3.3.1 智能建造机器人移动技术概述

相比于制造业，建筑生产与施工任务不仅对机器人的灵活性有很高的要求，同时也对机器人的工作空间尺寸提出了挑战。一般工业机器人的机座是固定的，其工作空间受到臂展的限制。目前，市场上工业机械臂的最大臂展也仅为4m左右，难以适应建筑生产需求。为了突破机器人操作空间的局限，机器人移动技术通过为机器人配备移动机构，能够大大提高机器人的活动范围，扩展机器人的工作空间。因而，机器人移动技术在工业上应用范围要比单纯的机械手臂更加广泛。

运动机构是机器人移动技术的核心执行部件。运动机构不仅需要承载机械臂，同时需要根据工作需求带动机器人在更广泛的空间中作业。在自动化领域，移动机器人涵盖的内容主要包括轮式机器人、履带式机器人、步行机器人等。在建筑领域，根据建造任务的需要，逐渐涌现出一系列相应的机器人移动技术，这些技术可以划分为两种不同的类型：一种是轨道式机器人，即以不同类型的导轨增大机器人本体在特定方向上的移动范围；另一种是移动平台式机器人，主要包括轮式和履带式移动机器人。不同的机器人移动技术对于满足不同的建筑生产与建造需求具有重要作用。

3.3.2 轨道式移动技术

在工厂生产中，当加工工件尺度超过单一机器人的作业范围时，往往需要多台机器人协作完成任务，这样不仅会增加使用成本，有时也会降低效率。这种问题在建筑预制工厂中更为突出。机器人轨道式移动技术主要依赖机器人行走轴带动机器人在特定的路线上进行移动，扩大机器人的作业半径，扩展机器人使用范围。同时，采用机器人外部轴可以利用一台机器人管理多个工位，降低成本，有效提高效率。

行走轨道系统主要由轨道基座、机器人移动平台、控制系统和安全、防护、润滑装置组成。其中，轨道主要作为支持结构和机器人运动的引导轴，轨道长度和有效行程根据实际需要进行定制；机器人移动平台负责带动机器人沿轨道移动，一般由伺服电机控制，通过精密减速机、重载滚轮齿条进行传动；机器人在轨道上的运动一般由机器人直接控制，不需要额外的轨道控制系统。在控制系统中同时需要内置外部轴的软件限位等安全控制手段，保证机器人轨道与机器人的协同控制。

根据机器人与外部轴的相对位置，机器人轨道可以分为地面行走轴、侧挂行走轴和吊挂行走轴等类型。

1. 地面行走轴

地面行走轴是最常用也是结构最简单的一种移动方式，机器人沿着固定在地面上的线性导轨移动，可以有效增加机器人行程，经济高效地满足机器人加工空间的需要。导轨一般采用常规的直线形式。在特殊情况下，如机器人需要环绕汽车进行作业时，行走轴也采用弧形或环形设计，甚至可以利用模块化的优势，根据需求临时定制或调整轨道路线（图3-10）。

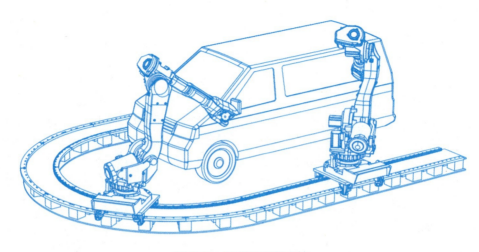

图 3-10 弧形地面行走轴

地面行走轴是解决大尺度构件生产较为经济简便的方式，在建筑预制生产中被广泛应用。同济大学建筑与城市规划学院建筑智能设计与建造团队的双机器人联动加工中心是利用地面行走轴进行建筑生产实验的典型案例。双机器人组分别为 KUKA Kr120 和 KUKA Kr60 机器人，其中 KUKA Kr120 配置了 6m 长的地面行走轨道，充分利用实验室空间，实现机器人生产线长度的最大化。以机器人砌块墙的砌筑为例，轨道机器人可以从实验室一端抓取工件，与位于另一端的 KUKA Kr60 机器人协同完成抹灰等加工任务。此外，两台机器人之间配备了旋转外部轴，进一步提高了机器人平台的加工自由度。该机器人平台为同济大学建筑智能设计与建造团队开展的机器人砖构、木构、3D 打印、金属折弯等建造实验提供了重要的基础保障。类似的加工平台在国内外建筑智能建造研究与生产中被广泛应用。德国斯图加特大学 ICD 的机器人实验室在超过 $500m^2$ 的空间中配置了超过 36 轴的机器人装备，其中一台配备有 12m 轨道的 6 轴 KUKA Fortec Kr420 R3080 机器人成为该实验室的核心设备，该平台配备了 12kW 的铣削主轴作为主要工具端，为大尺度构件与模具的铣削加工、多工位生产以及流程化建造提供了可能。密歇根大学陶布曼建筑与城市规划学院（Taubman College of Architecture and Urban Planning）更是采用了双机器人、双地面轨道的方式，轨道有效长度达 6m，展现出更好的适应能力。此外，不列颠哥伦比亚大学（University of British Columbia，UBC）的高级木材加工中心（The Centre for Advanced Wood Processing）、皇家墨尔本理工大学的机器人建造实验室等也配备了不同规格的机器人地面轨道，作为机器人建造研究的核心装备平台。

地面运行轨道轴具有经济、简单的优势，但其问题也比较明显。机器人轨道占用大量地面空间，不仅会减少工件摆放、人员操作的空间，对材料、产品的运输活动也会带来一定程度的不便。这种情况下，桁架机器人，包括侧挂式与吊挂式机器人，就显示出明显优势。桁架机器人占用厂房或实验室上方的立体空间，不仅解放了下部空间，而且可以在三维空间中对工作任务进行更加高效的配置。

2. 侧挂行走轴

侧挂行走轴是充分利用竖向空间的有效方式之一。由于机器人安装在龙门桁架结构的侧面，因此龙门架下部空间被完全解放，可以用于布置工件或其他工序。例如，侧挂式行走轴下部配置翻转台,可以与机器人共同组成焊接机器人工作站,用于大尺度构件、长焊缝的焊接。此外,侧挂行走轴在工业制造业也常用于机加工件、铸件抛光打磨、非金属件的去毛刺等。ABB生产的 IRB 6620LX 是一种典型的侧挂式机器人组,机器人组采用有效荷载150kg的5轴机械臂,安装在架空的线性轴上。为了合并机器人的铰接式轴和线性轴,ABB从机械臂上拆下了第一个旋转轴,使其能够在线性轴上侧向安装。线性轴可支持两个机械臂,可以同时为多个工作站或设备提供服务,提高机器人的利用率并降低机器管理成本。由于建筑生产需要更高的灵活度,这种与固定工位相配合的侧挂式行走轴在建筑领域鲜有应用。

3. 吊挂行走轴

固定的单一吊挂行走轴与侧挂行走轴在功能上大体相仿,但是在实际应用中,吊挂行走轴自身也常常被升级为一个或多个行走轴共同组成的3轴系统,机器人安装在3轴系统的末端,从而可以进行空间活动的3轴行走轴可以带动机器人在更广的三维空间中移动,打破了单一行走轴的线性活动限制。这种空间桁架式移动技术大大提高了机器人的空间活动能力,也为下部空间的使用解除了限制,从而能够适应不断变化的构件、产品的需求,也因此在定制化的建筑生产中备受青睐。

同济大学联合上海一造科技有限公司于2016年率先研发了全球首例用于建筑生产的空间桁架式吊挂机器人组(图3-11),两台 KUKA Kr120 R1800 机器人吊挂在一个3轴桁架系统上,加工空间达到 12m×8m×4m,成功实现了机器人木构预制工艺、砖构预制工艺、制陶预制工艺、3D打印工艺等技术,并成功应用于上海松江名企园、2018年威尼斯双年展中国馆等30多个产品和建筑生产中。

图3-11 同济大学与上海一造科技有限公司研发的桁架机器人组
(图片来源:一造科技提供)

2017年投入运行的 ETH 机器人建造实验室(The Robotic Fabrication Laboratory,RFL)由格马奇奥&科勒研究所开发,它是一个基于龙门架系统的多吊挂机器人系统(图3-12)。4台 ABB IRB 4600 型工业机器人手臂可以在线性轴上自由移动,活动空间达到 45m×17m×6m,可以开展不同类型的足尺建造实验。在轻质金属结构的设计和组装研究中,该桁架机器人组中两台机器人协作进行金属杆件的定位和组装,通过复杂金属结构的建筑实验,成功实现了桁架机器人自动路径规划技术。空间木材组装(Spatial Timber Assemblies)项目同样采用该桁架机器人组中的两台机器人协作进行轻型木结构模块的自动化组装,充分利用机器人精确加工与组装构件的能力实现高度定制化的木框架建造。

图 3-12　ETH 机器人建造实验室桁架机器人
(图片来源:《建筑机器人——技术、工艺与方法》)

上述机器人轨道移动技术主要应用于结构化的工厂或实验室环境,实际上机器人轨道移动技术不仅可以用于上述建筑预制生产中,在建筑建造现场也可以发挥巨大作用。在施工现场,临时铺设的机器人轨道和机器人的组合是解决特定大范围施工任务的有效途径。例如,日本建设公司熊谷组(Kumagai Gumi)开发的一款工业建筑屋顶面板的安装机器人。屋顶面板的定位是一项高度重复的任务,也给所涉及的工人带来安全风险,因此注定要自动化。该机器人包括一个移动平台、一个简单的操纵器以及一个用于处理屋顶面板的末端执行器。由于其小尺寸和重量,机器人可以在安装于屋顶桁架的轨道上移动,以便及时按顺序运输和放置屋顶面板。此外,轨道技术也常出现在建筑外墙涂刷、维护机器人系统中。

3.3.3　平台式移动技术

轨道移动技术中,机器人需要由轨道引导,决定了机器人只能沿着固定轨迹移动。同时,轨道的铺设需要良好的基础条件,无法适应崎岖路面及高约束条件空间。因而,轨道式移动技术比较适用于预制工厂、实验室等结构环境,而施工现场复杂施工任务则需要无固定轨迹限制的机器人移动技术来完成。相对而言,移动平台式移动技术具备良好的越障能力,可以完成各类复杂环境下的建造任务。移动机器人的行走结构形式主要有轮式移动结构、履带式移动结构和步行式移动结构。针对不同的环境条件选择适当的行走结构能够有效提高机器人的工作效率和精度。轮式移动技术的越障能力有限,较适用于结构环境条件下,如铺好的道路上;而步行机器人尽管也能够在非结构环境中行走,但是由于其负载有限,常被用于探险勘测或军事侦察等特殊环境,以及娱乐、服务领域,在建筑工程中并不常见。本节主要介绍轮式和履带式机器人移动机构。除了上述两种主要类型外,移动机器人还包括飞行机器人,以及基于集群智能的多机器人系统。

1. 轮式机器人移动机构

工程实践中的轮式移动装置主要是四轮结构,四轮移动装置与汽车类似,可以在平整路面上快速移动,稳定性较两轮和三轮结构有显著优势。一般情况下,轮式行走装置不能进行爬楼梯等跨越高度的工作。但随着全向移动车的出现,四轮平台可以在平面上实现前后、左右以及自转 3 个自由度的运动,比一般汽车增加了横向移动能力,从而被称为全向移动式。这种全向移动的机器人机动性高,适合在空间狭小的场所应用。KUKA omniMove 是 KUKA 机器人有限公司(以下简称 KUKA 公司)研发的一款全向移动式重载型移动平台,采用模块系统,在尺寸、宽度和长度方面可以任意缩放,最大负载可以达到 90t,精度为±1mm。平台最小长宽高尺寸为 2400mm×1700mm×415mm,体量略显庞大。2013 年 KUKA 公司发布了移动机器人 KUKA Moiros,该移动机器人单元由三部分构成,一个负载 8t 的 KUKA omniMove 移动平台、一个 120kg 的 Kr QUANTEC 系列的 KUKA 机器人以及 Kr C4 软件和控制系统。工作空间可以达到 5m 的垂直高度,以及几乎无限制的水平移动。

KUKA moiros(图 3-13)主要面向航空领域,巨大的体量决定了其难以在建筑领域广泛应用。2016 年上海一造科技有限公司开发了一款全向移动式现场机器人建造平台,平台搭载负载 60kg 的 KUKA 机器人,主要用于现场机器人建造研究。2016 年 8 月在上海池舍项目中,该移动机器人平台首次进行机器人现场砌筑实验,借助机器人移动平台实现了长条形曲面墙体的自动化砌筑(图 3-14)。同年美国公司 Construction Robotics 发布了半自动砌砖系统 SAM。SAM 同样采用轮式移动平台,主要用于水平移动,而垂直移动则通过脚手架平台的挑战实现。这种移动砌墙机器人的原型可以追溯到欧盟研究项目"计算机集成制造装配机器人系统"研发的 Rocco 机器人,Rocco 采用轮式行走装置,允许机器人越过小的障碍物。行走装置的自动导航采用声呐控制,同时配备检测装备倾斜度声呐以及平面位置定位系统,保证现场作业的精度和稳定性。

图 3-13 移动机器人 KUKA moiros
(图片来源:《建筑机器人——技术、工艺与方法》)

图 3-14 全向移动式机器人建造平台
(图片来源:一造科技提供)

在南加州大学比洛克·霍什内维斯(Behrokh Khoshnevis)教授与美国国家航空航天局(NASA)为机器人建造月球与火星基础设施提出的方案中,轮式移动机器人搭载轮廓工艺,用来在月球或火星表面建造基本的遮蔽物。通过收集周围环境中的材料,将其转化为类似混凝土的物质，输送给机器人工具端进行基础设施建造。机器人移动平台允许大范围的材料收集与建造活动，成为太空基地等特殊环境建造的有效选择（图 3-15）。

图 3-15　南加州大学与美国国家航空航天局利用移动机器人
进行月球或火星基础设施建设的设想

（图片来源：《建筑机器人——技术、工艺与方法》）

2. 履带式机器人移动机构

履带式移动平台又被称为无限轨道式移动平台，通过将环状的轨道包裹在数个车轮的外围，使车轮在环形的无限轨道上行走，不直接与地面发生接触。通过履带作为缓冲，这种移动平台可以在崎岖不平的地面上行走，与地面接触表面积大，从而降低了接地压强，既可以在松软、泥泞的环境中防止下陷，也可以表现出较好的移动性能。同时，优于履带上具有履齿，不仅可以防止打滑，而且可以产生强大的牵引力。履带式移动平台具备强大的越野能力，在建筑现场可以进行爬坡、越沟，机动性明显优于轮式平台。但是履带式也有自身的劣势，比如无法进行横向移动，机动性略显不足，结构复杂且重量大。

根据履带结构的不同，履带式移动机器人大致可以分为单节双履带式、双节四履带式、多节多履带式、多节轮履复合式以及自重构式移动机器人等。其中单节双履带式机器人是最常见的移动机器人类型，2014 年 ETH 开发的第一代现场建造机器人（IF1）是典型的单节双履带式智能建造机器人，IF1 采用履带建造平台搭载 ABB IRB 4600 机器人，机器人臂展 2.55m，负载 40kg。履带移动平台中植入了 ABB IRC5 控制器单元所需的所有软硬件装置，机器人与移动平台实现协同控制。IF1 带有四包锂离子电池，可在平均机器负载下自行运行 3～4h，无需插入主电源。底盘尺度按照瑞士标准门的宽度设计（80cm），总重 1.4t，平台的移动速度可以达到 5km/h。ETH 这款履带式机器人开展了一系列塑料、金属网格结构的建造研究，在实验室环境下进行大尺度建造，未能实现现场应用（图 3-16）。

除单节双履带式外，其他更加高级的履带形式主要出现在军事研究领域，例如美国 iRobot 公司与军方合作研发的 Warrior 机器人为双节四履带式，由中国航天科工集团第四研究院探测与控制技术研究所研制的"排爆奇兵"机器人为多节多履带式移动机器人。上海一造科技有限公司研发的现场建造机器人建造平台也是典型的双履带式移动机器人（图

3-17），其集成了视觉和现场定位系统，可以实现大尺度施工现场的定位，具有广泛的施工现场适应性。随着智能建造机器人从实验室走向施工现场，更加高级的履带式移动机器人也终将在建筑领域得到应用。

图 3-16　ETH 开发的第一代现场建造机器人（IF1）
（图片来源：《建筑机器人——技术、工艺与方法》）

图 3-17　现场建造机器人建造平台
（图片来源：一造科技提供）

3. 飞行机器人

飞行机器人一般是一种无人机系统，多家智能建造机器人研究团队已经涉足这一领域。飞行机器人在无人机的基础上增加外部定位系统，以满足建造任务对精确定位的需求。飞行机器人可以在三维空间无限制的飞行，通过数控编程可以在没有脚手架的情况下进行复杂设计的砌筑或组装。ETH 的飞行组装建筑是首个采用飞行机器人搭建的建筑装置。项目采用四台四轴飞行器（Quadrocopters）协同工作，无人机搭载实时视觉导航系统，用来确定机器人位置和材料摆放角度，最终将 1500 块砖垒砌成一个 6m 高的塔形结构。无人机的局限性在于其负载能力较小，尽管可以通过多台飞行机器人协作搬运重物，其总负载仍相当有限。同时在非结构环境下，面对粉尘、噪声预计信号干扰，无人机的精确控制也是一大挑战。

4. 多机器人系统

多机器人系统是一个相对新颖的领域，其核心在于多台机器人通过相互协作共同实现一个建造目标。多机器人系统的研究灵感往往来自于自然界中蜜蜂、蚂蚁、鸟类的建造行为。不同的机器人可以执行相同的任务，也可以根据每个机器人的作用和环境执行不同的任务。多机器人系统与单一机器人相比具有显著的成本低、容错率高、可扩展性、并行性等优势。事实上，建筑建造是一项复杂的任务，需要多种单一行为的结合，多机器人系统在解决单个机器人无法单独完成的复杂任务方面具有巨大潜力。哈佛大学自组织系统研究组（Self-Organizing Systems Research Group）开发了一款集体智能建造机器人系统 TERMES，该机器人系统模拟白蚁的建造行为，以集群建造的方式共同完成建造目标。每个机器人中都存储着最终的设计形态，并根据其机械特征设定其行为规则、总体建造任务以及本地环境条件，共同引导机器人组织自身运动。TERMES 展现了多机器人系统在协同建造中的可行性，多机器人研究起步不久，在能够适应建筑施工现场的恶劣环境之前仍然有很长的路要走。

智能建造机器人移动技术已经取得了可观的成果，但是远未达到实用需要。影响机器人移动技术的因素除了硬件之外，导航与定位、通信与传感技术、运动控制、路径规划等相关技术是制约移动机器人成熟应用的主要因素。相关技术已经在前面各章中有所涉及，但是由于非结构环境、实时精确定位等特殊需求，机器人移动技术对相关技术的成熟性和稳定性要求就更加严格。随着传感器技术、信息物理系统等信息技术的飞速发展，移动机器人将迅速得到完善和发展，并在建筑智能建造领域扮演重要角色。

【本章小结】

本章内容主要包括智能建造机器人集成硬件系统、机构构型设计及移动技术。集成硬件系统主要包括传感器、控制器与执行机构，分别是机器人的"眼""脑""手"。通过与增材、等材、减材工具端的结合，建筑机器人可以完成各类智能建造工艺。为了让建筑机器人适用于各种复杂场景，需要依赖智能建造机器人机构构型设计，工作空间、自由度、串联并联结构是机器人机构构型设计的关键。为了突破机器人操作空间的局限，机器人移动技术通过为机器人配备移动机构，能够大大提高机器人的活动范围，扩展工作空间。本章从集成硬件系统、机构构型、移动技术三个层面建构了智能建造机器人硬件共性技术体系。

思考与练习题

1. 智能建造机器人的移动技术可划分为哪几种类型？
2. 根据机器人与外部轴的相对位置，机器人轨道可以分为_____、_____和_____三种。
3. 智能建造机器人的硬件基础包括_____、_____和_____三个部分。
4. 常见的智能建造机器人构型包括_____和_____两种。
5. 在建筑领域最常见的、应用最广泛的关节型通用机器人具有_____个自由度，即有_____个关节；而对于需要姿态适应复杂工作环境、与人进行交互的协作性机器人，又会增加到_____个自由度。
6. 飞行机器人用于建筑建造的优势是什么？
7. 多机器人系统与单一机器人相比具有哪些优势？
8. 履带式移动平台与轮式移动平台相比，优势和劣势是什么？
9. 单片机又称_____，是把_____、_____、_____、_____、_____等都集成在一块集成电路芯片上的微型计算机，其低成本和灵活性为实验试错和反复调试提供了诸多便利。
10. 单片机作为具备信息处理的中枢，常常进行_____和_____之间的转换。

思考与练习题
参考答案

4 智能建造机器人软件共性技术

【知识图谱】

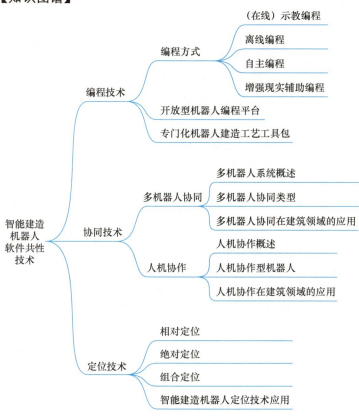

【本章要点】

知识点1. 智能建造机器人编程技术。

知识点2. 智能建造机器人协同技术。

知识点3. 智能建造机器人定位技术。

【学习目标】

(1) 理解智能建造机器人软件共性技术的概念及其内容。

(2) 熟悉智能建造机器人的四种编程方式。

(3) 了解常见的国内外智能建造机器人编程平台及工具包。

(4) 理解多机器人协同和人机协作概念,以及相互间的区别。

(5) 了解智能建造机器人的多机器人定位技术原理,以及三种定位技术的特点与适用场景。

4.1 智能建造机器人编程技术

4.1.1 机器人编程方式

机器人编程方式包括四种主要类型：（在线）示教编程、离线编程、自主编程以及增强现实辅助编程技术。

1. 示教编程技术

示教编程技术通常是由操作人员通过示教器控制机器人工具端达到指定的姿态和位置，记录机器人位姿数据并编写机器人运动指令，完成机器人在正常运行中的路径规划。

示教编程技术属于在线编程，具有操作简便直观的优势。示教编程一般可以采用现场编程式和遥感式两种类型。以工业机器人应用广泛的焊接领域为例，在对汽车车身进行机器人点焊时，首先由操作人员操作示教器控制机器人到达各个焊点，记录点焊轨迹，编写成机器人程序，在焊接过程中通过运行程序再现示教的焊接轨迹，从而实现车身各个焊点位置的焊接。在实际焊接中，由于车身的位置难以保证完全一致，因而单纯依靠示教编程无法保证精度，通常还需要增加视觉传感器等对示教路径进行纠偏和校正。

但是在人类难以进入的极限环境中，如海底、太空、核电站等，操作人员无法现场示教，建造任务的完成需要借助遥控式示教。机器人通过视觉传感器感知现场情况，反馈给机器人控制器进行示教编程。选择合适的机器视觉辅助遥控示教技术对于应对复杂环境下识别精度问题至关重要。在极限环境中，机器人立体视觉受到环境光条件的影响，信息反馈效率和精度低，会大大延长示教周期。以焊接为例，焊接的遥感示教可以采用激光视觉传感获取焊缝轮廓信息，反馈给机器人控制器，使焊枪能够实时调整位姿跟踪焊缝。

2. 离线编程技术

机器人离线编程是借助计算机离线编程软件，对加工对象进行三维建模，模拟现实工作环境，在虚拟环境中设计与模拟机器人运动轨迹，并根据机器碰撞诊断、限位等情况调整轨迹，最后自动生成机器人程序。传统示教编程在复杂作业中效率和精度难以保证，以汽车模具生产为例，由于模具表面形态复杂，采用人工示教几乎无法完成铣削、激光熔覆等机器路径设计，而离线编程可以直接借助三维模型生产机器人运动轨迹，对路径进行参数化设计与调整，对于复杂建造任务具有广泛的适用性。离线编程首先建立加工对象的CAD模型，利用定位技术确定机器人和加工对象之间的相对位置，然后根据特定的工艺与工具进行机器人路径规划和仿真，确认无误后生成加工文件，传输给机器人控制器执行加工任务。与示教编程相比，离线编程在精度和处理复杂任务的能力方面优势显著，在基本的编程操作外，还可以使用编程工具的高级功能对复杂任务进行路径优化。同时，离线编程便于与计算机辅助设计和计算机辅助建造（Computer Aided Design/Computer Aided Manufacturing，CAD/CAM）系统结合，有助于实现从计算设计到机器人建造的一体化。

商业化的离线编程工具一般都会具备以下基本功能：几何建模功能、基本模型库、运动学建模功能、工作单元布局功能、路径规划功能、自动编程功能及多机协调编程与仿真功能。当前，国外主流的建筑机器人离线编程软件主要有德国 KUKA | prc、英国 HAL、加拿大 RoboDK、瑞士 Webots、瑞士 Coppelia Sim（V-REP）、美国机器人操作系统 ROS

等。中国国内则有 FURobot、Taco、Moli 智能控制系统等。这些商业软件在机器人离线编程方面各有千秋，在运动学算法、动力学模拟、通信协议控制框架上有所不同（表 4-1）。同济大学与上海一造科技有限公司联合开发的 FURobot 机器人控制软件平台支持多品牌机器人及自定义机器人的虚拟仿真、多工艺离线程序生成以及实时通信，FURobot 已成为 Food4Rhino 软件平台建筑机器人控制软件下载量前三的软件。

常见的建筑机器人控制软件对比　　　　　　　　　　　　表 4-1

软件名称	国家	运动学算法	动力学模拟	通信控制协议框架	3D打印工艺包	支持机器人品牌	独立软件	设计软件联动性
KUKA|prc	德国	传统6轴	—	KUKA automation	—	KUKA、自定义6轴	否	Rhino & GH
HAL	英国	传统6轴	—	—	—	KUKA、ABB、UR	否	Rhino & GH
FURobot	中国	可自定义多轴串、并联	支持多轴串联	KUKA RSI ABB EGM	涵盖自动切片、线段填充等功能	KUKA、ABB、UR、Step、自定义多轴	是	Rhino & GH
Taco	中国	传统6轴	—	—	—	ABB	否	Rhino & GH
Webots	瑞士	串、并联	第三方物理引擎	—	—	自定义多轴串联与并联	是	—
Coppelia Sim (V-REP)	瑞士	串、并联	第三方物理引擎	—	—	自定义多轴串联与并联	是	—
RoboDK	加拿大	串、并联	—	KUKA varproxy	—	70+品牌+自定义6轴	是	Rhino & GH
Moli 智能控制系统	中国	串联	—	Can 协议	涵盖自动切片、线段填充等功能	自定义多轴	是	—

3. 自主编程技术

机器人自主编程是指由计算机主动控制机器人运动路径的编程技术。随着机器视觉技术的发展，各种跟踪测量传感技术日益成熟，为以工件测量信息为反馈编程方法奠定了基础。根据采用的机器视觉方式的不同，目前自主编程技术可以划分为三种类型——基于结构光的自主编程、基于双目视觉的自主编程技术以及基于多传感器信息融合的自主编程。基于结构光的自主编程技术的原理是将结构光传感器安装在机器人末端，利用目标跟踪技术逐点测量待加工位置的坐标，建立起轨迹的数据库，作为机器人运动的路径；基于双目视觉的自主编程技术的主要原理是利用视觉传感器自动识别并跟踪、采集加工对象的图像，由计算机自动计算出待加工对象的空间信息，并按工艺特征自动生成机器人的路径和位姿；基于多传感器信息融合的自主编程技术将不同传感器搜集的各类信息进行综合，共同生成高精度的机器人路径。传感器可以包括力控制器、视觉传感器以及位移传感器，集成位移、力、视觉信息。例如，机器人利用视觉传感器识别预先标记的特征路径（如记号笔标记的线），自动生成机器人路径，建造过程中利用位移传感器保持机器人工具中心点（Tool Central Point，TCP）的姿态，视觉传感器保证机器人对路径的追踪，力传感器则用来保持机器人工具端与工件表面的距离。

4. 增强现实辅助编程技术

增强现实等技术的出现为机器人编程提供了新的可能性。增强现实技术源于虚拟现实技术，能够实时计算相机影像的位置及角度，并与相应的预设图像进行叠加。增强现实把虚拟信息叠加在现实场景中，并允许虚拟与现实互动，提供了现实环境与虚拟空间信息的交互通道。将增强现实技术用于机器人编程具有革命性意义。增强现实编程由虚拟机器人仿真和真实机器人验证等环节构成，可以利用虚拟机器人模型对现实对象进行加工模拟，控制虚拟机器人针对现实对象沿着一定的轨迹运动，进而生成机器人程序，测试无误后再采用现实机器人进行建造。

4.1.2 开放型机器人编程平台

建筑建造工艺种类极为多样化，而且随着不同项目的不同要求，需要对工艺进行及时调整。智能建造机器人建造编程平台必须要有足够的开放性来应对建造工艺的多样性。在传统工业机器人编程平台软件中，多数是针对工厂流水线和单一工艺重复作业进行编程操作，重视作业节拍、作业精度及同一条流水线中不同机器人之间的通信配合，这种编程模式对于机器人建造而言有明显的局限性。

如前所述，智能建造机器人的工作模式主要分为两种：工厂预制建造和现场建造。对于工厂预制建造而言，传统工业机器人编程模式有一定的可借鉴性，但由于建筑预制构件在尺度和工艺复杂程度方面与传统工业产品难以对比，单一工艺重复作业的传统自动化流水线无法满足建筑预制构件在工艺尺寸多样性和复杂性上的需求，因此，从编程端即要能满足针对同族不同型号的建筑构件的柔性建造编程，基于参数化设计方法的机器人编程模式被提出。这种参数化机器人编程手段可以通过参数调整来迅速调整机器人工作程序，从而在编程端实现柔性建造；对于现场建造而言，传统的流水线编程思路已经完全无法适应现场移动机器人建造的需求，对于现场移动机器人建造，除了建造工艺编程，还包括现场环境感知和建模、智能定位、智能路径规划等。在这种技术要求下，机器人建造编程变得更加多变和复杂，但总体上是延续一个可逻辑化的技术路线进行编程，因此参数化的机器人编程模式就变得非常重要；确定好编程逻辑之后，依据现场情况及时进行参数调整，而非完全依据现场情况进行定制化编程，这样才能建立更高效的机器人建造编程模式。

传统制造加工产业经过多年发展，设计建模软件和制造加工软件已经产生了紧密的联系，有很多共通的接口可以实现快速的模型导入、导出与处理，加工信息可以快速实现编程与控制。对于建筑行业来说，设计软件环境和加工软件环境的断层是阻碍建筑数字化发展的重要原因之一。从这方面来说，工业机器人作为一种通用工具，为设计与建造的统一提供了可能，特别是在 BIM 技术的支持下，建筑信息模型可以为建造阶段提供充足的数据基础，只要通过合适的接口和转译，这种数据流完全可以延伸至建造阶段，实现设计和建造的一体化。这就要求智能建造机器人从编程端向设计软件端靠拢，打通数据流，充分借助 BIM 的信息优势实现设计和建造的一体化、数字化。

一个开放型的机器人编程平台无疑在智能建造机器人研发初期即需要纳入目标。依据研究经验，智能建造机器人编程平台的开放性需要表现在如下几个方面：

一是对设计软件环境的开放性。通过将机器人整合到设计软件环境中，建筑师能够在设计阶段将几何、材料与建造等因素进行综合考虑，对于整合行业工作流程具有重要意义。

二是对不同材料、工艺的开放性。建筑建造的复杂性决定了机器人需要处理的材料以及执行工艺的多样性。机器人编程平台需要能够定制机器人模块、机器人工具端，个性化地满足不同建造任务对机器人编程方式的需求。

针对智能建造机器人建造的上述需求，多种面向建筑师的开放型机器人编程软件开始进入建筑师的工具库，其中既有针对特定机器人品牌的编程工具，如面向KUKA机器人的KUKA｜prc和为ABB机器人使用者定制的Taco，也有支持多品牌机器人的编程平台，如HAL机器人架构。这些机器人编程工具大多数集成在Rhino、Grasshopper平台上，能够与建筑师设计几何无缝衔接。

HAL机器人架构是2011年英国HAL机器人公司开发的一款机器人编程工具。HAL是Grasshopper的插件，支持ABB、KUKA和Universal等主流机器人品牌的编程，拥有可扩展的机器人库，包括85个高质量的预设机器人模块，可在短时间内编码和模拟所需要的机器人单元。HAL支持单一机器人模拟，也可以对多机器人进行协作编程。HAL的程序涵盖了多种类型的机器人指令，有助于创建高级的机器人程序结构，包括I/O管理、错误处理、多任务处理等。同时，软件内置了热线切割、铣削、砌筑等附加的工艺程序包，简化了多种创新建造方式的编程过程。此外，HAL还针对ABB IRC5控制系统以及Universal机器人设计了实时控制与监控的功能。HAL充分利用了Grasshopper平台的编程优势，可以从4个功能电池出发对机器人进行简单的模拟，也完全支持大规模的生产程序构建。HAL拥有近百个示例文件和模板，数百个特定的嵌入式错误提示消息，确保编程过程中遇到的问题都能够得到及时识别和解决。HAL还具备对其他CAM程序进行反向工程处理的功能，能够将Gcode和ABB Rapid逆向工程到Grasshopper电池中，便利了建筑师与集成商、机器人专家等的数据交换，充分展现了其开放性的特点。

KUKA｜prc是建造机器人协会（the Association for Robots in Architecture）开发的一款KUKA机器人编程工具。KUKA｜prc同样内置于Grasshopper平台上，支持对KUKA机器人进行全方位的运动仿真，快速验证机器人程序中有无碰撞或限位，以图形的形式映射所有轴的运动（如所有工具位置、所有轴的值、碰撞值、I/O接口状态等），可以发现并避免奇点。设计师可以通过调整参数定义，实时观察显示结果，直观地解决问题。KUKA｜prc最终能够生成程序文件，直接用于机器人建造，在KUKA机器人与参数化设计之间建立了直接关联。KUKA｜prc专门为KUKA机器人定制，内置了一个庞大的机器人库，从小型AGILUS机器人到有效载荷1t的Titan机器人应有尽有，KUKA｜prc甚至可以模拟新的KUKA iiwa——一种用于人机交互的7轴机器人。完整版的KUKA｜prc可以对机器人外部轴进行个性化定制，可模拟最多配备有4个外部轴的复杂机器人装置，使用者只需要输入目标路径，KUKA｜prc可以自行计算外部轴的位置（轨道）或角度（旋转轴）。KUKA｜prc的开发旨在使建筑、艺术等创意产业可以使用机器人，但当前KUKA｜prc也越来越多地被用于高端木材加工公司、航空工业以及核工业产业。

4.1.3 专门化机器人建造工艺工具包

除了上述开放性机器人编程工具之外，一批针对特定机器人建造工艺的专门化机器人编程工具包简化了特定工艺的设计与编程流程，为建筑师应用成熟的机器人建造工艺提供了巨大便利。这些工具包大多由新兴机器人创业公司开发，通过将软件和设计工具提供给建筑师和建筑产业，降低智能建造机器人工艺的应用门槛。当前，建造工艺工具包的开发主要针对铣削、砌筑、金属弯折、线切割等相对成熟的智能建造机器人建筑工艺。

RAPCAM 是荷兰 RAP 科技公司针对机器人铣削工艺开发的一款编程软件。RAPCAM 基于 Grasshopper 编程平台，能够直接从 Rhino 模型快速生成机器人铣削路径。针对铣削工艺的特点，该工具的轮廓加工功能为三维复杂物体的钻孔和切削提供了便利，同时可以生成粗加工和精加工的刀具路径，符合实际生产中的加工需求。在生成加工路径时，RAPCAM 允许定制铣削方向，刀具运动不仅可以跟随对象曲率，也可以保持在一个固定方向上，从而最大限度地释放铣削工艺的能力。由于 RAPCAM 兼容 ABB、FANUC 以及 KUKA 等工业机器人，因而具有广泛的适用性，相比于 Robomaster、Powermill 等专业数控铣削编程工具而言，RAPCAM 的成熟度仍较差，但其优势在于更加友好的操作使用体验，随着功能的不断更新完善，这一优势也将具有决定性的意义。

在机器人砌筑工艺编程方面，Brick Design 是瑞士机器人科技公司开发的一款综合的砖墙设计与机器人建造软件。软件在设计阶段就整合了机器人建造过程的参数，利用机器人的定制加工能力轻松地完成每块砖的定位。软件输出的数据直接用于控制机器人建造过程，无需额外的机器人编程，从而实现非标准砖墙高效、高度灵活的自动化建造。除了格马奇奥 & 科勒研究所在瑞士普丰根完成的 Ofenhalle 砖墙里面原型之外，第一个基于 Brick Design 软件的大型商业项目是 2014 年建造的位于瑞士提契诺州的洛迦诺之星（Le Stelle di Locarno）住宅楼。此外，瑞士机器人科技公司还开发了基于 CAD 软件环境的 URStudio，可用于 UNIVERSAL 机器人的离线和在线编程，提供双向通信。软件在不进入机器代码的编写情况下，通过控制虚拟几何有效简化了机器人复杂任务的编程。

RoboFold 在机器人金属折板工艺方面的深入研究推动了相关软件工具的开发，先后开发并发布了一系列 CAD 软件和插件，用于管理设计到生产的工作流程。软件包基于 Rhino 和 Grasshopper 平台，覆盖了工作流程的每个阶段，用参数链接起金属板弯折的整个过程。金属折板设计首先研究纸张的折叠，一开始就保证设计可以使用片状材料进行建造，然后对纸张进行表面分析，提取必要的参数，在其开发的 Grasshopper 插件 kingkong 中模拟纸张折叠。Kingkong 基于 kangaroo 的物理引擎，主要用于折叠的计算模拟及金属板立面的外观研究。Kingkong 插件以两种形式输出结果，一方面将设计以平面图案的形式输出，用于板材切割，另一方面输出折叠过程的动画，用于驱动机器人模拟。CNC 切割的 G-code 编程由另一款 Grasshopper 插件 Unicorn 生成。对机器人建造可行性的所有必要的检查可以在哥斯拉（Godzilla）——一款基于 Rhino 和 Grasshopper 平台的 6 轴机器人仿真插件中完成。最后阶段由哥吉拉（Mechagodzilla）接管，在远程树莓派（Raspberry Pi）® 上为机器人生成代码。一旦金属板在 CNC 中切割完成，就放置在机器人加工台面上，用真空吸盘拾取，开始机器人弯折。RoboFold 开发的这一系列软件工具通过分工协作使金属板弯折流程的每个阶段都实现了参数化模拟与控制，但美中不足的是，各个软件工具之间的连接和转换过于烦琐，单一工艺流程被拆解为数个阶段，不利于工艺的整体化应用。

PyRAPID 是一个基于 Python OCC 的独立计算机辅助建造机器人热线切割应用程序（RHWC-CAM）。PyRAPID 由 Odicog 公司的一位首席技术人员编写，该人员具有纯粹的建筑学背景，体现了由建筑愿景引领的技术创新对于提供实用和经济的工业解决方案的积极作用。PyRAPID 的逆向运动学运算器根据输入的曲面的结构线计算机器人线切割工具的运动序列，并生成 ABB 机器人所学的 Rapid 语言指令，用于复杂形态的建筑模板生产。

4.2 智能建造机器人协同技术

4.2.1 多机器人协同

1. 多机器人系统概述

多机器人系统（Multiple Robot System，MRS）是多智能体系统（Multi-Agent System，MAS）的一种，是机器人与人工智能领域的重要研究方向。单一机器人难以胜任许多建造任务，如一些需要高效率完成、并行完成的任务。为了应对此类问题，机器人领域一方面致力于不断研发更高性能的单一机器人；与此同时也在现有技术的基础上，研究利用多机器人协同（Multi-Robot Coordination）来处理上述复杂任务的方法。相比于单一机器人系统，多机器人系统具有多方面优势。多机器人系统可以给机器人分配不同的功能和信息，通过相互间的资源共享与写作，完成单一机器人难以完成的极度复杂的任务，扩展机器人系统的能力；多机器人系统可以通过时间与空间分布实现并行建造，大大提高建造效率；此外，多机器人系统还具有环境适应力强、系统数据冗余度高、鲁棒性和容错性突出等优势。实际上，多机器人系统是对大自然以及人类社会中群体系统行为模式的一种模拟。多机器人系统通过将多机器人看作一个自然或社会群体，并通过模拟自然或社会群体的组织方式研究多个机器人之间的协作机制，充分发挥协作系统的多种内在优势。多机器人系统的灵活性、智能性和稳定性主要取决于机器人之间协同性能的优劣。在多机器人协同过程中，除了要考虑运动学、控制系统、传感系统等共性问题，还需要针对多机器人的体系结构、通信、协作机制、系统规划等基础问题展开重点研究。

多机器人系统种类多样，其中比较有代表性的系统主要有集群智能机器人系统、自重构机器人系统（Self-Reconfigurable Robotic Systems，SRRS）、协作机器人系统等。其中，集群智能机器人系统是由许多相互间无差别的机器人组成的分布式系统，通过个体能力有限的单一机器人的组织与协作产生智能性，集群智能机器人系统往往模拟自然界中蚂蚁、蜜蜂等动物群体的行为和组织方式，通过能力相同的个体间的交互完成复杂任务。自重构机器人系统也是以标准化的模块单元为基本组件，但是不同的标准模块具有不同的功能，可根据不同的目标任务需求组合不同的模块，形成不同的功能系统。日本名古屋大学研发的细胞元机器人系统（Cellular Robotic System，CEBOT）受到生物细胞结构的启发，是自重构机器人系统的典型代表。协作机器人系统则是由多个具有一定智能性的单一机器人组成，主要通过在单一机器人之间建立通信来实现相互间的协作，共同完成复杂任务。

多机器人协同研究始于 20 世纪 80 年代。之后十余年时间，研究人员开始研制各种多机器人系统与协作方法，针对分布式人工智能和复杂系统开展了大量理论和仿真研究，有力推动了多机器人协同技术的发展。实际上，多机器人系统研究与许多其他领域密切相关。例如，控制理论为多机器人系统研究奠定了重要基础，为多机器人之间的协同提供了基本思路和实现方式；复杂系统科学的研究来自于物理、化学、生物、计算机科学等多领域，呈现出相似的系统特征，这些系统都具有复杂性和相似的运行机制，为组织多个机器人实现协调提供了间接的解决方案；此外，人工智能理论的重要分支分布式人工智能专注于分布式系统的研究，与多机器人系统、多机器人协调方法具有密切联系。

2. 多机器人协同类型

多机器人系统的体系结构取决于群体结构体系和个体结构体系两个方面。不同的个体体系对应于不同的决策方法和过程。多机器人体系结构的研究一方面需要以功能逻辑为导向，思考如何使机器人更加智能高效地完成任务，同时需要考虑体系结构模型和软件实现方式。

（1）多机器人系统的群体结构体系类型

多机器人系统的群体结构体系可以分为集中式（Centralized）、分布式（Distributed）和分层式（Hierarchical）三种类型。集中式结构由控制系统的主控单元负责多机器人的规划和协同优化，将工作分配给受控机器人，从而协作完成任务；与之相对，分布式结构没有主控单元与受控机器人之分，多机器人相互之间关系平等，均能通过通信从周边和其他机器人获取信息，根据系统规则决定个体行为；分层式结构则是介于集中式结构与分布式结构之间的一种混合结构。

（2）多机器人系统的任务规划

多机器人系统的任务规划主要包括任务分配和运动规划两个方面。任务分配是多机器人协作的关键，关系到机器人之间是否会发生任务冲突和空间冲突。其主要问题在于，给定一个多机器人系统、一个任务集合以及系统性能评价指标，为每个子任务寻找一台合适的机器人负责执行该子任务，且使得机器人系统执行完成任务集合中的全部任务时所取得的效益最大。任务分配可以看作是一个在约束条件限制下的组合优化问题；运动规划的难点则在于保证系统中的各个机器人在协作完成任务时能够避开障碍和彼此，避免冲突，如多机器人在动态环境下共同搬运物体、保持队形等操作均涉及运动规划技术。

（3）多机器人系统的协作机制

协作机制是多机器人系统规划的核心内容之一。协作机制与多机器人系统的群体体系结构、个体体系结构、感知、通信和学习等方面都具有密切联系。协作机制需要保证在协作中尽量减少或避免系统冲突和死锁，完成任务的分解、分配问题，高效利用资源完成目标任务。当前，人工智能研究为解决多机器人协作机制提供了重要的技术支撑，相关研究已取得大量成果，并成功应用于多机器人系统规划中。

为了实现机器人的同步或协调，多机器人系统的信息交互必不可少。通过通信可以实时获取当前环境信息和其他机器人的状态，利用既定的协作机制进行有效磋商、协同工作。合理的通信可以大大提高系统运行效率。

一般来说，机器人之间的通信可以分为隐性通信和显性通信两类。隐性通信的多机器人系统通过自身传感器来获取所需信息并实现相互协作，但多机器人间没有共有规则和方式进行数据转移和信息交换,机器人之间的信息传递通过个体机器人自身的感知来实现;显性通信的多机器人系统中,机器人之间具有直接的信息传递,借助特定通信介质,直接、快速、有效地完成数据、信息的转移和交换,并通过某种共同规则和方式指导机器人行为。显性通信可以实现隐性通信无法完成的许多高级协作内容。当前,互联网、物联网通信技术的发展对多机器人通信技术具有显著推动作用。根据多机器人系统通信和任务分配方式的差异,机器人的协作类型可以分为有意识协作和无意识协作两种。

无意识协作通常是一群同构机器人在没有特定外部干预的情况下,仅通过个体间的交互产生协作行为。群合作机器人是典型的无意识协作机器人系统。群合作机器人系统中的机器人通常功能简单但数量众多。在形式上机器人个体各行其是,没有对于全局目标的概念,也没有明确的协作动机和目标,全局任务仅通过机器人系统与客观世界的交互作用完成。集群机器人协作系统的合作机制研究通常来自于动物行为学和社会科学等领域,系统模拟这些领域的群体行为模式,仅对系统中的个体施加简单的控制规则,通过个体行为规则产生集群智能(Swarm Intelligence)。与集中式控制的机器人系统相比,群合作机器人系统的系统鲁棒性突出,对外部动态环境具有更加强大的反应和适应能力。其缺点也十分明显,群合作方法中机器人行为之间的全局一致性相对较低,因此通常适用于对精度和效率没有严苛要求的任务,例如停车场清理、岩石样本收集、货物搬运等在比较开阔的环境中进行大量的重复操作的任务。

针对多机器人集群协作的研究工作有许多,上述细胞元机器人系统(CEBOT)是自组织机器人群合作的典型代表。CEBOT将众多离散的机器人视作细胞元,细胞元机器人功能简单,但是通过细胞元机器人的自组织可形成器官机器人,器官机器人进一步组成更加复杂的功能系统,根据任务进行动态重构。研究人员通过对机器人组织结构、建模方式、通信、行为规则的研究,使简单的细胞元机器人通过自组织在整体上呈现出合作行为。一些研究借鉴动物行为学开发多机器人协作系统,如利用蚁群、蜂群和鸟群的简单协作规则,设计多机器人系统,通过微观上的机器人自主行为产生宏观上的协作行为。结果显示,蚁群算法及相关行为规则是相关研究中最为成熟的方法。相关研究借鉴蚁群觅食时的信息传递与协作机制,解决了未知环境下的多机器人任务分配等问题。通过这种仿生研究,使多机器人系统具有散开、聚拢、觅食和轨迹跟踪等能力。虽然群合作方法在处理很多现实任务方面具有显著的优势,但是在任务完成时间或执行效率方面还存在明显不足。现实世界中许多任务需要机器人之间利用更加直接的合作,即有意识协作,以便提高工作效率。有意识协作是相对于群合作等无意识协作方式而言的,主要用于处理一些由多个不同的子任务构成的复杂任务。任务的执行要求采用一组规模相对较小但彼此功能相异的机器人,每个类型的机器人处理不同的子任务,通过相互间有目的的合作来完成。与无意识协作不同,有意识协作模式采用智能水平更高的个体机器人组成多机器人系统,每个机器人对全局环境、任务等信息的掌握比较全面,个体机器人根据全局目标规划自己的行为,任务完成效率更高。有意识协作也常被称为基于规划的合作。任务分配同样是有意识协作的关键问题,即需要决定如何拆解全局任务,并分配给不同机器人执行不同任务,以使系统效率最大化。

3. 多机器人协同在建筑领域的应用

在建筑领域,复杂的建造任务决定了无法采用单一机器人完成。多机器人协作是智能建造机器人发展的重要趋势。早期单工种建筑机器人由于难以整合建筑建造的上下游工序，因此其对建筑施工自动化的推动作用有限。在汽车、航空航天等制造业领域，多机器人协作技术早已司空见惯。近年来，建筑师也逐渐意识到多机器人协作技术的巨大潜力，涌现出一批极具启发性和创造力的多机器人协同建造研究。

2011年斯图加特大学ICD和建筑结构与结构设计研究所（ITKE）建成了一个新的研究展亭，使用总计184km长的玻璃和碳纤维增强复合材料，通过机械臂与无人机的协同建造系统，建成悬挑12m，覆盖40m^2，重量约1t的轻质纤维编织结构体（图4-1）。

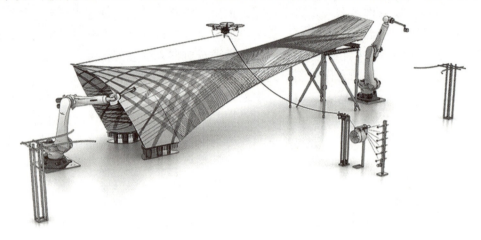

图 4-1　斯图加特大学"2016-2017ICD/ITKE研究展馆"机器人协作工作图解
（图片来源：《建筑机器人——技术、工艺与方法》）

展亭的几何形状展示了通过不同阶段的纤维缠绕实现建筑建造的可能性，利用该研究已经建立了一系列成功的展馆，综合了数字设计、工程、建造，并进一步探索了空间分布和施工的可能性。材料和结构潜力带来了新的可能性，玻璃和碳纤维材料重量轻并具有较高的拉伸强度，可以以不同的方式实现建造，新的建造工艺也考虑了纤维材料的物理性能、供给方式等。利用材料的自动弯折形成复合框架，不需要使用表面的模具和昂贵的模板；通过集成机械臂和自动化的轻量无人机进行建造，增加可能的建造规模和跨度。多机器人建造的方式展现了未来的分布式、协作式和适应性系统的建设场景。

研究概念来源于仿生学，与进化生态研究所和图宾根大学古生物学系合作，对自然轻型结构的功能原理和施工逻辑进行了分析和抽象，研发纤维增强聚合物的机构和新型机器人制造方法，从生物学模型中抽象出几个概念，并转移到建造和结构概念中。

构筑物建造过程中，机械臂和无人机通过交互和通信实现相互协作：两个工业机械臂位于构筑物的末段，机械臂功率大、定位精确，然而工作范围有限，使用机械臂可以实现纤维缠绕所需的强度和精度；无人机的精度有限，但可以远程移动，使用定制的无人机将纤维从一侧传递到另一侧。将无人机无阻碍的自由度和可变性与机械臂结合，建成轻质、长跨度的纤维构筑物，而这项任务是无法由机械臂或无人机单独完成的。

为实现多机械人协作，项目组开发了自适应控制和通信系统，以实现多个工业机械人和无人机在纤维缠绕和铺设过程中相互作用。通过设置集成传感器接口，机械臂和无人机能够根据建造过程中的变化进行实时调整，无人机在不需要人为控制干扰的情况下自主飞行，可自动、自适应地控制纤维的张力；通过定位系统，在机械臂和无人机之间创建信息和物质的传递，在整个缠绕过程中来回传递胶合玻璃和碳纤维。该过程的一系列自适应行为和集成传感器为大规模纤维复合材料建造开发了新型多机系统，为信息物理制造工艺奠定了基础。

2011年由格马奇奥&科勒研究所与ETH动态系统与控制研究所（IDSC）的拉菲罗·安德烈（Raffaello D'Andrea）教授共同完成了飞行组装建筑（Flight Assembled Architecture）项目，该项目是第一个通过飞行机械人组装的建筑装置。在2013—2015年该研究项目的下一个探索阶段——空中建造（Aerial Constructions）项目中，项目组用多无人机建造完成悬挂的拉索结构，进一步探索多无人机空中建造的可能性。

格马奇奥&科勒研究所是致力于充分利用数字设计和建造的年轻一代建筑师组成的事务所，安德烈的工作则涉及突破性的自主系统设计和算法，该装置结合了格马奇奥&科勒研究所严谨的建筑结构和设计表达与安德烈有远见的机器人系统，使用大量共同工作的移动智能体进行建造。飞行组装建筑是由多个4轴无人机用约1500个泡沫模块组装成的6m高的塔式结构，整个过程由多个无人机自主协作完成，不需要人手触碰。以这种方式，飞行器将扩展为为生活而建造的建筑机器，并实现动态运动和建筑性能的组合。

该装置以1∶100的比例呈现了一个为3万名居民设计的600m高的"垂直村落"。该村庄位于默兹（Meuse）的农村，距离巴黎不到一个小时车程。利用网格化的组织原理，该村落可以通过生活、工作和商业等功能的有机组合实现良好的社区活力。在对这个"理想"的自给自足栖息地的探索中，设计师们提出了一种全新的实现建筑垂直性的方式，即飞行组装建筑。

多个无人机通过将数字设计数据转换为飞行器行为的数学算法进行协作。为了协调无人机避免碰撞，无人机使用环绕结构的两条空中通道，空中通道的使用由空间预留系统控制，在每个无人机飞行之前保留飞行轨迹所需的空间；同时，该系统也考虑与塔的碰撞，控制无人机的启停。

在飞行装配架构中，无人机的工作空间大大超出了传统数控机器，从而大大扩展了数字建造的规模。用于组装的模块的重量和形式直接来源于所使用的4轴无人机的有效载荷电容和飞行行为。

4.2.2 人机协作

1. 人机协作概述

由于人与机器有互补性，利用人机协作建立一个系统具有直观的优势。人机系统（Man-Machine System）是一个广泛的概念，由相互作用、相互联系的人与机器两个子系统构成，是一个人、机、环境和过程共存的体系。国际标准化组织将"人机协作"定义为：机器人与工人在一定的工作区域范围内为达成任务目标而进行的直接合作行为，机器人从事精确度高、重复性强的工作，人在机器人的辅助下做更有创造性的工作。人机协作的基本原则是优势互补、恰当分工，实现人和机器都不能独立完成的工作。一般来说，人擅长对问题创造性的分析解决，如灵感想象、逻辑推理、决策规划等，而机器人的长处在于可以实现平稳的、高精度的操作。在人机协作中，与其说是机器代替人，不如说是机器加强了人。

人机协作系统的关键是功能分配，人机功能分配的合理性是衡量整个系统的关键因素。在人机协作系统中，人主要负责"定性"判断，而机器则负责"定量"计算。由于人的行为的不确定性，无法用确定的公式和模型描述，因此人机功能分配方法大多以定性研究为基础。

人机交互（Human-Computer Interaction，HIC 或 Human-Machine Interaction，HMI）是研究人、计算机以及它们之间相互影响的技术，人机之间的信息交互是实现人机协作的前提条件。通过人机交互，人能充分及时地了解机器人的系统状态和机器人所处的环境信息，并且以简洁、高效的方式实时对机器人的自主行为产生影响。人机信息交互包括人与人之间、机器与机器之间、人与机器之间的信息交互，人机之间信息不一致，需要信息传递和转换的中介设备。信息从抽象程度上可分为信号层、知识层和智能层。人机交互系统必然要考虑的问题主要包括人机交互的方式、手段、有效性和人机友好等，此外也包括对于人的因素的考虑，如人的行为模型、人类工程学、软件心理学等。

建立人机协作的系统，必须具备一套规范原则，这些原则构成人机协作解决问题的初始指令理论。目前国内外研究偏向于"人类向机器提供知识辅导"的思想，而随着机器学习、智能设计等人工智能领域的进展，机器的自主性和智能化将越来越高，将进一步改变人机协作规范。未来的人机决策系统中，智能机器人只需要理解人类的意图，就可凭借自身的智能化规划处理所需要完成的动作。

2. 人机协作型机器人

人机协作型机器人是一种新型的机器人，将高效的传感器、智能的控制技术和最先进的软件技术集成在机器人上。传统工业机器人和人机协作机器人的差别主要体现在以下几个方面：传统工业机器人需要固定安装，用来实现周期性、重复性的任务，需要机器人专家在线或离线编程，并只有在编程时才与工人交互，需要围栏将人与机器人隔离；人机协作机器人可手动调整位置或可移动，有频繁的任务转换，通过离线手段进行在线指导，始终与工人交互，不需要围栏将人与机器人隔离。人机协作机器人在给人带来方便的同时，也能完成更复杂、精确的任务。

目前，新型的人机协作机器人开始作为灵活的生产助手用于生产制造中。瑞典 ABB 公司 2014 年 3 月推出了首款人机协作的 14 轴双臂机器人 Yumi，美国睿恩机器人公司于 2014 年 9 月推出了智能协作机器人 Sawyer，丹麦优傲机器人公司拥有 UR 系列协作机器人家族，德国 KUKA 公司发布了协作机器人 LBR iiwa。协作机器人正在成为未来机器人发展的重要方向（图 4-2）。

当然，人机协作并不是协作机器人的专利，传统机器人也可以执行协作任务。按照协作程度从低到高，人机协作可以分为四种方式：安全级监控停止（Safety-Rated Monitored Stop）；手动引导（Hand Guiding）；速度和距离监控（Speed and Separation Monitoring）；功率和力限制（Power and Force Limiting）。传统机器人在配备合适的控制器/安全选项的情况下，可以实现第 1～3 种协作方式，但传统机器人很难实现第 4 种协作方式。

未来，新一代的企业将由员工和机器人组成。人机协作不仅可以提高生产力，还将助力人类实现更大的挑战。将物联网、移动互联网、云计算、大数据等互联网技术深度应用于人机协作过程，可推进"人机协作"理念迈向更高层次。人、机器人、信息、环境之间

图 4-2　德国 KUKA 公司的协作机器人 LBR iiwa（左）
与瑞典 ABB 公司的协作机器人 Yumi（右）
（图片来源：《建筑机器人——技术、工艺与方法》）

的多重连接方式必将被重塑。

3. 人机协作在建筑领域的应用

人机协同建造在机器人辅助搭建研究中应用广泛。机器人辅助搭建工艺是利用机器人的精确定位和无限执行非重复任务的能力，辅助构件组装和建筑搭建的技术和流程。在当前的技术条件中，机器人负责精确的定位、操作人员负责决定建造顺序和构件连接是机器人辅助搭建的主要模式。尤其是在木结构建造中，螺栓、钉类的连接件往往需要人工植入。这种合作模式也保证了建造过程的安全性。

2015 年上海"数字未来" & DADA "数字工厂"系列工作营中斯图加特大学 ICD 团队的"机器人木构建造"项目旨在探索在不依靠精确的测量技术或者不采用特异性几何形态建筑构件的情况下，建造自由几何形态的可能性。项目采用工业机器人辅助组装，将几何特征编码到组装过程中，通过把简单、规则形式的构件精确地放置在预设位置上，利用标准化的建筑材料建造出复杂的木结构体系。项目以自由双曲面表皮形式的机器人建造为研究目标，设计分为结构支撑体和表皮两部分。其中结构支撑体采用机器人辅助建造的标准构件进行搭建；表皮采用特异形式的木板条相互拼接而成。在支撑结构单元的建造过程中，气动抓手被安装在一台 KUKA Kr150 QUANTEC Extra R2700 机器人上作为工具端，抓取构件并摆放到准确的位置和方向。操作人员的主要工作是确认抓手的打开或关闭。构件之间的连接由操作人员通过气钉枪完成。由于气钉枪的射击方向朝向四周，因而对周边环境具有一定的威胁性，人工操作使建造过程的安全性得到了保证（图 4-3）。

2018 年，ICD 研究人员开发了协作机器人工作平台（Collaborative Robotic Workbench，CRoW），CRoW 是一个面向建筑建造的人机交互机器人平台，建造者可以利用增强现实界面直接访问和操作机器人控制信息。在此过程中，机器人执行精确建造任务，例如摆放每个构件，而工人执行需要灵活性和过程知识的任务。增强现实界面是一个控制层，在增强现实中，不熟悉机器人的建造者也可以直接操纵机器人，根据触觉反馈、过程知识以及预先设定的建造作出明智决策。通过在 AR 中展现材料和建筑场景，用户可以数字化地规划下一组件的放置，尝试替代性的选择。机械臂可以精确移动，将下一个组件放在正确的位置，用户仅需用钉枪做简单的固定即可。CRoW 以其创新性入围了 2018 年 KUKA 创新奖。CRoW 出现在 2018 年汉诺威工业博览会上，展示了如何生产制作一个复杂异形的木结构（图4-4）。

图4-3 上海"数字未来"工作营中人机协作完成木结构建造

图4-4 斯图加特大学CRoW协作机器人工作平台
（图片来源：《建筑机器人——技术、工艺与方法》）

4.3 智能建造机器人定位技术

定位是机器人导航最基本的环节，也是移动机器人研究的热点，对于提高机器人自动化水平具有重要的理论意义和实用价值。

4.3.1 机器人定位技术原理

机器人依靠定位与环境感知系统完成定位功能。移动机器人的定位与环境感知系统由内部位姿传感器和外部传感器共同组成。其中，内部位姿传感器主要针对机器人自身状态和位姿进行检测，可以包括多种传感器类型，例如，可以利用里程计，亦即角轴编码器测量机器人车轮的相对位移增量，还可以利用陀螺仪测量机器人航向角的相对角度增量，利用倾角传感器测量机器人的俯仰角与横滚角的相对角度增量，利用精密角度电位器测量摇架转角的相对偏移角度等。外部传感器主要用于构建环境地图，可以采用激光、雷达、摄像头等测量环境中的物体分布，完成环境建图。从定位方法角度而言，移动机器人定位技术可以分为相对定位、绝对定位和组合定位。

1. 相对定位

相对定位包括惯性导航（Inertial Navigation）和测程法（Odometry）两种主要类型。惯性导航通常使用加速度计（Accelerometer）、陀螺仪（Gyro）、电磁罗盘（Electronic Compass）等传感器进行定位，但相关研究表明惯性导航定位的可靠性并不理想。相对而言，测程法的使用更加广泛。一般意义上的测程法定位是指利用编码器测量轮子位移增量推算机器人的位置。机器人定位过程中，需要利用外界的传感器信息补偿测程法的误差。基于编码器和外界传感器的信息，利用多传感器信息融合算法进行机器人定位。用于机器人定位的外界传感器主要有陀螺仪、电磁罗盘、红外线、超声波传感器、声呐、激光测距仪、视觉系统等。其中声呐和激光测距仪是使用最广泛的外界传感器。机器人定位研究中，一般利用外界传感器提取环境特征，并和环境地图进行匹配以修正测程法的误差。因此利用外界传感器定位机器人时，主要任务在于如何提取环境特征并和环境地图进行匹配。在室内环境中，墙壁、走廊、拐角、门等特征被广泛地用于机器人的定位研究。

2. 绝对定位

绝对定位方法种类多样，常用的定位方法包括导航信标（Navigation Beacon）定位、主动或被动标识（Active or Passive Landmarks）定位、地图匹配（Map Matching）定位、GPS 定位、概率定位等。导航信标定位主要采用三视距法（Trilateration）和三视角法（Triangulation）进行位置计算。主动或被动标识定位比较常见，利用具有明显特征的、能被机器人传感器识别的特殊物体作为标识进行定位。根据标识的不同，这种方法可以分为自然标识定位和人工标识定位两种。其中，后者应用最为广泛和成熟，通过在移动机器人的工作环境中人为地设置一些坐标已知的标识，如超声波发射器、激光反射板、二维码等，为机器人定位建立参考点，机器人通过对标识的探测来确定自身的位置。地图匹配定位是移动机器人通过自身的传感器探测周围环境，并利用感知到的局部信息进行地图构造，然后将该地图与预先存储的环境地图进行比照，通过两地图之间的匹配关系计算出机器人在该环境中的位置与方向。地图模型的建立和匹配算法是地图匹配定位的两个关键技术。GPS 定位是一种以空间卫星为基础的导航与定位方法，该方法在智能交通系统（Intelligent Transportation System，ITS）中广泛应用。其缺点在于，GPS 信号容易受到环境条件的影响，如高楼、林荫道、隧道、立交桥等区域容易阻挡或者反射部分卫星信号，导致卫星信号大幅度衰减，从而引起定位精度的大幅度降低，有时误差可达几十米甚至数百米。为了减小误差，目前主要是把 GPS 和航位推算（Dead Reckoning，DR）系统进行集成，实现车辆连续、高精度的导航定位。

3. 组合定位

相对定位方法的优点在于能够依据运动学模型自我推测机器人的航迹，但这种方法不可避免地存在随时间距离增加而增加的累积航迹误差；绝对定位方法往往对环境条件要求较高，地图匹配等技术处理速度较慢。针对相对定位和绝对定位方法的不足，将相对定位与绝对定位相结合，例如基于航迹推测与绝对信息矫正的组合，能够相互补足，有效提高定位精度和稳定性。

在信息不足的未知环境中，移动机器人的定位需要借助并发定位与环境建图（Simultaneous Localization and Mapping，SLAM）。在未知环境中，移动机器人本身位置不确定，需要借助于所装载的传感器不断探测环境来获取有效信息，据此构建环境地图，然后机器人可以使用增量式环境地图实现本身定位。在这种情况下，移动机器人的定位与环境建图是密切关联的——机器人定位需要以环境地图为基础，环境地图的准确性又依赖于机器人的定位精度，这种方法实质上就是 SLAM。基于特征的 SLAM 自 1987 年被首次提出后，SLAM 问题得到了广泛关注，成为移动机器人研究领域的热点。目前，基于概率的 SLAM 方法是 SLAM 的主流研究方法，即机器人所有可能的位置保持概率分布，当机器人移动检测到新环境信息后，位置的概率分布会被更新，进而有效减小机器人位姿的不确定性。

4.3.2 智能建造机器人定位技术应用

智能建造机器人需要根据环境条件的不同采用适宜的定位技术。在工厂中，建造环境相对稳定，机器人定位以绝对定位为主，相对定位为辅；而在现场复杂的环境条件下则以相对定位为主、绝对定位为辅。

瑞士国家数字建造研究中心（National Centre of Competence in Research，NCCR）桁架机器人的移动范围达到43m×16m×8m。吊挂机器人的工具端相对于机器人自身基础具有精确的定位能力。机器人基础的位置由其在桁架系统中的位置所决定，因此，桁架系统甚至整栋建筑的弹性变形和振荡都会降低机器人末端定位精度。为了提高精度，研究人员对机器人末端进行了闭环定位控制。机器人状态由大型定位追踪系统 Nikon iGPS 加以测量，采用 ABB 的外部制导运动（Externally Guided Motion，EGM）系统将参照轨迹发送给机器人。EGM 能够以 250Hz 的频率获得有关机器人状态的反馈并向机器人发送位置和速度参考，这些参考可以以关节或姿势模式呈现。iGPS 中有一组发射器可以发射探测器能够接受的红外激光脉冲，根据这些脉冲的时间差，确定探测器的位置，多个探测器组合在一起构建一个框架，由主要软件 Surveyor 进行跟踪。Surveyor 可以以 40Hz 的恒定速率输出帧位置的更新。iGPS 系统的性能测试表明，如果校准良好、可视性良好、发射器布局最佳，可以提供亚毫米级的高质量位置测量。在不同的机器人建造研究项目中，为了利用跟踪系统提供的精度，在桁架机器人法兰侧的每个机器人末端执行器上安装了两个 iGPS i5 传感器。在实验室开展的砖迷宫（Brick Labyrinth）、DFAB 之家（DFAB HOUSE）空间木结构搭建（Spatial Timber Assemblies）、轻质金属结构（Lightweight Metal Structures）等建造实践中，该定位系统对于建造系统的精准度发挥了至关重要的作用（图 4-5）。

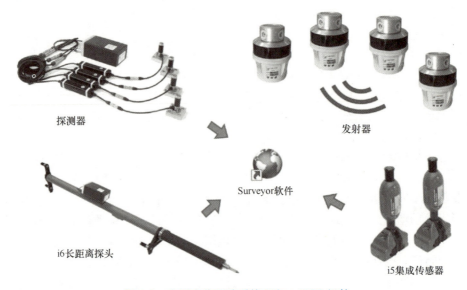

图 4-5　大型定位追踪系统 Nikon iGPS 组件
（图片来源：《建筑机器人——技术、工艺与方法》）

现场建造中机器人的定位方法更加复杂。苏黎世联邦理工学院机器人实验室在 DFAB 之家现场展开的金属网格模板（Mesh Mould Metal）建造实践中综合展现了当前智能建造机器人现场定位技术的发展水平（图 4-6、图 4-7）。Mesh mould metal 是一个全尺寸的钢筋混凝土双曲承重墙，由现场建造机器人（Insitu Fabricator，IF）进行现场建造。两种互补的视觉传感系统为现场建造提供了必要的定位技术。传感系统能够参考建筑工地的 CAD 模型估计机器人姿态，以及在施工过程中对建筑结构的准确性进行反馈。对结构准确性的反馈用于调整建造方案,以补偿在建造过程中出现的系统不准确性和材料变形。

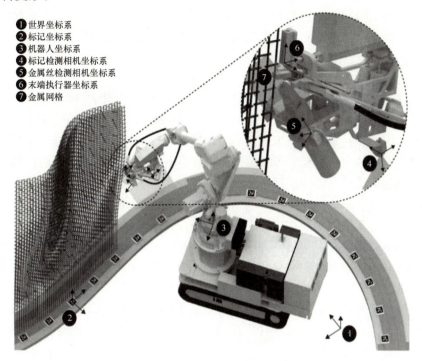

图 4-6　瑞士国家数字建造研究中心现场建造机器人 IF 定位系统图解
(图片来源:《建筑机器人——技术、工艺与方法》)

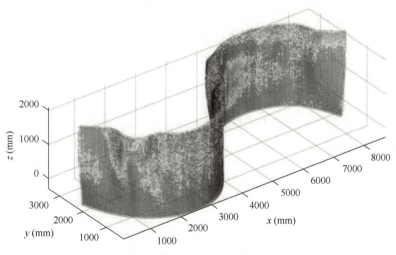

图 4-7　金属网格模板建造实践墙体建造误差图解
(图片来源:《建筑机器人——技术、工艺与方法》)

现场建造机器人 IF 配备了特殊开发的工具端,整合了焊接、切割和进料等功能,并通过基于视觉的传感系统对工具端的智能化水平进行增强。为了确保 DFAB 之家的安装精度,网格模板的全局精度需要被控制在 ±2mm。因此,必须在整个建造过程中以这种精度指导 IF 末端执行器的姿态。IF 末端执行器上的摄像头用于观察沿着墙壁基础放置的刚性安装的 AprilTag（视觉基准系统）基准标记。一些标签用作参考标签，并且它们的位置相对于基础是已知的，而其他标签可以任意放置。在一次校准中，机器人识别标签的位置并将标签与 CAD 模型进行对齐。在建造过程中，对标签位置的图像测量可以在全局参考系中确定机器人的姿势。这种定位系统的主要优点是它最大限度地减少了机器人必须清楚认知的工作区域。唯一需要保留的空间是机器人和墙壁之间的空间，施工现场的其他操作不会干扰 IF。

仅靠机器人定位不足以确保网格的精确建造。由于施工期间在网内积聚的内力，即使在期望的位置处进行焊接，在机器人释放金属网结构之后，金属网趋于偏离。这不仅导致网格的不准确定位，特别是墙壁顶部和高曲率的区域，而且当机器人必须重新接触网格以继续建造时，网格的位置也是不可预测的。由于这些误差难以建模和预防，因此项目的策略是即时调整建筑设计，以补偿网格建成后的测量偏差。为此，项目使用位于机器人末端执行器两侧的宽基线立体相机组（Wide-Baseline Stereo Camera Pair）来识别焊接节点的完成位置。该传感系统不仅允许机器人定位网格以便重新接触，而且还允许在机器人从网格释放之后测量网格轮廓，测量得到的网格轮廓可以被用来调整建筑设计以补偿产生的偏差。虽然工业高分辨率激光扫描仪（例如来自 Micro-Epsilon10 的激光扫描仪）可用于进行所需的测量，但是它们的尺寸和重量使它们不适合在末端执行器上使用。

这两个传感系统的准确性、可靠性和适当的相互作用对于实现网格的精确和无碰撞建造至关重要。通过这种方式，该结构成功地将 98% 的几何形体的建造精度控制在偏离设计位置 2cm 范围内。

【本章小结】

本章重点介绍智能建造机器人软件共性技术，内容主要包括智能建造机器人编程技术、协同技术及定位技术。编程技术部分介绍了四种常见的智能建造机器人编程技术，举例介绍了几种国内外常见的机器人编程平台，并对其通信协议、支持机器人种类等方面作了对比分析。协同技术部分介绍了多机器人系统与人机协作的概念及其发展趋势。定位技术部分介绍了机器人移动定位技术的概念和原理，并举例介绍了几种智能建造机器人定位技术应用场景。

思考与练习题

1. 机器人编程方式包括四种主要类型：＿＿＿＿编程、＿＿＿＿编程、＿＿＿＿编程以及编程技术。
2. 机器人示教编程技术的定义是什么？
3. 从定位方法角度而言，移动机器人定位技术可以分为＿＿＿＿、＿＿＿＿和＿＿＿＿。
4. 智能建造机器人的工作模式主要分为两种：＿＿＿＿和＿＿＿＿。
5. 多机器人系统具有＿＿＿＿、＿＿＿＿、＿＿＿＿等优势。
6. 相对定位包括＿＿＿＿和＿＿＿＿两种主要类型。

7. 常用的绝对定位方法有哪些？
8. 在工厂环境与现场复杂环境中，采用定位技术的策略有何不同？
9. 通过在移动机器人的工作环境中人为地设置一些坐标已知的标识，如_____、_____、_____等，为机器人定位建立参考点。
10. 在信息不足的未知环境中，移动机器人的定位需要借助_____。

思考与练习题
参考答案

5 智能建造工艺机器人

【知识图谱】

- 智能建造工艺机器人
  - 工作场景与概念分类
    - 智能建造工艺机器人的工作场景
    - 智能建造工艺机器人概念与分类
  - 增材建造机器人
    - 塑料3D打印机器人
      - 塑料层积3D打印机器人
      - 塑料空间3D打印机器人
      - 打印设备系统
    - 陶土打印机器人
      - 机器人陶土轮廓制造工艺
      - 机器人陶土雕刻工艺
      - 机器人陶土编织工艺
    - 金属打印机器人
      - 金属3D打印技术与工艺
      - 机器人金属焊接式打印技术
    - 混凝土模板、模具成形机器人
      - 织物混凝土制模工艺
      - 机器人热线切割模板
      - 机器人动态滑模铸造工艺
    - 混凝土打印机器人
      - 轮廓工艺
  - 等材建造机器人
    - 砖构机器人
      - 标准砌块建造机器人
      - 非标准砌块建造机器人
    - 金属折弯机器人
      - 自动折弯机器人集成应用
      - 金属板曲线折弯工艺
      - 金属杆件折弯工艺
    - 纤维编织机器人
      - 机械臂碳纤维编织工艺
      - 机器人自适应建造技术结合碳纤维编织
  - 减材建造机器人
    - 木构机器人
      - 木材切割机器人
      - 木材铣削机器人
      - 木材辅助建造机器人
    - 石材加工机器人
      - 石材切割机器人
      - 石材铣削机器人
      - 石材扫描与砌筑机器人

【本章要点】

知识点1. 智能建造工艺机器人的工作场景与概念分类。

知识点2. 增材建造机器人的功能类型与技术工艺。

知识点3. 等材建造机器人的功能类型与技术工艺。

知识点4. 减材建造机器人的功能类型与技术工艺。

【学习目标】
(1) 理解智能建造工艺机器人的概念内涵、功能分类与工作场景。
(2) 熟悉增材、等材、减材三类智能建造工艺机器人的技术工艺分类和特点。
(3) 了解增材、等材、减材三类智能建造工艺机器人的工作场景和应用案例。

5.1 智能建造工艺机器人概述

5.1.1 智能建造工艺机器人的工作场景

过去十年间，机器人建造研究的繁荣已经带动了学科理论和工具的发展。其中，材料系统、性能参数、加工局限、建造工具等因素的整合，已经形成了一种相对成熟的机器人建造理论和方法。如今，在这个进程的关键节点上，建筑数字建造研究的关注点逐渐从理论和工具性转向实践和应用领域，越来越多的学者开始尝试探索多样的材料系统从数字设计到机器人建造的可能性。机器人建造是一个将虚拟设计转化为真实建造的过程，这个过程利用了机器人加工工具的力量。不同的设计、构造和建造方式需要相应的机器人建造工具和加工工艺加以实现。这就像计算机的运作方式，机器人提供了一个具有高度精确性、开放性和无限自由度的工具平台。机器人的特点在于其多功能性（Versatility）或者说"通用性（Generic）"，只需更换工业机器人末端执行器，就可以执行类型迥异的作业任务。

通过合理利用机器人加工工具，将建筑几何转化为机器人建造逻辑。在虚拟环境中，我们可以对建造过程进行模拟和错误诊断，最终实现真实环境的建造实验。这种方法不仅提高了建造速度，也增加了建造的精度和质量。然而，这仅仅是智能建造机器人建造的冰山一角。随着技术的发展和应用的深入，智能建造机器人建造的可能性正在无限扩大。例如，现在我们可以利用机器人完成更复杂的建筑任务，如高精度的石材雕刻、钢结构的焊接和装配，甚至是3D打印整个建筑结构，这些以前难以想象的任务如今已经成为可能。

除此之外，机器人建造也正在向更广的应用领域扩展。例如，它可以用于危险的建筑环境，如高层建筑的施工，或者是在恶劣环境下的建筑修复。这些都是传统建筑方法难以达到的，但是机器人建造可以轻松实现。由此可见，机器人建造正在经历一场革命，这场革命不仅影响着建筑领域，也对我们的生活方式产生了深远的影响。随着科技的不断进步，我们期待看到更多的创新和可能性在机器人建造领域中出现。

5.1.2 智能建造工艺机器人概念与分类

机器人建造给传统的建造方法带来了革命性的变化。其中，材料选择及其性能无疑是推动机器人建造工艺研究不断向前的重要因素。这方面的研究可以大致分为两大类：一方面是对传统、非工业化技术与材料的发掘与再现，另一方面则是与新型、创新材料的结合。

在传统、非工业化技术与材料的应用方面，机器人建造研究尤为活跃。其包括机器人木构建造、机器人打印陶土、机器人金属弯折和机器人切石法等。例如，在机器人木构建造方面，通过精确控制和优化，机器人能够在短时间内完成复杂的木质结构，这在传统手工建造中是难以实现的。又比如，机器人打印陶土在古建筑修复或进行文化传承方面具有巨大潜力。这种技术不仅可以高效地模仿古老的建筑风格，还能在材料上做到高度复原，为文化遗产保护提供了新的途径。这些研究工作在继承和发扬传统工艺的同时，也在不断开拓新的应用领域。它们不仅增强了传统材料和工艺在现代建造中的可行性，还通过与高科技相结合，赋予了传统材料全新的活力和应用价值。

另一方面，随着新型材料科技的快速发展，如碳纤维、改性塑料、高性能混凝土等，这些材料的出现为机器人建造提供了更广阔的发展空间。特别是在机器人碳纤维和机器人改性塑料 3D 打印等方面，通过精确地控制和加工，机器人能够充分展现这些新材料的性能优势，如更轻的重量、更高的强度和更好的耐久性。例如，机器人碳纤维建造能够在短时间内制造出具有极高强度和轻量化的结构，这在航空、航天等高端领域有着广泛的应用。改性塑料 3D 打印则通过加入不同的改性剂，如抗紫外剂或阻燃剂，以提供更具有针对性的材料属性，从而广泛应用于各种特殊环境。

综上所述，材料及其性能在机器人建造过程中起着至关重要的作用。无论是对传统材料和工艺的发掘与再现，还是新材料与高科技的完美结合，都在不断地拓宽机器人建造的应用范围和创新潜力。同时，这也预示着智能建造机器人未来将在更多方面与人类生活紧密相连，提供更高效、更安全、更可持续的建造方案。

5.2 增材建造机器人

5.2.1 塑料 3D 打印机器人

塑料作为一种成本相对低廉且可塑性极强的原材料，是最受欢迎的打印耗材。在众多打印工艺中，最合适塑料 3D 打印耗材的加工方式是 FDM 熔融沉积成型技术。该工艺所使用的材料一般为热塑性材料，其加工原理是将三维数字模型进行分层并由软件自动生成单元层的模型成型路径和支撑路径，材料被加热熔化并通过喷头挤出，迅速固化并与周围材料黏结，由层间路径堆积出最终的实际形态。

在建筑领域，两种主流的机器人塑料 3D 打印工艺分别是机器人层积打印工艺和机器人空间打印工艺，这两种工艺的成型逻辑都基于塑料熔融挤出过程。对于大尺度的机器人 3D 打印，这两种加工工艺所需的打印设备类似，所需设备系统包括：前期阶段的备料系统；中期阶段的塑料熔融挤出系统、机器人系统、冷却系统、供料系统、底盘系统、监测系统；后期阶段的后处理系统（图 5-1）。

1. 塑料层积 3D 打印机器人

机器人层积打印工艺的成型原理与 FDM3D 打印机非常相近，高温熔融的热塑性高分子材料由挤出头端头挤出，通过机器人定位系统的三维运动模式，熔融的线状物可以准确地勾勒出一条指定路径。在建造领域中，机器人的层积打印技术通常用于大尺度构件的打印作业，而往往大尺度的建筑构件都伴随一定的承重要求。因此，机器人层积打印工艺对前期模型设计有极高的要求，对几何形态、结构逻辑、建造合理性等多方面因素应综合考虑。另外，层积打印工艺的工具端研发使用也需要具备机械、电气、材料等跨学科知识。概括来讲，机器人 3D 打印工艺的核心包括前期模型路径设计和后期打印设备调试及参数

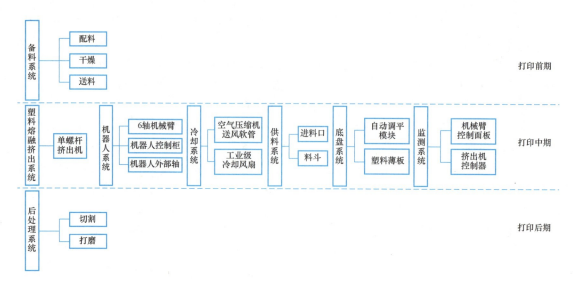

图 5-1 机器人打印设备系统流程图

设置。

在机器人层积打印工艺中,打印头是根据单元层打印构件的外轮廓线而运动的,并逐层移动上升。在开始打印作业前需要对打印构件的最终形态加以确定,并且模型的最终形态需要集合外观设计、结构性能、材料性能等诸多因素。2017 年上海"数字未来"工作营在同济大学建筑与城市规划学院展出了全球首座机器人改性塑料 3D 打印步行桥,该桥就是由机器人层积打印工艺完成的(图 5-2)。

图 5-2 上海"数字未来"工作营 3D 打印改性塑料步行桥

由于其中一座桥的跨度达到 14m,已超出了实验室机器人 3D 打印最大的成型空间,因此,两座桥采用了不同的建造方法:跨度较小的桥身采用了整体打印法;跨度较大的桥身被划分为 7 块,采用了分块打印、现场拼装的方法。一旦明确了 3D 打印构件的轮廓线,需要设计具体的机器人路径轨迹。除了外轮廓线外,对于有承重需求的大型构件,为了确保其结构稳定性、缩减打印变形,在轮廓线中还应填充三角形支撑路径。任何一种机器人3D打印工艺,在路径设计这一环节都尤为重要。因为不同于3D打印机,打印喷头的运动轨迹可通过软件自动识别,机器人打印头需要根据设计者提供的编程语言进行指定运动。即根据所设计的桥身截面轮廓,编写Grasshopper程序,并将其转换为机器人可识别的输出程序文件。在这一环节中,为了达到最优的设计效果,往往需要进行反复多次路径测试。若打印路径设计不合理,可能会导致局部塌陷、过分挤压、连接缝隙过大等问题。在优化路径轨迹时需要综合考虑多方面因素,例如打印路径的材料黏性,折角处的材料堆积现象,以及相邻路径间的预留宽度等(图5-3)。在理清楚如何处理层积打印每层的路径关系后,在Grasshopper平台中编写并生成可被机器人识别的SRC文件输入机器人控制系统。

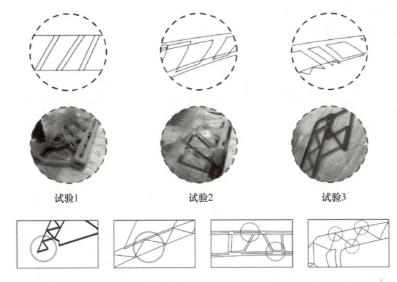

图5-3 打印路径规划

在正式开始打印前,打印设备的调试工作也尤为重要。在调试设备的过程中,打印端头与机械臂端头螺栓位置对应并使用螺栓连接确保打印头稳固。配以空气压缩机并安装冷凝管于打印头端头,人工调节至合适位置。冷凝管的目的是使冷空气流喷射到打印头下方加速塑料固化成型,注意不可直接吹到打印头加热器与出料口,防止影响正常液态挤出。安装自动送料管于输料口,层积打印工艺主要用料为纯PLA颗粒或以PLA为基底的改性塑料颗粒,塑料颗粒需通过送料管传输至储料斗并匀速流入螺杆挤出机。在正式打印之前,需要清洗输料口,一般使用清洗材料进行1min左右的出料,然后换入打印用塑料测试能否正常挤出。

工作台面的准备工作包括铺设基底与设置外部环境两部分。工作台面一般采用不可移动的固定台面并铺设ABS塑料板,手动模拟运行最底层路径,确保路径范围始终在塑料板内,并通过螺栓将塑料板固定于木板上(四个角)。在第一层材料打印完成后,使用固定装置将底层打印物、塑料板与台面固定为一体,保证工作台面的稳定性,基底处所打印的底部路径作为上层主体物件的基座,主要承担了稳定、承托、预防变形的作用。打印完底部路径(通常不超过10cm)后,确保基底路径处于同一水平面上且粗细均匀,同时按下机器人与出料机暂停键,停止打印,打印基底制作完成。接下来,将会采用自动模式运行正式打印文件，在打印完模型基底后，暂停机械臂运动，停止出料，开启冷却设备，其包括大功率工业风扇、空气压缩机、冷凝管等；待输送料控制柜上显示打印头到达相应温度后（我们常见的层积 3D 打印塑料 PLA 的加热温度应设置为 180℃），同时开始文件程序与材料挤出，出料的多少与机械臂的速度视具体情况而定。从展示的打印动作中可以看出，打印头应于打印平面保持垂直关系，保证液态塑料挤出状态良好（图 5-4）。

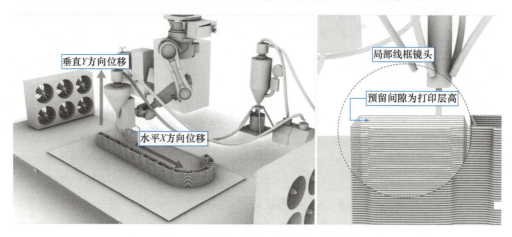

图 5-4　机器人层积 3D 打印动作图解

机器人层积 3D 打印工艺具备自动化程度高、加工速度快、成型精度高的特点，在打印准备工作与设备参数调试完毕后，一旦正式进入打印阶段，过程不再需要人为干预。在 3D 打印改性塑料步行桥的项目中，共两台机械臂同步作业，总计打印时间仅耗时 360h。图 5-4 所示为该项目中跨度 5m 的小桥桥身，为一体化整体打印，其中的截面路径清晰地展示了前文中所提到的路径设计要点，并在上下曲面之间增加了三角桁架填充路径。与传统制造业相比，机器人层积打印工艺极大地节省了人力成本，在极短的时间内完成了大尺度建筑构件的预制。待该技术完善和成熟后，未来 3D 打印领域在建筑行业将取得更加惊人的成果。

2. 塑料空间 3D 打印机器人

机器人空间 3D 打印工艺是近年来发展的一种新工艺，由于它在打印路径的设计上拥有更强的灵活性及创新性，愈发成为更多设计者的选择。机器人空间 3D 打印工艺与层积 3D 打印在打印设备上差别不大，只是需要修改个别设备的参数设置。两种工艺最大的区别在于各自的路径画法是不同的，在空间 3D 打印工艺中，挤出的线状物不再像层积 3D 打印那样互相叠加在一起，而是依据空间定位系统连接当前点与下一个点，可以比喻成机器人在不断吐丝并编织一个网格系统的过程。机器人空间 3D 打印工艺可以挑战比层积 3D 打印更加复杂多变的造型，这也就意味着需要为打印路径的设计花费更多的精力。

不同于层积 3D 打印工艺的路径画法依靠截面切片的思路来处理，空间 3D 打印路径是一个三维空间的网格系统。这种三维路径的设计方法没有一个具体的标准答案，它可以是根据特定图案生成的纹理，也可以是通过算法逻辑生成的空间路径，总而言之，空间 3D 打印的路径生成往往伴随着一定的目的性。在 2017 年，英国伦敦大学巴特莱特建筑学院的设计计算实验室（Design Computation Lab，DCL）利用他们研发的一款新型算法工具设计出一把由复杂的空间曲线组成的三维像素化椅子。通过把原始椅子体块进行三维像素化网格划分，细分成无数个小体量的立方体网格，而这些小的立方体网格正是这些路径曲线的空间坐标位置。为了空间框架能够被实现，在路径设计环节采用了两种设计方法：第一种方法将八叉树（Octree）理论运用到计算算法，Octree 是用于描述三维空间的树状数据结构，以此进行空间结构细分，通过提高密度增强薄弱点强度；第二种方法是提高曲线直径加强薄弱地方强度，即通过改变挤出物的粗细来控制结构强度。通过模拟，识别各个空间像素的强度需求，并制定一种计算机算法逻辑使曲线原型通过旋转组合在一起。机械臂打印路径与这种算法逻辑相一致（图 5-5）。

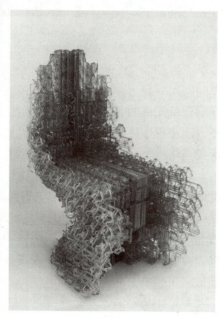

图 5-5　三维像素椅子建造过程
（图片来源：《建筑机器人——技术、工艺与方法》）

空间 3D 打印的路径设计是复杂而多变的，当建造目标的尺寸或形态改变后，路径的生成逻辑也需要随之变动。打印一把椅子和打印一座亭子除尺寸有显著差别外，在建筑形式上也可以存在显著差异。以 2017 年同济大学与创盟国际（Archi-Union Architects）&一造科技（Fab-Union）合作建造的 3D 打印结构性能化展亭"云亭（Cloud Pavilion）"为例，建筑的整体形态呈自由曲面（图 5-6），而上文中提到的椅子则是由空间网格组合而成的体块。仍使用均质的三维空间网格划分云亭是不切实际的，那样的话，若是想达到光滑平整的外立面则需要无穷小的立方体块，不仅加工难度大，还会造成大量的耗材浪费及结构冗余。因此，面对大尺度的实际建筑物，在路径设计部分不只要解决路径的连续性、组合性、可打印性等问题，还要考量建筑的结构性能和实际施工时的各种约束和限制。

与之前提到的层积 3D 打印工艺相比，机器人空间 3D 打印工艺需要考虑的问题也更加广泛，会涉及多种跨学科问题。例如，冷却系统会极大地影响塑料熔融的冷却时间，从而决定了打印路径的最长挤出线段长度；机器人工具端的长短、粗细、形状直接影响打印碰撞及成型效果；空间打印成型与打印耗材的材料性能有密切关系；机器人的指令反应时

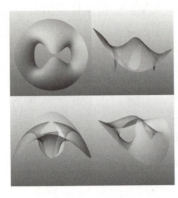

图 5-6　云亭透视图与现场拍摄照片

间也使得单元路径需要进行节点的优化处理等。云亭项目中针对机器人空间打印中可能出现的各类问题，罗列出多种路径组合，包含由疏至密的五种单元路径，根据机器人的可建造性及在组合单元中的力学性能选定一组结构简单、逻辑清晰的路径画法作为设计的最终单元路径。通过程序把设计出的五种路径依次替换到不同区域，得出云亭的空间打印建成效果：密集且结构性强的路径主要用以承受自重荷载，稀疏且结构性较弱的路径主要起覆盖作用。

在设计空间 3D 打印路径时，为了提高路径的可打印性，还需要对所设计的路径进行优化处理：增加多点控制并调整点距等，并避免有其他材料混入影响打印质量。铺设基底与设置外部环境的步骤也与此相似，但需要注意的是不同的打印耗材需要设置不同的打印温度，机械臂的运动速度和材料挤出速度也要进行相应的调节，要根据具体机器型号及打印路径进行调整。

正式开始打印后，会发现由于空间 3D 打印对挤出头的出料速度要求比较苛刻，使得空间 3D 打印的单位速度远远低于层积 3D 打印。但这并不代表同样大小体块的模型，空间 3D 打印比层积 3D 打印的加工方式要慢，因为机器人的打印时间与程序文件中点的数量成正比，而空间 3D 打印程序中点的数量远远低于层积 3D 打印程序中点的数量。云亭所有的分块模型由两台 KUKA6 轴机器人通过空间 3D 打印工艺加工而成。如图 5-7 所示，机器人依次打印单位体块中的单元路径，一排完成后向上垂直移动并沿反方向进行打印作业，每排的路径底部节点分别与下方的路径顶部节点相交并热熔凝固，打印轨迹以"S"形逐层上升。

机器人空间 3D 打印工艺赋予空间结构新的定义，实体通过三维网格化的转变后，用类网格的空间桁架系统代替实体打印，可以极大地减轻自重、优化自身结构性能，在设计思路的选择上也更加灵活多变。越来越多的前沿建筑开始采用空间打印的形式去实现节能、高效、轻质的建造目标，国内外的机器人打印工艺也不断地在完善与突破，在不久的将来会有更多的空间打印项目被人们所熟知。

空间 3D 打印过程是点到点之间的运动过程，而所有的点默认是水平的 XY 平面，默认挤出机喷嘴垂直于点 XY 平面。为避免碰撞问题，在易碰撞点应略微倾斜其 XY 平面，倾斜角度过大会导致送料口无法正常进料，因此安全倾斜角度值应视具体打印头型号而定（图 5-8）。

5 智能建造工艺机器人

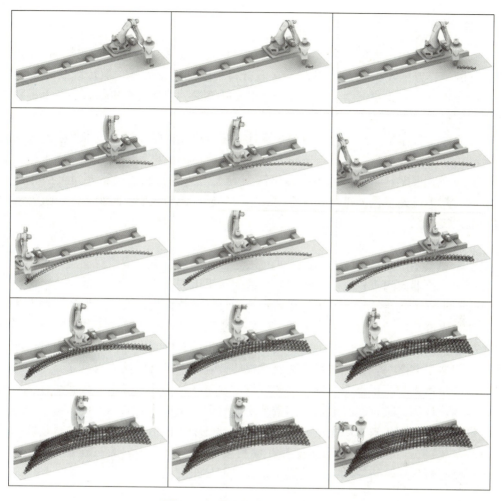

图 5-7 机器人打印过程动作图解

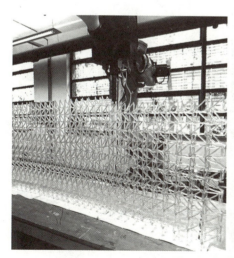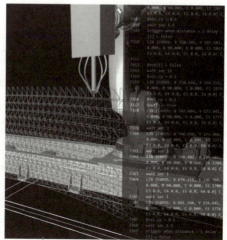

图 5-8 机器人打印过程

5.2.2 陶土打印机器人

受到砖、瓦的建构文化属性影响,陶土在当代建筑实践中依然受到建筑师们的青睐。陶土建材因其良好的材料性能,在建筑立面材料中受到广泛关注,但传统制陶工艺用时长、人力成本高,因此建筑陶土工艺数千年来发展缓慢。智能建造机器人的产生重新为陶土这种传统材料注入了生机。

机器人陶土打印工艺是一种利用数字设计手段与机器人数字建造技术来生产陶土的工艺。通过机器人热线切割、轮廓工艺、模具打印等增材、减材等制造方式,陶土材料有了更多样的表现。根据打印形式的不同,机器人陶土工艺主要包括机器人陶土层叠制造工艺、机器人陶土雕刻工艺、机器人陶土模具打印工艺、机器人陶土编织工艺、机器人陶土线切割工艺等。

1. 陶土轮廓成型机器人

陶土轮廓成型工艺是传统的陶土工艺技法之一,即陶土制作中的泥条盘筑工艺,具有悠久的历史。机器人陶土轮廓工艺是基于传统陶土手工艺盘绕技法的制造工艺,通过使用数字设计与机器人建造技术,可以将泥条盘筑的过程转化为机器人的动作。机器人工具头沿着形体表皮连续移动,层层堆叠出陶土构件表皮的形状。由于这种工艺通常是对形体进行轮廓打印,因此也称轮廓加工工艺。机器人陶土层叠轮廓制造工艺属于应用最广泛的机器人陶土制造工艺之一,在工艺品制造、建筑构件制造中具有广泛应用。

目前的机器人陶土层叠轮廓制造工艺流程主要包括:将计算机内的数据文件转换为打印路径数据,计算机根据路径数据控制带动陶泥打印挤出头运动的行走机构运动,进而控制陶泥打印的进行。机器人陶土层叠轮廓制造工具端主要包括储料装置、送料装置和挤出装置三个主要部分(图5-9)。陶泥储存在储料装置中,通过送料装置运输到挤出装置,通过机械臂控制伺服电机带动挤出装置运动,进而挤出陶泥(图5-10)。

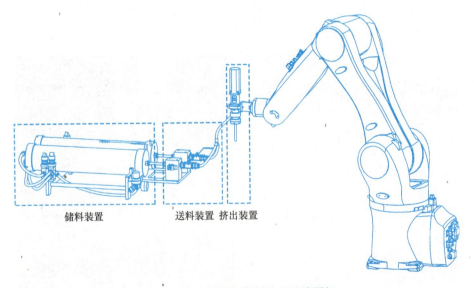

图5-9 陶土层叠轮廓制造工具端图解

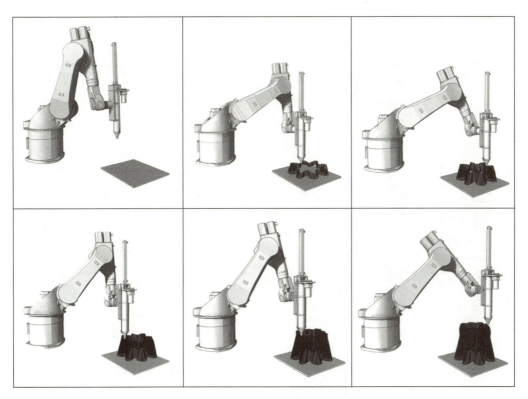

图 5-10　陶土层叠轮廓成型工艺过程图解

2015年，同济大学建筑智能设计与建造团队运用陶土打印吸声立柱项目通过对声音可视化的研究辅助空间声学设计，探索了从建筑性能化设计到数字化建造的全过程。项目采用机器人陶土层叠轮廓制造技术对该装置进行了1∶1数字建造（图 5-11、图 5-12）。

图 5-11　同济大学建筑智能设计与建造团队陶土打印吸声立柱

同济大学建筑与城市规划学院建筑智能设计与建造团队开发了机器人陶土层叠轮廓制造工具头，其设计分为挤出装置、储料筒体及打印头。通过复杂的动力机械装置的运行，齿轮放大马达的力矩，将陶土从筒体挤出。同时，制作了针对陶土打印的路径导出工具包，对导入的任意形体可通过改变参数（如每层高度、每层圈数、断点连接、路径折曲弧度等）实现定制化路径设计（图 5-13）。

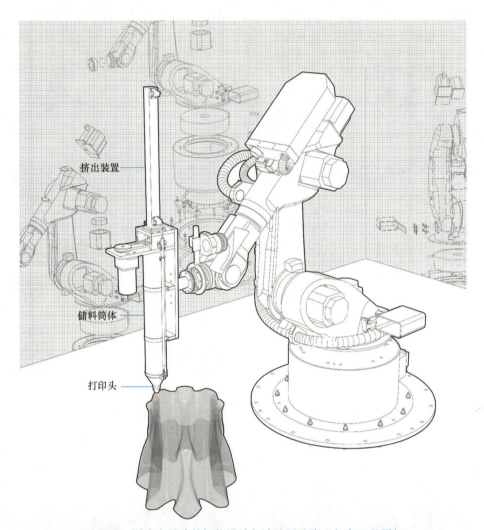

图 5-12 同济大学建筑智能设计与建造团队陶土打印工具图解

图 5-13 同济大学建筑智能设计与建造团队陶土打印过程

工具包的建立可以为建筑定制化在设计自控的潜在原则方面打开更宽广的视野。使用传统的陶土条状盘绕工艺作为基础语言,多样的盘绕技术可以实现不同的编织和堆叠样式(图 5-14)。同时,为了系统性地量化材料参数,团队进行了大量陶土打印技术实验,量化材料参数,以通过湿度控制寻找最适宜的陶土黏度比例。由于陶土材料的可塑性较强,可通过机器人点位的设定有效控制截面尺寸以及打印精确度、打印高度与厚度的极限比例,机器人悬垂打印的极限角度等问题也在考虑之中。机器人陶土打印技术充分发挥了陶土材料的结构性能,丰富了其表现形式,是在陶土材料特性与传统陶艺技法、建筑空间几何形态、机器人打印技术中追求平衡和高效的结果。

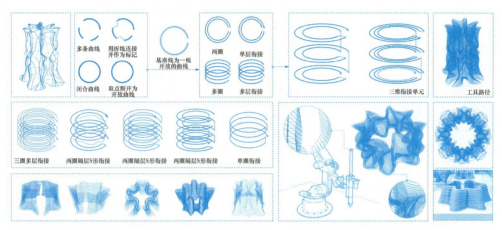

图 5-14　同济大学建筑智能设计与建造团队陶土打印工艺流程

2. 陶土雕刻机器人

雕刻是传统陶泥塑性工艺的一种,自古以来就被应用于陶土制品的加工过程中。机器人陶土雕刻工艺起源于传统的陶土雕刻工艺,通过在机器人末端安装类似传统陶土雕刻刀的工具端对陶泥体块进行雕刻(图 5-15)。

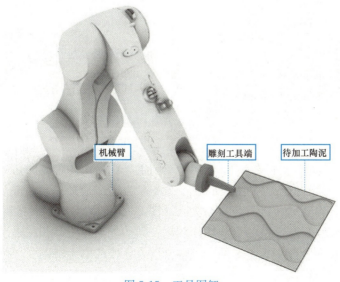

图 5-15　工具图解

通过陶土雕刻工艺得到的机器人陶土制品通常是实心的，适用于进行表面平整光洁的构件的制造。陶土雕刻工艺通常分为三步：首先对陶泥进行配比，再对需要切割的陶泥进行压平压实，再根据需要雕刻的图案选择相应的工具端对陶泥进行精细的表面处理。机器人雕刻过程需要对陶泥的配比特性和刀具的切削方向、回转方向、倾斜角度、刀具与工件稳定性等因素进行综合考虑（图5-16）。

2015年，来自新加坡理工大学的雷切尔·谭（Rachel Tan）和斯特里诺斯·德里萨斯（Stylianos Dritsas）完成了陶土雕刻工具头的开发，利用6轴机器人开展了陶土雕刻建造工艺实验。项目通过在Grasshopper中使用C♯语言开发的算法实现机器人雕刻的建模和仿真。

1. 陶泥配置　　　　　　2. 陶泥平整　　　　　　3. 雕刻与余料去除

图 5-16　工艺流程图解

不同于传统的CNC铣削等在固体材料加工操作中将其粉碎的工艺，机器人陶土雕刻工艺采用雕刻技术，通过位移去除多余的黏土材料，实现自清洁路径优化，并整合到造型过程中，提高路径效率和产品质量，创造独特的机器人陶土制造形式（图5-17）。

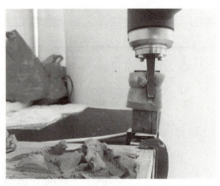

图 5-17　机器人陶土雕刻过程

(图片来源：《建筑机器人——技术、工艺与方法》)

经过三次工具迭代，团队完成了类似于车削加工中使用的带有斜切面和锥形端头的工具头（图5-18）。该项目通过Dijkstra路径查找算法寻找最短路径逻辑，进行路径设计，再进行陶土雕刻，雕刻后再进行余料的去除（图5-19）。黏土雕刻的过程中要考虑到机器加速度、行驶速度、材料断裂的可能性和雕刻表面的光洁程度等相关因素。一些初步完成的作品显示，通过陶土雕刻工具端配合6轴机器人完成的陶土雕刻面板可用于预制和定制有特殊需求的墙面材料。

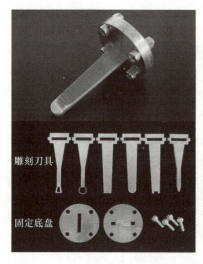

图 5-18 陶土雕刻工具图解

(图片来源:《建筑机器人——技术、工艺与方法》)

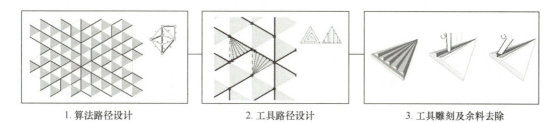

1. 算法路径设计　　　　2. 工具路径设计　　　　3. 工具雕刻及余料去除

图 5-19　工艺流程图解

(图片来源:作者根据 Rachel Tan &. Stylianos Dritsas 团队研究资料重绘)

3. 陶土编织机器人

机器人陶土编织工艺起源于传统的建筑装饰面板编织工艺,利用机器人工具头可均匀挤出陶土的优势,使用条状陶土进行编织。该工艺主要的特点是将平面打印基础转换为立体,因此可实现空间上的编织。该工艺通常用在建筑陶土装饰面板的制造中。

2013年,来自哈佛大学设计研究生院的贾瑞德·弗莱德曼(Jared Friedman)、赫敏·金(Heamin Kim)和奥尔加·麦莎(Olga Mesa)通过对陶土沉淀特性的实验,开发了机器人编织陶土技术,作为制造编织建筑装饰面板的工具(图 5-20)。

区别于机器人陶土工艺常见的层叠建造方式,"编织陶土"项目从古代的盘泥条工艺中获得启示,通过机器人挤出陶土,将陶土进行编织。项目改变了打印基础的形态,使平面形态转化为立体的、有变化的形态。同时,该项目使用 Grasshopper 及 HAL 机器人编程控制插件,实现模型的改变与机器人移动路径更新的同步化,极大地加快了从设计到加工的工作流程。实验团队大量测试了材料与机器人动作及旋转速度的一致性。该项目探索了机器人陶土沉淀工艺的新机遇,为陶土建筑立面材料提供了更多的可能。

黏土挤压末端执行器的开发,采用了早先哈佛大学设计学研究生院设计机器人小组开发的工具,并做了微小改动。这些变动中最值得一提的是挤压机端头的开发,这个端头可

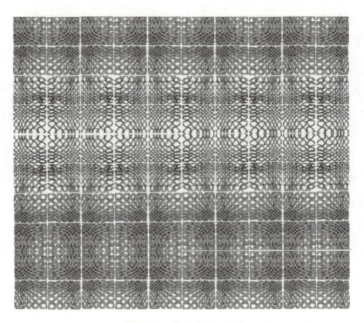

图 5-20　陶土编织面板

（图片来源：《建筑机器人——技术、工艺与方法》）

挤压直径为 3/8 英寸（0.95cm）的黏土卷（直径可根据所需分辨率及打印时的沉淀速度确定）。挤压机通过机械装置运行，设有齿轮的马达将导螺杆驱动进入活塞，活塞将黏土推到定制喷嘴上。

打印工作流程（图 5-21）首先开发用作打印基础的表面形态，紧接着就是将曲线转化为工具轨迹，并发送给机器人进行打印。研究目标之一是证明可以通过改变打印基础的形态达到立体效果，将平面形状改造为更具变化的形态。因此，打印流程的第一步就是形成可用于机器人黏土沉淀的基础模具的曲面。项目组利用正弦曲线设计了凸起的表面，以便强调深度上的变化。正弦曲线的分布由输入的网格模型控制，以便表达各面板之间的密度变化梯度。Grasshopper 的参数化工作环境方便轻松调整网格以及凸起的深度。面板的

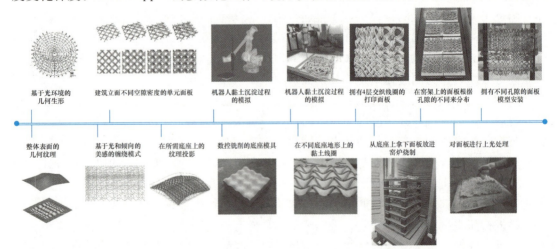

图 5-21　工作流程图解

总体深度变化非常细微,但却证明了制作更加极端的几何曲线的可能性。

项目利用 Grasshopper 绘制曲线,然后利用 Grasshopper 和 HAL 插件将这些曲线转化成刀具轨迹。虽然形成刀具轨迹的软件程序有多种选择,但 HAL 的优点在于允许数字工作流程保持在 Rhino 和 Grasshopper 的环境中。这意味着基础曲面或曲线设计的任何扭动都将自动更新刀具轨迹,并将编码迅速发送给机器人。该流程的优势在于从设计到加工流程极为迅速,便于迅速定制化面板。就商业生产规模而言,工作流程可方便设计师选择诸如面板透光率等,并紧接着自动形成几何形状和刀具轨迹,避免直接调整输入的曲面和曲线,直接关注屏幕上的预期效果即可。

总体来说,智能建造机器人陶土打印工艺是目前发展较为成熟的一种建筑制造工艺。由于陶土可塑性较强,可重复利用,属于较为优良的建筑材料。机器人陶土工艺由于其精确性较高,适用于一些精细建筑构件、表皮面板的预制,在建筑构配件制造方面仍具有较为广阔的开发前景。

5.2.3　金属 3D 打印机器人

金属 3D 打印又称金属快速成型,属于数字热加工的一项技术。金属 3D 打印技术始于 2002 年,目前全球市场主要有激光和电子束两大类金属快速成型技术。与传统的金属成型工艺相比,金属 3D 打印技术可以减轻构件重量、制作复杂的零件,金属 3D 打印技术在工业领域有着非常广泛而强烈的需求,正快速发展成为可行的建筑结构技术。然而,效率与成本是金属 3D 打印大规模应用的两大限制要素。

不同于金属 3D 打印机的成型原理,机器人金属打印工艺接近机器人塑料 3D 打印的挤出成型方式,使用金属挤出并焊接结合的方法,实现层积式或空间式建造。对于建筑建造而言,焊接式机器人金属打印最大的优势体现在机器人的空间运动能力带来的大尺度复杂结构建造,这是普通的金属 3D 打印机无法实现的。

金属 3D 打印技术可以不受物体形态的限制,被广泛地用来实现复杂几何体建造。在建筑领域,金属 3D 打印技术为结构拓扑优化技术、智能集群设计方法等复杂算法设计提供了实现的新思路。根据建筑金属构件的荷载和边界条件,利用拓扑优化算法优化结构形态,能够有效提高结构效率、降低材料使用量,但传统的模具铸造对于拓扑优化产生的复杂形态毫无优势。

奥雅纳(Arup)、Simpson Gumpertz & Heger(SGH)团队在实际项目中尝试了拓扑优化的金属节点的 3D 打印建造。乔瑞斯·拉瑞曼(Joris laarman)实验室设计的铝梯度椅,基于拓扑优化设计方法,以范式等效应力(Von Mises Stress)作为主要设计参数得到不同密度单元的微结构,并采用铝的激光烧结 3D 打印技术实现。2015 年罗兰·斯努克斯(Rolland Snooks)和斯科特·梅森(Scott Mayson)博士合作设计了 RMIT 权杖,RMIT 权杖通过多智能体集群算法进行设计,利用钛选择性激光融化(SLM)三维打印技术的工艺特点建造(图 5-22)。

尽管 3D 打印金属在性能方面比其他打印材料都更加稳定,但高成本、低效率的特性仍旧严重制约着金属 3D 打印的大范围应用。与直接打印金属构件相比,采用其他材料进行金属模具 3D 打印在技术、时间、经济上具有更高的可行性。Arup 探索了将 3D 打印砂模和金属铸造混合的工艺,与金属 3D 打印机打印节点相比,混合方法交货更快、耗材更少、成本更低，更加符合建筑可持续建造的要求（图 5-23）。

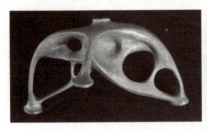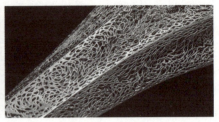

图 5-22　左：SGH 团队不锈钢 3D 打印节点；中：乔瑞斯·拉瑞曼实验室铝梯度椅；
　　　　　右：墨尔本皇家理工学院权杖
（图片来源：《建筑机器人——技术、工艺与方法》）

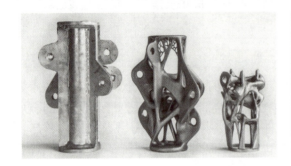

图 5-23　左图：使用不同的制造工艺得到的建筑节点（左：传统铸造的节点，
　　　　　中：3D 打印金属节点，右：由 3D 打印砂模铸造的金属节点）；
　　　　　右图：3D 打印砂模和由砂模铸造的金属节点
（图片来源：《建筑机器人——技术、工艺与方法》）

针对金属 3D 打印机在尺寸、速度、成本方面的限制，MX3D 焊接式机器人金属 3D 打印技术独树一帜，为大规模的、自由形式的金属构筑物建造提供了可能。MX3D 同欧特克（Autodesk）、Heijmans、ABB 机器人、联想、代尔夫特理工大学（Technische Universiteit Delft）等最具创新的硬软件、建筑和焊接公司及机构合作研究焊接式金属 3D 打印技术，将数字技术、机器人技术和传统工业生产结合在一起。

2014 年，MX3D 使用内部开发的金属打印机创建了第一个雕塑作品龙台（the Dragon Bench）；之后，MX3D 针对不同的尺寸、几何形状和材料进行了雕塑屏打印尝试，实现了蝴蝶屏（Butterfly Screen）和梯度屏（Gradient Screen）建造（图 5-24）；2015 年，MX3D 启动了轰动一时的 MX3D Bridge 项目，为实现 MX3D Bridge 项目目标，MX3D 研发了相应的机器人建造工艺、工具，并开发软件实现控制。MX3D Bridge 由乔瑞斯·拉瑞曼设计，桥梁初始设计理念侧重于拓扑优化应用，以欧特克的捕梦者（Dreamcatcher）软件实现拓扑优化设计，设计优化过程中，欧特克根据 Heijmans 的专业工程技术开发了新的拓扑优化软件，新的软件考虑了更多的参数和约束，通过参数整合使整个优化过程更加有效。

MX3D 的金属 3D 打印机集成了机械臂和焊接机，经过改进后的焊接工具端能够更好地适应机器人金属打印。工作时，金属被加热到特定温度并挤出滴状物，与原金属焊接在一起实现金属镀层。MX3D Bridge 项目使用的材料是代尔夫特大学新研制的新型复合钢材,经过焊接打印的金属可以达到正常生产的钢原强度的 90% 以上。MX3D 与 ABB 机器人公司合作研发的项目中用到了 6 轴机器人技术,机器人打印出可以支撑它移动的轨道并在轨道上向前打印,结合定位技术、机器人实时通信和反馈,MX3D 实现了 6 轴机器人轨道移动式打印的方法。同时,MX3D 也专注于软件开发,将 CAD 模型转化为焊接逻辑,然后将其转化为 ABB 机器人的移动路径。软件考虑的因素是多方面的,如:垂直、水平或螺旋线需要不同的机器设置,脉冲时间、暂停时间、层高或工具头方向等信息都需要被纳入软件编程(图 5-25)。

图 5-24　左:the Dragon Bench;右:Gradient Screen
(图片来源:《建筑机器人——技术、工艺与方法》)

图 5-25　MX3D Bridge 机器人金属 3D 打印过程
(图片来源:《建筑机器人——技术、工艺与方法》)

除了 MX3D 团队的探索,同济大学袁烽教授团队在 2018 年上海数字未来中通过机器人金属焊接式打印实现了跨度约 11m 的拱桥。桥以受压的拱形作为整体形式实现了轻盈坚固的建造。在桥建造之前,团队以椅子为原型开展了机器人金属 3D 打印实验,发现机器人金属堆焊容易在层与层之间形成微小的滑移与错位,改进打印工艺的同时,团队选择以空间网架结构来减少误差对结构的影响(图 5-26)。首先使用 Kangaroo 找到桥体的整

图 5-26　左:机器人金属 3D 打印椅子;中:机器人金属 3D 打印桥;
　　　　　右:金属桥打印过程

体拱形；然后采用拓扑优化技术进行整体体量找形；之后根据优化形态的应力密度分布确定杆件疏密；通过遗传算法优化，最后生成的模型是在同等荷载作用下杆件长度最小的结果（图 5-27）。

图 5-27　左：Ameba 拓扑优化；右：根据应力线密度分布确定杆件位置

5.2.4　混凝土建造机器人

虽然混凝土的发展只有不到 200 年的历史，但是由于混凝土材料的经济性和其优良的结构性能，已经成为当今世界上用量大、使用范围广的建筑工程材料，为建筑业的发展作出了重要贡献。在机器人智能建造技术蓬勃发展的趋势下，必定会对传统的混凝土建造工艺产生冲击。

就目前的研究和实践来看，机器人混凝土建造工艺主要分为两大类：一类是机器人建造模板、模具成型工艺，即通过机器人建造的模板、模具来浇筑混凝土；另一类是机器人混凝土打印，机器人的精确定位配合机器人混凝土打印的末端执行器来实现混凝土的 3D 打印成型。两种模式都为混凝土建造带来了传统建造模式所不具备的造型自由度和自动化工艺流程。在非标准建筑构件的大批量定制时代，机器人混凝土建造工艺有巨大的应用前景。

1. 混凝土模板、模具成型机器人

在建筑混凝土建造中，由于混凝土的施工特性，混凝土模板、模具一直担任非常重要的角色。混凝土模板、模具指浇筑混凝土成型的模板、模具以及支承模板的一整套构造体系。模板的工艺直接影响混凝土最后成型的质量。复杂混凝土结构模板制作常以数控铣削为主要方式。计算机数控铣削具有消耗时间巨大、材料浪费、成本高等缺陷。随着机器人被引入建筑建造领域，混凝土模板的形式和建造方式有了新的可能。在机器人的协助下，模板的制作方式、呈现形态可以通过计算和模拟得到精确的定义，混凝土本身的形式也有了新构造逻辑。

（1）织物混凝土制模工艺

传统的刚性模板在混凝土浇筑复杂形状时具有明显的缺点。在火星亭（Mars Pavilion）项目中所提出的机器人系统可以用更快、更精确和更经济的工作流程，实现复杂的混凝土结构。Mars Pavilion 是由一系列三叉分支单元组成的混凝土空间结构体。鉴于数控铣削工艺与刚性模板的不足，Mars Pavilion 项目着重于利用机器人创建三维空间混凝土组件的制造技术，探索机器人控制的柔性织物模板及其作为经济有效的混凝土生产方式的可能性。机器人手臂可以准确快速地定位机械臂工具，从而能够精确地处理设计所需的复杂物体。在该研究中，机器人用来确定展亭每个分支结构单元浇筑的初始形状。分支结构的一端在填充点处固定到固定模板上，另外两个分支通过两个同步工作的机械臂被拉伸到期望的几何形状。项目将复杂的设计合理化为离散的单元，这些单元采用机器人加工，组装成最终的展亭。数字设计被简化为离散元素用于结构性能分析，通过迭代计算进行优化。通过使用 Grasshopper 中的 Karamba 插件，设计师计算了系统中每个构件单元的受力情况，以便在建造之前充分了解构件单元的结构性能。随后，机器人建造所需的坐标值被发送给机器人控制端，机器人控制端控制工具端运动，将模型中的欧几里得坐标转换为工具端的物理空间位置。

该织物混凝土模板受三个控制点约束，其中一个位置固定并用作混凝土填充点，另外两个端点连接机器人。三个端点之间的模板形状会根据单元体积、重量、载荷路径和结构作用点进行自适应优化。设计过程需要对结构形态所需的各种参数进行编码控制，包括诸如边界尺寸、构件尺寸、浇筑材料特性等。由于织物模板的拉伸将决定每个部件的最终尺寸，设计系统还需要考虑原始织物模板的尺寸。这些参数约束被写入项目的编程文件中，作为生成设计的基础参数。设计师通过操纵由线段连接的节点阵列，形成最能反映织物模板系统特征的设计形式。从模型中的几何信息到物理实体的转换是通过 BD Move 软件和机器人工具实现的。每个分枝端点的空间坐标和倾斜角度由机器人工具端定义，其中端部节点的表面法线始终面向混凝土单元中心。拉伸就位后浇筑混凝土进行构件生产（图 5-28）。

图 5-28　机器人织物混凝土模板浇筑
(图片来源：《建筑机器人——技术、工艺与方法》)

依据上述的流程，在 Mars Pavilion 建造中，这套机器人织物模板系统被合理地整合到施工过程中，利用机器人的精确特性实现了有机的织物结构形态（图 5-29）。结构中没有两个组件是相同的，但工业机器人手臂操纵的织物套筒创建了一个可调节的模具，能够适应结构体中所有的构件形态变化。整体结构被设计为一个悬链形式，每个构件都只受压力作用。通过在材料中引入钢纤维代替钢筋，使得构件同时具有很高的抗压、抗拉和抗弯强度。

(2) 机器人热线切割模板

Odico Formwork Robotics 利用机器人热线切割（the Robotic Hotwire Cutting，RHWC）发泡聚苯乙烯（EPS）混凝土浇筑模板这一项技术，解决了异形混凝土构件大规模建造面临的挑战。在这项技术中，根据设计需要模板构件的单曲或者双曲程度，使用单机

图 5-29　混凝土空间结构体火星亭（Mars Pavilion）
(图片来源：《建筑机器人——技术、工艺与方法》)

器人或多机器人完成发泡聚苯乙烯的热线切割工作（图 5-30、图 5-31）。通过程序设置，可以精确地控制机械臂上末端执行器的位置和方向的连续变化，使刀片的运动轨迹遵循程序设定模板表面的轮廓。机器人热线切割后的发泡聚苯乙烯用作异形混凝土模块的浇筑模板使用。

图 5-30　单机器人热线切割发泡聚苯乙烯
(图片来源：《建筑机器人——技术、工艺与方法》)

图 5-31　多机器人热线切割发泡聚苯乙烯
(图片来源：《建筑机器人——技术、工艺与方法》)

扎哈·哈迪德建筑事务所考虑了机器人热线切割在商业背景下的应用潜力，与 Odico 合作尝试针对特定设计开发建造流程，探索机器人热线切割在各种应用中的可能性。这项合作的初步成果是为伦敦科学博物馆的数学画廊设计 14 个独特的长椅（图 5-32）。长椅由 35mm 厚的混凝土外壳和轻质泡沫芯组成。该项目开发了新的模具系统和安装方式，使用机器人热线切割的发泡聚苯乙烯作为泡沫芯进行混凝土浇筑和脱模，混凝土外壳的厚度由画廊地板的承载能力所决定。长椅可由 3 个混凝土组件在现场组装而成。

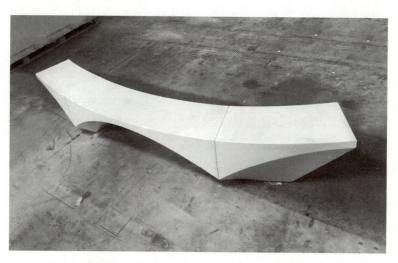

图 5-32　机器人热线切割制作混凝土模板生产的座椅

（图片来源：《建筑机器人——技术、工艺与方法》）

（3）机器人动态滑模铸造工艺

智能动态铸造（Smart Dynamic Casting）是苏黎世联邦理工学院和格马奇奥&科勒研究所将传统的滑模铸造技术与数字化技术相结合的混凝土结构建造方式。

智能动态铸造项目用到的滑模（Slipforming）是一种动态铸造工艺，最早由工程师查尔斯·黑格林（Charles F. Haglin）于 1899 年与弗兰克·百威（Frank Peavey）合作发明。在滑模工艺中，混凝土被连续地浇筑到分层模板中，该模板根据混凝土的水化速率设定速度进行垂直移动，使得材料在模板释放后自支撑。到目前为止，因为滑模技术使用很少的模板却可以实现较快的施工速度，其仍然是一种在实践中广泛使用的技术（图 5-33）。然而，传统的滑模工艺在生产复杂混凝土几何形状时会在自由度方面受到限制。此外，由于初始设置的高工作量和高成本，该技术通常限于在超过 10m 高的结构中使用。智能动态铸造项目不仅可以使滑模系统在 10m 以下的结构中经济可行，而且还将成形的自由度大大提高，并且不需要为每个生产的结构单独制造模板（图 5-34）。这种方法为复杂的混凝土结构提供了几乎无废弃材料的施工技术。

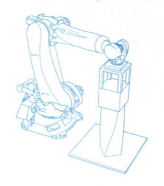 

图 5-33　机器人滑模图示　　图 5-34　智能动态浇筑项目

（图片来源：《建筑机器人——技术、工艺与方法》）

在智能动态铸造工艺中，滑模工艺典型的液压千斤顶由 6 轴机器人代替。在机器人滑模过程中，混凝土在机器人滑模中从软材料变为硬材料，从而允许结构通过机器人控制的滑模轨迹动态成形。机器人滑模在可成形性和规模方面具有巨大潜力，并且无需复杂承重构件就可以批量生产定制模板。

2. 混凝土打印机器人

从 19 世纪开始，混凝土建筑的施工方法都是将水泥浇筑到设置好的钢木模板中。尽管塔式起重机、水泵、混凝土搅拌器、模板等施工机械和器具已经普及，但建筑施工仍然还得依靠专业工人对这些机械和器具进行手工操作和干预。

如今的施工技术相对于计算机设计技术来说已经落后。全新的计算机辅助设计软件可以帮助建筑师对建筑进行构思和设计，但当前的建造工艺在复杂的设计面前显得捉襟见肘。现有建筑材料，如钢筋混凝土和砌体，价格高且灵活性差。假如要建造一个复杂的曲面结构，可能需要预制昂贵的模板、复杂的脚手架，人工灌浆费用也会增加。而且，现有技术需要专业人员不停地阅读参照设计蓝图，这一费用也不容忽视。随着机器人混凝土打印工艺的优化和迭代，混凝土打印技术在相对低的预算条件下可以实现更高的自由度。

轮廓工艺是通过从电脑控制的喷嘴中分层挤出混凝土材料的建造技术。喷嘴悬挂在吊臂或者龙门吊车上。龙门吊车可以架在两道平行的轨道上，能在一次运行中建造一栋或一群房子。将轮廓工艺机器人以及用来运输和就位支承梁的机械臂组合起来，配上其他部件，就可以建造建筑了。较大的建筑，比如公寓、医院、学校和政府办公楼等，可以将龙门吊车平台延伸至结构的全宽度，然后使用轨道上的吊臂来定位喷嘴，以及将结构构件或设备吊装就位。

打印结构的外表面可以采用紧跟喷嘴的泥铲抹平。与传统手工工艺的操作方法类似，这些泥铲就像两个坚实的平面，可以使每层的外表面和上表面平整顺滑、形状精确。侧面的泥铲能够调节角度，从而形成非正交的表面。轮廓工艺是一种混合技术，还包括搭建打印龙门式钢架的过程，以及向打印结构内核中浇筑或灌注挤出材料的过程。打印结构一旦形成，内部空腔就可以立刻填充好（图 5-35～图 5-37）。

图 5-35　NASA 运用轮廓工艺机器人可在月球上建造储物空间

（图片来源：《建筑机器人——技术、工艺与方法》）

图 5-36 采用轮廓工艺的月球穹顶模型
(图片来源:《建筑机器人——技术、工艺与方法》)

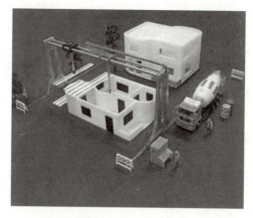

图 5-37 轮廓工艺在住宅施工中的应用
(图片来源:《建筑机器人——技术、工艺与方法》)

尽管我国在 3D 打印建筑领域的研究起步较晚,但凭借近年来的快速发展,国内在 3D 打印建筑的实践应用方面已经达到了与世界先进国家相媲美的水平。在 2014 年,位于美国明尼苏达州的一个工程师团队采纳了创新的 3D 打印技术,成功构筑了一个模拟中世纪风格的城堡,该城堡覆盖面积大约为 $15m^2$。城堡的某些部分是预先打印好后在工地上进行了精确的安装。与此同时,盈创科技有限公司(以下简称盈创科技)在上海的张江高新青浦园区成功打印了 10 座用于办公的建筑。在 2015 年,盈创科技再次突破,创建了目前世界上最高的 3D 打印建筑,该建筑通过融合大量的钢材来确保结构安全,并且采用了工厂预制+现场安装的模式,在短短两周内完成了整个建造过程。

随后,3D 打印混凝土开始被实验用于承重结构的建造。2018 年末,清华大学徐卫国教授团队在上海的智慧湾科创园成功建造了一座长 26.3m、宽 3.6m 的 3D 打印混凝土步行桥。该桥的设计灵感来源于中国古代的赵州桥,采用了单拱结构来承受重量,桥梁的所有承重部分均通过 3D 打印的方式预制成块,然后在现场进行吊装。混凝土的各个部分通过互相挤压来传递力量,确保了整体结构的稳定。2019 年,河北工业大学马国伟教授团队也采用了装配式混凝土 3D 打印技术,按照 1∶2 的比例缩小尺寸,重建了一座跨度 18.04m、总长 28.1m 的缩尺赵州桥。

近年来,3D 打印混凝土技术正朝着原位打印和大尺度异形构件打印的方向发展。2020 年初,清华大学徐卫国教授团队研发出基于 3D 混凝土打印的房屋体系以及适用于建筑打印的机械臂移动平台,受中国驻肯尼亚大使馆的设计委托,在实验基地实际打印了一座约 $40m^2$ 的精致样板房,适用于热带地区低收入住房的打印建造。在 2021 年举办的威尼斯建筑双年展上,来自英国的扎哈·哈迪德建筑事务所的算法设计研究组与瑞士联邦理工学院的 BRG 团队合作设计了一座 $16m×12m$ 的人行天桥。这座独特的桥梁是由 3D 打印的预制混凝土板拼装而成,其流畅的设计形态确保了自身的自支撑性。

目前,最常用的挤出材料是用快硬水泥制成的混凝土。构筑物外表面和填充内核可以使用更多不同的材料。陶土材料经过测试可以作为一种材料选择,其他复合材料也可以作为选择。有人曾建议可在地球外的建筑中采用月球的表层土壤,而且还可以利用轮廓工艺的喷嘴将能够发生化学反应的多种材料混合,挤出后立刻反应固化,每种材料的相对用量可以通过电脑控制调整，这就可以使施工材料根据不同区域而变化。快硬水泥几乎能在浇筑后的瞬间达到自承重的能力，并在化学作用下随着时间的推移达到完全强度。如果仍然需要另外的支撑，这些支撑构件也能够通过轮廓工艺制作。由于不需要模板，3D打印混凝土工艺同其他混凝土施工方法相比有着显著的优势。首先，免除了搭建模板所需的材料和人工开支，可以节省部分造价；其次，对环境也大有益处，因为用来搭建模板的材料在使用后大多数是被废弃掉的；最后，可以明显地缩短施工时间，因为无需花费时间来搭建模板，而且采用快硬水泥也能使施工速度大大加快。

5.3 等材建造机器人

5.3.1 砖构机器人

砖作为人类最古老的建筑材料之一，它的建构文化属性在当代建筑实践中依然受到很多建筑师的青睐。传统砖砌筑中一般采用一丁一顺、多顺一丁、梅花丁、十字式等横平竖直的砌筑逻辑，在设计工具与建造机器人的帮助下，扩展出微差、错缝、旋转等新的建构形式；同时随着结构有限元技术的发展，精准结构性能模拟技术的提升，对砖缝砂浆以及配筋的设计可以让砌筑逻辑更加精准地得以实现。数字设计方法和工具对传统的"丁顺"砌法加以调整，结合非线性逻辑重构，从而能够建立超越平行与垂直的逻辑系统。

传统的砌筑设计与砌筑是一个费时费力的过程。因为结构和功能因素的限制，砌筑的设计过程要求建筑师必须逐层的对每块砖的位置进行绘制。砖单元的长、宽、高、砖缝大小等参数的变化将直接影响最终生成建筑形态。因此，对具有复杂集合形态的砖构建筑进行施工图绘制与更改是非常困难且耗时的。数字设计与机器人建造技术可以极大地改善传统的砖石砌筑过程。对于砌体的设计过程而言，参数化的模型将替代二维图纸。每一个砖单元的参数都可以被独立控制，并在之后的施工过程中作为精准的几何数据转化为相应的建造路径。同时，对于砌体的建造过程，机器人作为可以进行高速连续工作的设备，非常适合砖构砌筑所需的取砖、抹灰、砌筑的重复动作。通过编程，建筑师将参数化模型中的几何信息转译为工业机器人可以识别的代码，从而精确地完成所需的复杂砖构形态。机器人对于复杂形态的精确建造能力推动了热工、风、噪声等性能化参数在设计初期的应用，从而进一步拓展了砌体结构设计的可能性。

1. 标准砌块建造机器人

从20世纪60年代开始，自动设备的控制语言逐渐完善，推动了关于建造自动化和机器人建造研究与应用的发展。20世纪70年代，日本工业机器人协会（Japan Industrial Robot Association，JIRA）对建造机器人的可行性进行了研究，此后关于自动化砌筑设备的研究层出不穷；20世纪80年代，德国工程师设计了一种移动的砖砌筑设备。1994年，丹尼斯·阿兰·张伯伦（Denis Alan Chamberlain）、阿布拉罕·华沙斯基（Abraham Warszawski）等各自独立地建造了不同构型的砌筑机器人。这些研究以抬举大荷载砌块与提高砌筑效率为主要目标，很少关注建筑形式的发展。计算机嵌入的机器人建造系统（ROCCO）和在场机器人砌体放置系统（BRONCO）两个项目达到了这一类型研究的高水准。近年来，美国Built Robotics公司和澳大利亚Fastbrick Robotics公司两家公司将此类砌筑工具商业化，分别基于机械臂激光定位与大型悬臂激光定位系统开发了标准砖、砂加气混凝土砌块的砌体结构在场建造设备。从 2009 年开始，同济大学袁烽教授团队开展了一系列砖构建筑建造研究与实践。最初的实践采用参数化建模、手工建造的模式，逐渐发展为参数化建模、机器人建造，并演进成为当前的智能设计与机器人建造一体化模式。从早期的手工"模板尺"到真正运用机器人现场建造历时 6 年时间，经历了多层面的深入探索。

从 2009 年上海军工路厂房改造、2010 年成都兰溪亭、2014 年松江名企产业园，到 2016 年上海西岸池舍艺术馆，非线性墙体的设计代表了袁烽教授团队在砖的美学性能方面的不断尝试与思考，同时也记录了其在砖的数字化建造方法与装备方面的演进过程。军工路厂房外墙通过砌筑单元的旋转将丝绸意象赋予了砖墙。在施工时，连续变化的旋转角度被拟合为 12 个角度，通过模板手工进行每块砖的定位。

兰溪亭在总结上海军工路厂房改造经验的基础上，在设计中对错缝尺寸进行预处理，优化拟合为 5 种模板。三角空心砌块的引入解决了钢筋的埋布问题，提高了砖墙整体的结构性能。而松江名企产业园传承传统砖构中的一丁一顺砌法，对墙面外侧的顺砖以渐变微差的方式缓慢推出，利用砖自身的连续肌理创造出渐变阴影效果。通过在层间悬绳控制肌理边界，使用简单卡尺工具确定顺砖的出挑尺寸，保证了肌理的精美呈现。上海西岸池舍艺术馆则首次使用机器人现场装备辅以人工勾缝实现了机器人在场砌筑。顺砖出挑的微差设计无需通过优化拟合，6 轴机器人为复杂墙体的建造提供了足够的自由度，亚毫米级的施工精度保证了砖构曲面的连续平滑。砖的数字化建构经历从模板、工具辅助、人机协同现场砌筑等转变，施工效率、设计完成度与建造精确性的提高为实现复杂性设计提供了保障（图 5-38）。

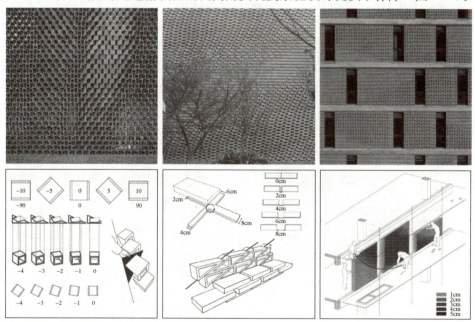

图 5-38　袁烽教授团队数字砖构手工建造的发展（2009—2016 年）：J-Office 厂房改造（左上）—模板定位（左下）；成都兰溪亭（中上）—模板尺与三角砌块（中下）；松江名企产业园（右上）—悬绳定位（右下）

2. 非标准砌块建造机器人

作为一种古老的建筑材料，砌体结构的建造方式在历史发展的长河中已经经历了数次革新。砖块制造工艺也从手工发展为如今的机器模具生产。然而，砌块的生产逻辑在过去并未发生显著的变化，砌块的形态也没有较大改变。除去檐口、转角及其他装饰性构件，砖砌体基本保留了平行六面体的形式，因此其长期依赖于使用模具或挤出工艺来大批量生产标准砌块，关于机器人砌体建造的研究也因此长期关注标准砌块砌筑（图5-39）。

图5-39　使用Grasshopper进行形体优化，并使用小型KUKA机械臂进行自动建造

非标准砌块砌筑系统通过与数字建造工艺的融合，打破传统砌块形态与砌筑工艺，实现了美学与热工等性能的突破。传统砖墙一般采用抹灰等材料作为外饰面，非标准砖块的出现形成了一种更现代的设计语言，外立面装饰与结构分离得以统一。同时砖块的非标准化设计使砌块形态可以对应于建筑本体对周边环境性能的响应，使建筑具有更好的热工性能，为可持续设计作出贡献。

2013年，哈佛大学设计研究生院（Harvard Graduate School of Design，GSD）的马丁·贝克霍尔德（Martin Bechthold）和斯蒂法诺·安德烈（Stefano Andreani）对陶土砖自遮阳外墙的大规模定制方法开展了研究。该方法实现了新颖的装饰效果，同时这种自遮阳外墙具有绿色可持续的成本效益。一台机器人线切割工具被整合在传统的砌体生产流水线上，无需颠覆性地改动现有流水线，仅增加一个环节，便可连续批量化地生产出形态各异的直纹曲面非标准砌块。机器人线切割工艺是另一种陶土的减材制造方式，通过机器人工具端锋利的切割丝的运动对陶土块进行切割造型（图5-40）。该工艺通常用于直纹曲面形态构件的制造，可切割构件尺寸受到切割丝尺度的限制。

图5-40　工艺流程图解

（图片来源：《建筑机器人——技术、工艺与方法》）

5.3.2 金属折弯机器人

金属折弯工艺利用金属的塑性变形实现工件加工。目前，金属折弯作业主要使用数控折弯机，数控折弯机的轴数已发展到 12 轴，可满足大多数工程应用的需要。将待加工的工件放置在折弯机上，工件滑动到适当的位置，然后将制动蹄片降低到要成型的工件上，通过对折弯机上的弯曲杠杆施力从而实现金属的弯曲成型。同时，折弯机器人已经发展为钣金折弯工序的重要设备，折弯机器人与数控折弯机建立实时通信反馈，工业机器人配合真空吸盘式抓手，可准确对应多种规格的金属产品进行折弯作业。

自动折弯机器人集成应用主要有两种形式：一是以折弯机为中心，机器人配置真空吸盘、磁力分张上料架、定位台、下料台、翻转架等形成折弯单元系统；二是自动折弯机器人与激光设备或数控转台冲床、工业机器人行走轴、板料传输线、定位台、真空吸盘抓手形成的板材柔性加工线（图 5-41）。

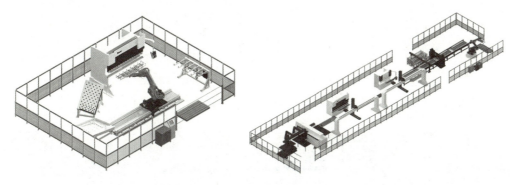

图 5-41　左：机器人＋折弯机的折弯单元系统；右：金属板材柔性加工线
（图片来源：《建筑机器人——技术、工艺与方法》）

为探索以机器人曲线折弯技术生产建筑表皮构件的可能性，RoboFold 进行了系列机器人金属折弯的探索，机器人网格褶皱（Robotic Lattice Smock，RLS）项目是其中的典型代表。RLS 项目以网格褶皱作为形式的基础，其形式受到可展表面规则的约束。项目使用集成于 Grasshopper 平台的插件 King Kong，King Kong 在数字环境中准确模拟平面材料到最终折叠形式的变形过程，物理模型的曲线折痕和扭转规则被定义为数字模型中的弹簧和铰接力（图 5-42）。当建立了折叠和弯曲行为的数字模拟之后，软件追踪每个面的运动位置，用于进一步编排两个 6 轴机器人的运动。两个 6 轴 ABB IRB6400 工业机械臂以塑料吸盘为末端效应器实现面板抓取，通过机械臂准确地将刚性平面钣金折弯到设计状态。项目成功将柔韧的折纸技术转移到建筑应用中。

基于金属优良的力学性能，RoboFold 还探索了金属板曲线折弯作为自支撑结构体的可能。扎哈·哈迪德建筑事务所与 RoboFold 合作设计建造了 2012 年威尼斯双年展"海芋"装置（Arum Installation），Arum 继承了弗雷·奥托关于轻型壳体的研究，并将单纯的材料模拟发展为整合了环境、结构逻辑的计算模拟，实现了一个自支撑的金属弯折壳体（图 5-43）。RoboFold 为 Arum 提供了设计初期的几何咨询、数字建造模拟和加工建造。基于 6 轴机器人金属折弯工艺，RoboFold 完成了 488 块各不相同的金属单元的曲线折叠。此外，同济大学袁烽教授团队在 2017 年第三届 DADA 国际工作营中也通过可展金属板材

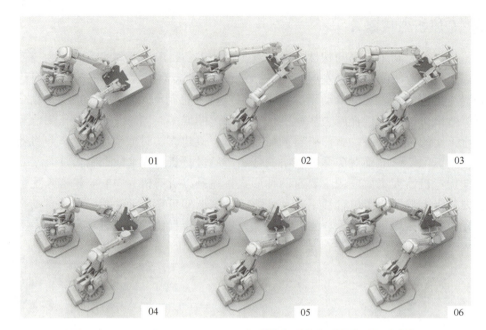

图 5-42　RoboFold 以 King Kong 实现数字环境中对折叠过程的模拟
(图片来源:《建筑机器人——技术、工艺与方法》)

图 5-43　扎哈·哈迪德建筑事务所 2012 年威尼斯双年展"海芋"装置
(图片来源:《建筑机器人——技术、工艺与方法》)

的曲线折弯,用 1.5mm 厚的铝板实现了 8m×6m×2.4m 轻质金属拱的建造(图 5-44)。建造中探索了使用两台 KUKA 机器人进行金属的曲线折弯。该项目采用类似 King Kong 的动力学模拟方式,通过 Kangaroo 等插件在金属板折弯的空间位置与机械臂折弯的运动路径之间建立了直接关联。

除了金属板材外,金属杆件折弯同样是机器人建造研究的重要领域之一。在 2015 年上海"数字未来"& DADA 工作营中,Kokkugia 创始人罗兰·斯努克斯使用机器人协同技术,建造完成了基于集群智能策略设计的金属杆件结构网络。项目开发了空间自组织的多代理算法策略,拓扑表面在这种策略下涌现,多样的集群策略将智能体自组织为连贯、连续的表面和复杂的空间分隔,每个智能体都有一个能够与周围智能体相互作用并连接的形式,智能体相互作用产生了复杂的装饰和结构网络。项目使用 KUKA | prc 进行机器人

图 5-44　DADA 国际工作营袁烽教授团队"轻质金属拱"

交互编程，KUKA RoboTeam 同步连接主机器人和从机器人，开发出两台机器人协同折弯的方法。项目中机械臂通过精确旋转杆件实现金属杆件在任何平面上的弯曲。借助机器人折弯技术，所有 320 根形态各异的金属杆件在一天内全部折弯完成（图 5-45）。

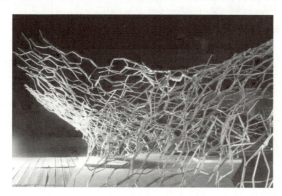 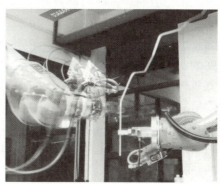

图 5-45　上海"数字未来"&DADA"数字工厂"工作营机器人协同金属折弯建造

5.3.3　纤维编织机器人

在建筑领域，纤维水泥、玻璃纤维、碳纤维等纤维增强复合材料是最具革命性的建筑材料类型。其中，碳纤维以其轻质高强的特性早在 20 世纪 60 年代就开始崭露头角。近年来，以碳纤维为材料的大规模生产的汽车宝马 i3 以及波音 787 梦想客机的问世使碳纤维备受瞩目。然而，新型材料在建筑中的潜力在很大程度上仍未被探索。在建筑生产中，材料自重对于较大跨距的结构而言至关重要，轻质纤维复合材料提供了无与伦比的性能。

机械臂碳纤维编织工艺是指以工业机器人单元为主体，结合其他配套设施（常常采用旋转外部轴为辅助设备），将碳纤维及其他纤维材料按照一定规则缠绕在模板框架上的技术与方法。在机械臂编制中，机械臂和外部轴都可以承载可观的重量，因此可以采用巨大的框架为模板。2012 年，斯图加特大学 ICD/ITKE 研究展亭第一次采用碳纤维编织工艺进行大尺度结构建筑（图5-46）。从2012年起，ICD/ITKE先后对碳纤维整体编织、双机器人协同编织、机器人现场自适应编织等技术展开研究，取得了令人瞩目的研究成果。此外，碳纤维和玻璃纤维的组合不仅展现出结构性能上的巨大优势，而且具有震撼的视觉美感。

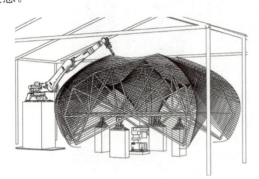 

图5-46　斯图加特大学"ICD/ITKE 2012年度研究展亭"机器人碳纤维编织过程
（图片来源：《建筑机器人——技术、工艺与方法》）

ICD/ITKE 2012年研究展亭的设计建立在对节肢动物骨骼（美洲龙虾）结构仿生研究的基础上。通过对仿生结构中纤维材料的各向异性进行分析，通过数字设计技术将其转化为碳纤维与玻璃纤维材料的分布方式，结合机器人编织工艺的建造能力，形成了新的构造可能。整个项目共使用了约60km长的碳纤维和玻璃纤维复合材料。纤维材料壳体的厚度仅为4mm，但跨度却达到了8m。展亭的主要材料是混合环氧树脂和玻璃纤维，约占纤维长度的70%，其余为碳纤维。由于碳纤维强度较高，适宜作为核心结构，起到传递荷载和支撑的作用。该展亭首次探讨了仿生设计、纤维材料与新兴机器人建造的相互关系，为后续研究奠定了重要基础。

2013年度、2014年度的ICD/ITKE展亭进一步探索了单元结构的碳纤维编织工艺。在该项目中，ICD团队运用自下而上的仿生学设计策略，通过与生物学家合作研究甲壳虫鞘翅的结构，研发出了创新性的壳体结构系统。通过分析甲虫壳的微观结构发现，壳的双层结构间由柱状结构元件——骨梁连接，梁内纤维的高度差异化排布形成上下突出的结构。项目团队通过多种飞行甲虫的比较研究，将这一结构原则诠释为一种新型结构形态的设计原则。

通过借鉴鞘翅的结构，团队设计了一个由碳纤维与玻璃纤维编织而成的双层结构单元，其中碳纤维和玻璃纤维的方向与密度对应展亭的结构要求。为了实现单元建造，项目引入两个系统的6轴KUKA机器人，同时研发了可调节的编织工具端，使一套工具通过调节能够适应所有单元的编织需求（图5-47）。通过先后铺设碳纤维和玻璃纤维，上、下层纤维紧密连接，形成了非常坚固的网状结构。这种建造方式是对模块化碳纤维结构的探索，这种双层纤维复合结构可以在维持最大限度的几何自由度的同时将所需模板的数量减少到最小，创造了轻量化、高强度的预制穹顶（图5-48）。

在丝翅展亭（Elytra Filament Pavilion）项目中，机器人碳纤维编织工艺被进一步优化。在2013年度、2014年度ICD/ITKE研究展亭中两台机器人协作完成的任务被交由一台机器人与一个旋转外部轴完成，简化了编程与操作流程。该项目是一座凝结了建筑、结

图 5-47 斯图加特大学"ICD/ITKE 2013、2014 年度研究展亭"双机器人模块编织过程
(图片来源:《建筑机器人——技术、工艺与方法》)

图 5-48 斯图加特大学"ICD/ITKE 2013、2014 年度研究展亭"
(图片来源:《建筑机器人——技术、工艺与方法》)

构工程和仿生科学的装置作品,由 ICD 与 ITKE 协作完成。项目延续了 2013 年度、2014 年度 ICD/ITKE 研究展亭的仿生学设计成果,将甲壳虫鞘翅的轻质生物纤维结构转译为建筑结构系统,打造了这一占地约 200m² 的全新展亭。

丝翅展亭(图 5-49)模数化的结构单元体全部由斯图加特大学的机器人编织预制,然后运到维多利亚和阿尔伯特博物馆(Victoria and Albert Museum,V&A)花园中庭完成组装。组成丝翅的结构单元包括 40 个重约 45kg 的六边形结构单元体以及 7 个支撑柱体结构,机器人建造过程历经 4 个月,平均每个单元耗时 3h 完成。机器人编织技术利用碳纤维和玻璃纤维的材料特性,以编织的手法将其转化为强韧的结构单元体。以玻璃纤维和

图 5-49　丝翅展亭

(图片来源:《建筑机器人——技术、工艺与方法》)

碳纤维为原料的单元体经过缠绕和硬化后,形成纤维分布各异的结构单元。结构单元体的形态和纤维分布是经过 ITKE 结构模拟实验测试后确定下来的。最终,该轻质结构总重约 2.5t,即每平方米仅 9kg。

在 2014 年度、2015 年度 ICD/ITKE 研究展亭中,ICD 与 ITKE 进一步将机器人自适应建造技术结合到碳纤维编织中来。该展亭的设计灵感来自于生活在水下并居住在水泡中的水蜘蛛的建巢方式。通过对水蜘蛛的建巢方式进行模拟,研究团队在一层柔软的薄膜内部用机器人铺设碳纤维来增强结构,从而形成这一轻型纤维材料壳体结构。

研究团队研究了水蜘蛛的水下生活模式,水蜘蛛在水下建造出坚固水泡并生活在其中,作为水泡支撑结构的蜘蛛丝能让水泡在遭遇水流变化时承受应力,保证水泡内的安全和稳定。模拟水蜘蛛的水泡,研究团队选择柔性膜结构作为一个功能性的建筑表皮,使用碳纤维作为结构内部加固材料,形成一个高效复合结构系统。整个外壳的形状和碳纤维的铺设位置、方向都参照水蜘蛛的水泡结构,并进行了结构计算与优化,最终形成了一个高性能的综合建筑结构。在建造过程中柔性薄膜会产生波动,对于这一挑战,研究团队在机器人上植入嵌入式传感器并实时反馈,创造性地应用了机器人自适应建造技术。

在设计和建造过程开始前,研究团队开发了一个计算设计方法,用于调整纤维的布局。设计过程中各种设计参数相互关联,设计人员通过操控设计参数,将这些参数设计整合成各种表述纤维方向和密度的行为。与水蜘蛛的水泡类似,壳体的纤维分布应充分适应结构需求与机器人建造工具限制。与计算设计策略相一致,为了在柔性膜内部铺设碳纤维,开发了一个典型的机器人建造流程。柔性膜的刚度变化,以及在纤维铺设过程中膜结构的变形所产生的波动给机器人建造系统提出了一个特殊挑战。为了在生产过程中适应这些波动,机器人工具端的位置和触点力通过嵌入式传感器系统被记录并实时集成到机器人监控系统中。这种信息物理系统的应用可以不断地得到实际生产条件和机器人建造代码之间的反馈。这不仅代表了机器人碳纤维编织工艺的一个重要发展,更为自适应的机器人建造过程提供了新的机遇(图 5-50)。

图 5-50　斯图加特大学"ICD/ITKE 2014、2015 年度研究展亭"机器人现场碳纤维编织模拟
(图片来源:《建筑机器人——技术、工艺与方法》)

研究团队根据建造需求预先开发了一个定制的机器人工具端,这使得基于传感器数据的碳纤维铺设过程能够作为建筑设计过程的一个组成部分。这个过程也对材料系统提出了特殊的挑战。ETFE 膜被选定作为柔性膜的恰当材料,它不仅是一种具有耐久性的表皮材料,其力学性能也能够将纤维置放过程中的塑性变形最小化。在生产过程中,复合黏合剂在 ETFE 膜和碳纤维之间提供了一个适当的连接,铺设过程以 0.6m/min 的平均速度进行。这种建造方式不仅允许以应力为导向的纤维复合材料的铺设,而且最大限度地减少了与传统建造过程相关的建筑废弃物(图 5-51)。

图 5-51　斯图加特大学"ICD/ITKE 2014、
2015 年度研究展亭"机器人现场编织过程
(图片来源:《建筑机器人——技术、工艺与方法》)

5.4　减材建造机器人

5.4.1　木构机器人

木材作为一种天然可再生的绿色建材,在未来建筑产业化发展中具有极大潜力。随着胶合木等生产技术的迅速提升,木材已经成为一种大尺度、低质强比的高性能材料。随着现代木结构对产业化升级的迫切需求,传统机械化加工技术难以实现现代木构建造所需的生产力水平。建立在数字化设计与机器人建造技术基础上的木构工艺成为现代木结构产业

升级的重要支撑。

木材加工工具的发展经历了传统手工工具、机械化工具到数字工具（信息化工具）的演化。机器人木构工艺是采用工业机器人进行木构建筑生产的技术和流程。机器人木构工艺不仅能够完成标准化木构建筑的高效建造，同时机器人自身的特性决定了机器人在非标准化构件的成形加工、复杂结构节点的加工以及复杂结构的辅助搭建等领域拥有更广阔的应用前景。一方面，机器人通过木材切割工艺、木材铣削工艺能够有效拓展传统手工与机械加工工艺，同时机器人自身突出的精确定位和安装能力也为木构建造开启了新的工艺范畴，形成机器人建造工艺。此外，新颖的机器人木缝纫工艺也展现了定制化工具在满足多样化的设计和建造需求的巨大潜力。

1. 木材切割机器人

自古以来，锯切就是木材切削加工中应用最广泛的一种加工方式。木工锯切工具种类繁多，既包括框锯等传统手工工具，电圆锯、曲线锯、链锯等电动工具，也有带锯机、台锯等机械工具。机器人锯切工艺将传统锯切工艺与机器人的运动能力相结合，用来完成更加复杂、精确的锯切任务，把传统锯切工艺提升到新的维度（图 5-52）。

图 5-52　常用机器人切割工具（从左边起）：机器人圆锯、机器人链锯、机器人带锯
（图片来源：《建筑机器人——技术、工艺与方法》）

机器人与传统锯切工具可以以两种方式进行协同工作。第一种方式较为普遍，即将传统锯切工具改装后作为机器人工具端，通过机器人带动工具端的运动完成固定工件的锯切加工。考虑到机器人的负载能力有限，这种方式适用于一般电动手工工具及重量较轻的机械工具，如小型带锯。第二种方式是将锯切工具固定，由机器人夹持材料进行锯切，一般电动和机械锯切工具都可以采用这种方式。这种方式的优势在于适宜流程化加工，例如利用固定的不同工具，机器人通过一次夹持可以先后完成锯切、铣削、辅助搭建等系列流程；而这种方式的弊端在于机器人的运动轨迹设计相对复杂，同时机器人的负载能力也限制了材料的尺度。

2016 年上海数字未来工作营"机器人木构工艺"项目将机器人带锯切割技术与胶合木梁加工相结合，探索这种建造技术在工程应用中的潜力。项目将一台经过改装的传统带锯与一台大行程的桁架机器人相整合。其中机器人平面行程被设定为 3000mm×8000mm，能够满足项目所有构件的加工需求。带锯工具能够切割的最大厚度为 320mm，最大深度为 300mm。不同于热线切割，由于带锯锯条具有一定宽度，因此对加工曲面曲率、锯条行进方向提出了更严格的要求。曲面曲率太小存在卡锯甚至断锯的风险,同时锯条切割角度必须严格垂直于锯条行进方向。经过多次切割实验,项目最终采用宽度为 13mm 的双金属锯条,满足了构件曲率和加工效率需求。最终,单一构件切割时间能够控制在 3h 左右(图 5-53)。

图 5-53　上海"数字未来"工作营机器人木构工艺项目

2017 年上海数字未来"机器人木构"项目是进一步探索机器人带锯加工能力的一次尝试。项目以网壳结构为原型,采用结构性能化设计方法进行结构体系设计,并以机器人带锯为工具探索复杂空间曲线木构件的加工方法。项目中边梁采用层板胶合木为结构材料,首先根据机器人的加工范围划分为等长的 12 段空间曲线构件,然后利用遗传算法找出能够包覆每段构件的最小单曲体量——单曲构件能够在木构加工厂进行快速生产。以机器人带锯为工具,从单曲构件中切出所需的双曲形态。整个切割过程共花费 10 天时间,机器人线切割技术有效保证了空间曲线的边梁构件的精确、高效生产(图 5-54)。

图 5-54　上海"数字未来"工作营机器人木构工艺项目

此外,机器人技术与木工链锯的结合也是一种较为有效的机器人木工切割方式。链锯是利用回转的链状锯条进行锯切的工具,其工作原理是靠锯链上交错的 L 形刀片的回转运动来进行剪切动作。链锯主要用于伐木和造材,也常内置于木材加工中心,用来完成大尺寸槽口的切割。机器人与链锯的结合进一步拓展了链锯的加工能力。2013 年德国科隆设计周展览中展示的伐木机器人 7xStool 能够将树干直接雕切成家具,堪称是工业与艺术的完美组合。7xStool 机器人系统由德国设计师汤姆·包罗夫斯基（Tom Pawlofsky）开发，家具构思则来自于设计师蒂博尔·卫斯玛（Tibor Weissmah）及其卡尔斯（Kkaarrlls）平台。一段树干固定在地面上，由机器人操控链锯进行切割，通过巧妙的设计，仅用一段木头就可锯出两把 7xStool 凳子，几乎没有废料（图 5-55）。他们事先精心策划了 7xStool 机器人操持链锯的加工路径，从各个方向进刀轨迹都保持连贯。在展览现场，受到链锯切割能力局限，机器人的移动速度相对较慢。但机器人的稳健操作可以将加工精度控制在毫米级，使实物与原设计完美吻合。实际运行中，机器人依靠预先编程重复操作，切起木头来"得心应手"。

图 5-55　德国设计师汤姆·包罗夫斯基（Tom Pawlofsky）开发的机器人锯木系统 7xStool

（图片来源：《建筑机器人——技术、工艺与方法》）

2. 木材铣削机器人

铣削是一种典型的减材建造方法（Subtractive Fabrication），以高速旋转的铣刀为加工刀具对材料进行逐层切削加工。在铣削加工中，被加工木材称为工件，切下的材料称为切屑，铣削就是从工件上去除切屑，获得所需要的形状、尺寸和光洁度的产品的过程。木材铣削主要包括两个基本运动：主运动和进给运动。主运动是通过铣刀旋转从工件上切除切屑的基本运动。进给运动是通过机器人或加工台面的运动使切屑连续被切除的运动。机器人铣削的进给运动主要通过机器人移动路径的编程来完成（图 5-56、图 5-57）。

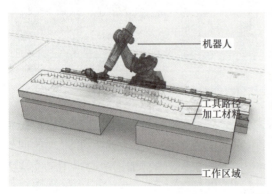 

图 5-56　机器人二维轮廓铣削

（图片来源：《建筑机器人——技术、工艺与方法》）

图 5-57 机器人三维体量铣削 "totoro collection"
(图片来源:《建筑机器人——技术、工艺与方法》)

机器人铣削过程不仅需要建立有关铣削运动、工件组成、刀具参数等基本概念,还需要对刀具切削方向、回转方向、倾斜角度、刀具与工件稳定性等因素进行综合考虑,以满足加工精度和表面光洁度的需求。木工铣削的特点是高速切削,一般行进速度为 40~70m/s,最高可达 120m/s,刀具转速 3000~12000r/min,最高可达 40000r/min。高速切削的速度控制一方面需要能够保证材料不会沿纤维方向劈裂,同时需要确保木材的表面温度也不会超过木材的焦化温度,从而获得较高的加工精度和表面光洁度。受高速切削和材料的限制,木材切削的噪声水平一般较高。

ICD/ITKE 2011 年度研究展亭利用机器人铣削工艺建立了更加复杂高效的空间木结构系统。项目利用计算机设计和仿真模拟技术,将海胆的生物骨骼结构进行结构仿生学转译。该项目将海胆组织的结构原理及其相关的性能特征通过数字设计技术转化为高效的参数化几何形状。展亭使用超薄的胶合板(厚 6.5mm)建成,板块之间的节点模拟海胆凹凸不平的外壳的构造机理,采用传统指形榫卯进行连接。每块木板及其指形连接节点由计算机自动生成。

木板和节点的加工由机器人铣削完成。项目从设计模型通过自主编程自动生成机器人的机器代码(NC-Code),用于控制机器人建造。机器人配备一台主轴电机,与旋转外部轴配合完成木板的铣削,经济高效地生产了 850 多个不同的模板单元,以及超过 10 万个指形节点。在机器人加工完成之后,多个胶合板块组合形成一个预制单元模块,然后现场进行预制模块的组装,精确地实现了双层壳体结构建造(图 5-58)。

3. 木材建造机器人

机器人本构工艺是利用机器人的精确定位和无限执行非重复任务的能力,辅助构件组装和建筑搭建的技术和流程。在传统的施工流程中,必要的构件定位信息需要通过二维图纸来传达,而机器人本构只需要通过编程将几何信息转化为时间进度、建造顺序等参数,植入机器人加工路径中,直接指导材料的空间拼接。建筑的几何信息从材料转移到机器人的建造路径中,从而能够利用基本材料(甚至标准材料)实现极其复杂的建筑形式。

在 2015 年上海数字未来 &DADA 数字工厂工作营"机器人木构建造"项目中,斯图加特大学 ICD 研究所旨在探索一种数字建造概念,在不依靠精确的测量技术或者不采用

图 5-58　斯图加特大学"ICD/ITKE 2011 年度研究展亭"

(图片来源:《建筑机器人——技术、工艺与方法》)

特异性几何形态的建筑构件的情况下,建造自由几何形态的可能性。项目采用机器人辅助组装,通过把简单、规则形式的构件精确地放置在预设位置上,利用标准化的建筑材料建造出复杂的木结构体系。项目主要探索自由双曲面表皮形式的机器人建造技术。该项目分为结构支撑体和表皮两部分,其中结构支撑体采用机器人辅助建造的标准构件进行搭建,表皮采用特异形式的木板条相互拼接而成。设计从一个曲面出发,在 Grasshopper 中生成所有的几何信息,并完成机器人加工路径生成、运动模拟以及代码生成(图 5-59)。

图 5-59　上海数字未来 & DADA 数字工厂工作营机器人搭建流程

组装过程包括两个主要阶段:支撑结构单元的机器人组装过程和表面的手工安装过程。这种划分方式能够最大限度地利用机器人的建造能力而不受其最大工作范围的限制。在支撑结构单元的建造过程中,气动抓手被安装在一台 KUKA KR150 Quantec Extra R2700 机器人上作为工具端,抓取构件并摆放到准确的位置和方向。构件之间的连接采用气钉枪完成。加工程序从 Grasshopper 直接导出给机器人,而操作人员的主要工作是确认抓手的打开或关闭。机器人组装每块结构体的时间大约为 2h,每块结构体表面积约 $2m^2$,这意味着机器人可以每小时建造 $1m^2$ 的特异墙体,而整个过程只需要两个操作人员。

格马奇奥与科勒教授将机器人辅助建造这种建造工艺用于大尺度的木结构建筑建造中。他们通过系统编程技术,使机器人抓取、操作(例如,与固定的台锯配合完成锯切操作),并最终定位木构件,先后完成了序列屋架结构(the Sequential Roof)、序列墙体结构(the Sequential Wall)、序列结构(the Sequential Structure)等大尺度建造原型。序列结构系列项目是很好的例子,此系列从序列墙体结构开始,后续的项目陆续实验了很多不同的结构原型,后来实验成果发展成为 ETH 建筑技术实验室厂房里不规则形体的序列屋架结构。在这个项目中,一榀榀的木杆两两错位相连,堆叠出自由的形态。

相对于砖块,木材的物理属性使其可以在建造过程中被轻易地进一步加工。机器人通过很简单的操作,即可按照所需以任意角度和特定长度切割木杆,并同时将它安装在准确的位置。这一优势同样体现在"复杂木构(Complex Timber Structures)"项目中。普通的木杆作为标准化的工业材料经过加工转变为特定的建筑构件,这一过程中材料按构造需要进行切割定制(图5-60)。相对于直接制作整体不可分的特殊部件,使用标准化元件去制作特殊部件,本身在构造上就获得了更大的自由度,同时也释放出材料内在的潜力。因为自由度的增加,不只信息化程度会得到提升,而且更加精巧的结构也能得以实现。

 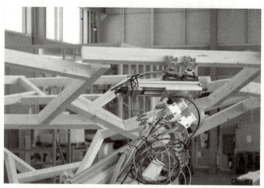

图5-60 苏黎世联邦理工学院机器人木构建造作品"复杂木构"
(图片来源:《建筑机器人——技术、工艺与方法》)

5.4.2 石材加工机器人

石材作为坚硬、易获取的天然材料,很早就被作为建筑材料运用在工程领域。但是由于其加工过程漫长且需要石匠精巧的工艺,石材往往被用在等级较高的建筑上。随着技术水平的进步,传统依靠人力的金刚砂线锯开料、高碳钢刻刀雕琢的石材工艺流程正逐渐被智能建造机器人取代(图5-61)。

图5-61 石材工艺的工具端
(图片来源:《建筑机器人——技术、工艺与方法》)

机器人加工石材一般将开采的石料先用单轴石锯切割成长方体石板。目前常用最大的CNC切割台长80英尺（24.4m），可用于一次性加工50t石料。开料结束后就可以使用5轴或7轴机械臂配合铣削头对石料进行研刻。目前石材切割市场上普遍采用的KUKA kr480型机械臂工作精度为±0.08mm，机械臂在最大负载下工作可以2.5m/s的速度在石料上推进并进行铣削。机器人石材铣削的前端工具端由铣削头和喷水冷却端构成，其路径设计原理与木材铣削一致，这一路径会以G-code代码形式控制机械臂的运动轨迹以及前端工具端的开关。通过调整加工路径间距和铣削头长度，机械臂可以在石材上获得不同的肌理。

1. 石材切割机器人

麻省理工学院肖恩·科利尔纪念碑是力学软件辅助生形与机械臂精确切割相结合的典型案例，它以数字化技术加工石材，演绎出充满纪念仪式感的构筑物。在此项目中，高速旋转的锯片在3轴机械车床上接触石块表面进行负形加工。这类加工的主要优点是加工范围大，而且可以借助切割片的半径将石材垂直切断；劣势是切割端一次只能加工石材的一个面（图5-62）。在切割小尺度石材时可以采用机械臂，其优点是一次可以对石材的多个面进行加工；其缺点是加工半径受机械臂范围限制，需要加装履带等外部移动装备允许机械臂在更大范围内移动（图5-63）。

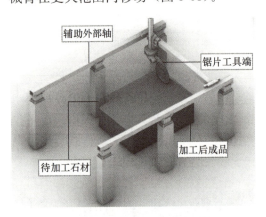

图5-62 大尺度石材切割设备

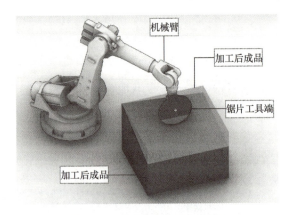

图5-63 小尺度石材切割设备

在加工过程中，不同方向的切割都需要砌筑工人对石砌块进行空间再定位。体积相对较小的石块可放入数控机器的作业空间，由数控铣床进行加工（图5-64），而较大的石块必须由KUKA kr500机器人进行切割。KUKA机器人被固定在轨道上进行XY平面上的移动。由于切割时会出现大量粉尘，机械臂前端配备有喷水设备。机器人可承受544kg的压力，并以2.5m/s的速度在石块上作业（图5-65）。

为满足个别石块的复杂几何加工要求，这些机器甚至需要连续工作几个星期。切割开始前，工匠将用于不同块面的石材进行编号，与Rhino数字模型一一对应（图5-66）。工人将这些石块固定在传送带上，逐一送到机械臂加工范围内进行切割。机器人根据G-code完成空间运动，运动过程中机械臂前部工具端对石块进行铣削切割作业，切割至完成面的2～3mm，再由工人进行打磨、烧灼等表面工艺，在此过程中石块表面也会被进一步打薄，最终完成石块的表面实际容差在0.5mm以内。

图 5-64　采用单轴机器石锯进行石板切割

（图片来源：《建筑机器人——技术、工艺与方法》）

图 5-65　KUKA kr500 机器人对大石块进行切割

（图片来源：《建筑机器人——技术、工艺与方法》）

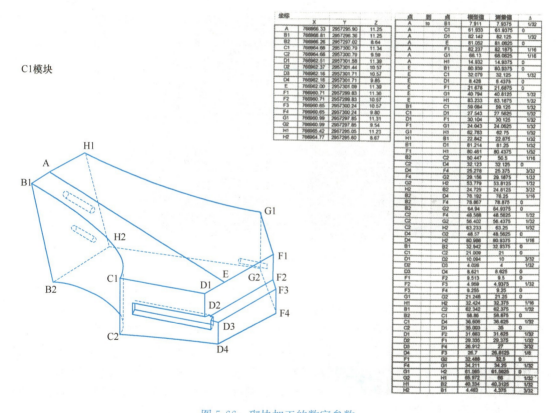

图 5-66　砌块加工的数字参数

（图片来源：《建筑机器人——技术、工艺与方法》）

在方法论层面，肖恩·科利尔纪念碑的设计过程是数字模型模拟和实体模型实验的往复推演过程。实体模型可以对设计进行物理测试，同时能够预演其安装程序。利用实体模型，可事先进行振动模拟及稳定性试验，数字模型可用于分析、优化设计，以较少的材料消耗确保设计的合规性。而机器人的精准操作保证了设计得以实现，将最原始的材料以最高的精度、最合适的力学特性进行加工建造。

石材运输与砌筑研究

工匠加固传统石材的一种常见思路是将其加工成形或装配的形态进行组装建造。然而在一些技术落后的地区，人们会凭借经验将原石以垒堆的方式形成坚固的整体。这样的操作凭借的是经验，源自于人们对于石块形态的观察以及掂在手心里对于它重心位置的感判断出入手的差。⋯⋯

随着计算机扫描与分析技术的发展，原本人类无法精确完成的最优垒堆方案正在逐步被实现。ETH 的一项研究课题——不规则几何的毛石累加堆集，正是针对石材的不同几何力学特征进行的资源优化重组研究。

在"碎石块的堆垒"项目中，由于碎石块的形状差别很大，所以研究人员开发了一种

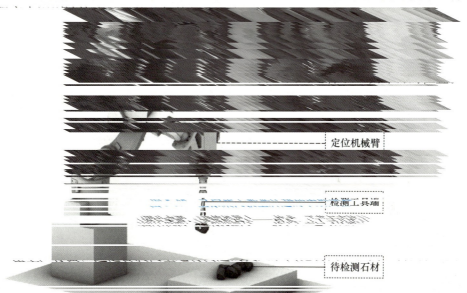

该项目研究将机器人建造技术与传统手工砌筑建造方式相结合，不仅是对机器人标准砌块砌筑建造方式的延伸，也是对传统千百年手工艺的重新演绎。与标准砌块砌筑相比，机器人不再是一个简单地服从代码完成建造的被动技术，而成为具有感知和判断能力的智能系统，展现了机器人智能建造工艺的巨大潜力。

石材在建筑上的应用已经有很长的历史，最初人们是由于难以获得坚硬的材质来保证建筑的耐久性，因此选用石材作为建筑材料，它往往用于被冠以"永恒"精神属性的建筑，仅人的人力、耗费的时间都不计成本。然而当代社会快节奏的发展不适用如此低效的

【本章小结】

本章内容主要包括智能建造工艺机器人的概念与分类、功能类型、技术工艺和应用案例。智能建造工艺机器人是实现智能化设计知识共享库的载体以及赋能手段。如今，建筑数字建造研究的关注点逐渐从理论和工具性转向实践和应用领域，越来越多的学者也尝试探索多样的材料系统从数字设计到机器人建造的可能性。本章从增材、等材、减材三类应用场景入手，总结了智能建造工艺机器人的概念、原理、技术、工艺、应用案例相关知识，建立了完整的智能建造工艺机器人知识体系。

思考与练习题

1. 智能建造工艺机器人有哪些种类？
2. 塑料打印工艺可分为_____和_____两种。
3. 机器人陶土层叠轮廓制造工具端包括_____、_____和_____三个主要部分。
4. 3D打印金属工艺的优点体现在哪些方面？
5. 机械臂碳纤维编织工艺的定义是什么？
6. 木材切割机器人按切割工具形式可分为_____、_____、_____三种类型。
7. 机器人辅助搭建工艺的优势有哪些？
8. 3轴龙门车床和机械臂切割机器人的不同之处体现在哪些方面？
9. 采用机械臂铣削石材工艺加工复杂石材构件的优势在于可以利用机械臂的_____操纵铣刀加工石材，显著提高了复杂石材构件_____。
10. 智能建造工艺机器人未来的扩展应用领域主要体现在哪些方面？

思考与练习题参考答案

6 全流程多场景智能建造机器人

【知识图谱】

全流程多场景智能建造机器人
- 工作场景与概念分类
  - 全流程多场景智能建造机器人的定义
  - 全流程多场景智能建造机器人工作场景与分类
- 主体结构建造机器人
  - 钢筋绑扎机器人
  - 现场焊接机器人
  - 布料机器人
- 感知定位机器人
  - 放线机器人
  - 航测机器人
- 物料运输机器人
  - 板材运输机器人
  - 码垛运输机器人
  - 通用运输机器人
- 质量检测机器人
  - 混凝土检测机器人
  - 幕墙检测机器人
  - 焊缝检测机器人
- 装饰装修机器人
  - 喷涂机器人
  - 抹灰机器人
  - 安装装配机器人
  - 地坪研磨机器人

【本章要点】

知识点1. 全流程多场景智能建造机器人的概念、功能类型与工作场景。

知识点2. 主体结构建造机器人的定义和结构、功能和技术、应用场景与典型式样。

知识点3. 感知定位机器人定义和结构、功能和技术、应用场景与典型式样。

知识点4. 物料运输机器人定义和结构、功能和技术、应用场景与典型式样。

知识点5. 质量检测机器人定义和结构、功能和技术、应用场景与典型式样。

知识点6. 装饰装修机器人定义和结构、功能和技术、应用场景与典型式样。

【学习目标】

（1）理解全流程多场景智能建造机器人的概念。

（2）熟悉全流程多场景智能建造机器人的主要功能类型和工作场景。

（3）了解不同类型、场景智能建造机器人的主要功能技术特征、应用领域以及式样特点。

6.1 全流程多场景智能建造机器人概述

6.1.1 现场建造机器人发展背景

1. 移动机器人现场建造

以往，数字建造技术对建筑产业应用的广泛影响更多地体现在非在场（Off-site）的装配预制化生产中。如今，机器整体自动化装配的现场建造（On-site）技术正代表了一种全面的、综合性的数字建造技术发展方向。随着传感器技术和自动化技术在设计和施工中的整合，现场建造技术不仅实现了效率提升，也通过机器建造与 BIM 等数字化设计建造流程的整合，有效提高了现场施工中的精准度和可控性。

移动机器人是现场建造技术的重要载体。20 世纪 90 年代初，在一些实验性的现场建造研究项目中，部分代替传统作业的移动机器人建造平台在建造速度和效率等各方面展现出了优势。如欧洲早期的"ROCCO"和"BRONCO"移动机器人建造研究项目实现了传统砌筑工艺全过程自动化的技术创新。21 世纪初，面对早期的现场建造机器人平台只针对传统标准化作业技术和非常严格的建造工艺流程，瑞士苏黎世联邦理工学院"DimRob"项目研究通过移动端和建造端的分离，利用可更换的机器人工具端实现了多种工艺的机器人集成。近年来，基于移动机器人平台的现场建造更加关注现场建造机器人的全自动化实现，以瑞士"In-situ Fabricator"等为代表的移动机器人建造项目从传感器集成、系统设计等角度展开广泛研究。随着移动机器人平台智能化程度的不断提升和对现场施工环境适应能力的不断增强，机器人现场建造已经能够深入建筑施工的整个流程和全部场景。

2. 机器人现场建造优势

现场建造机器人通常在建筑工程现场施工环境和流程中执行焊接、搬运、安装、检测等具体建造任务。建造机器人不但能够辅助传统人工建造过程，代替人完成更复杂的建造任务，甚至能在深海、深空、深地等极端环境下实现无人建造。目前，我国建筑业仍是劳动密集型产业，现场施工作业仍由大量工人完成，建筑工地劳务人员缺失、专业素质低下、用人成本逐年增加已成为行业痛点。因此，机器人现场建造在建筑业的推广应用成为当务之急，其具有以下几点优势：

（1）减少现场施工错误。机器人可以保证施工准确性，规避建设过程中的人为错误，既适用于施工现场工作，又适用于施工过程的调度和计划。

（2）保护劳动力工人。将机器人引入施工过程，改善了施工人员的工作条件，从而使其在更长的时间内保持更好的状态。机器人可以负责繁重的体力劳动，从而解放施工劳动力。

（3）改善建筑行业现状。建筑智能化将调高行业就业吸引力，年轻力量的涌入将为解决目前建筑业面临的劳动力短缺问题提供可能。

（4）提升建设质量。机器人不仅可以更快速地执行任务，还可以执行更高精度的任务，建造出更持久稳定的建筑结构，可在未来提供更长规划寿命期的建筑解决方案。

（5）更有效控制工期。施工过程的自动化可使工期定量化，通过不断提高机器人的自动化效率，可不断对工期进行优化，减少不确定因素对工期的影响。

3. 现场建造机器人技术特点

在建筑工程领域，现场施工的复杂度远远高于工厂结构化的生产环境，智能建造机器人所需要面临的问题比工业机器人复杂得多。因此，现场建造机器人相较于工业机器人有更多的技术特点：首先，现场建造机器人需要具备较大的承载能力与作业空间。其次，在非结构化环境工作，现场建造机器人在施工现场机器人不仅需要具备复杂环境下的导航能力，还需要具备在不同环境中的工作、避障等能力。此外，现场建造机器人面临更加严峻的安全性挑战。在大型建造项目中，机器人任何可能的碰撞、磨损、偏移都可能造成灾难性的后果，因此需要更加完备的实时监测与预警系统。最后，现场建造机器人与工业机器人的不同之处还在于二者在机器人编程方面的差异。工业机器人流水线通常采用现场编程的方式，一次编程完成后机器人便可进行重复作业。现场建造机器人以离线编程为基础，需要与高度智能化的现场建立实时连接以及实时反馈，以适应复杂的现场施工环境。

因此，面对复杂化、非结构化的现场施工环境和多样化、多层级的现场工作任务，发展全流程多场景智能建造机器人是提高建筑工程建造效率与安全水平、实现施工现场高质量快速建造的重要支撑。

6.1.2 全流程多场景智能建造机器人的概念、功能类型与工作场景

全流程多场景智能建造机器人是面向现场非结构化施工环境、全流程施工工序与多样化施工场景的一系列集成化、智能化机器人设备的总称。基于智能感知技术支撑，该系列的机器人能够在计算机系统的控制下实现多场景、多工序、高效率的自动化施工作业。根据现场建造的工作场景，全流程多场景智能建造机器人被划分为主体结构建造、感知定位、物料运输、质量检测、装饰装修等五种功能类型，并可依据具体工作任务种类进行细分（表6-1）。

全流程多场景智能建造机器人分类 表6-1

	工作场景	功能特点	典型工种机器人
全流程多场景智能建造机器人	主体结构建造	进行主体结构的建造工作，具备高精度的操作能力，能够准确、高效地进行建筑结构的组装和安装，提升施工速度和质量	钢筋绑扎机器人
			现场焊接机器人
			布料机器人
	感知定位	通过搭载传感器和视觉系统，能够感知施工现场的环境和物体，精确定位建筑元件和障碍物，为后续施工提供准确的定位和导航信息	放线机器人
			航测机器人
	物料运输	专门用于在施工现场内进行物料和设备的运输，可以自动化地搬运重物、运输材料，并且能够遵循预定路径，减轻工人的负担，提高物料运输的效率和安全性	板材运输机器人
			码垛运输机器人
			通用运输机器人
	质量检测	对施工质量进行检测和评估，通常搭载高精度测量设备（如激光扫描仪），能够对建筑结构进行精确的测量和验证，提供可靠数据和反馈，以确保施工质量符合要求	混凝土检测机器人
			幕墙检测机器人
			焊缝检测机器人
	装饰装修	用于建筑内部的装修和装饰工作（如涂料喷涂、墙面贴瓷砖和地板铺设），能够自动执行精细的装修任务，提高施工效率，确保装饰质量的一致性和美观度	喷涂机器人
			抹灰机器人
			安装装配机器人
			地坪研磨机器人

1. 主体结构建造

应用于主体结构建造工作的智能建造机器人主要包括钢筋绑扎机器人、现场焊接机器人、布料机器人等。

在施工现场,钢筋混凝土结构需要大量钢筋加工生产相关的施工操作,包括切割、弯折、绑扎等,均具有一定的操作难度。钢筋绑扎机器人的使用不但可以大幅度提高效率与精确度,还可以降低对作业工人的健康影响,减轻施工风险。施工工地上使用的钢筋绑扎机器人装备需要具备高度的移动性和紧凑性,帮助各个楼层的工人处理、定位和固定、局部加强钢筋元件,并满足临时部署的要求。传统基于劳动力的焊接作业,容易对工人的健康产生不利影响。焊接机器人具有智能化程度高、焊接质量稳定、一次探伤合格率高等特点,生产效率可提高一倍以上,并改善了劳动条件。该类别的机器人可以临时通过模板等小型系统将其连接到梁或柱上,也可被安装到待焊接的柱或梁接头移动平台上,以及较大规模的吊顶系统上(图6-1)。混凝土布料机器人被用于在大面积或模板系统上分配具有均匀质量的混合混凝土。使用高性能机器人与使用高性能混凝土供应泵是互补的。该系统范围从水平和垂直物流供应系统到紧凑型移动混凝土分配和浇筑系统,可在各个楼层较大的范围内运行。机器人通过简单预定动作,以准确方式重复运动,使混凝土分配和浇筑系统能够均匀分布混凝土(图6-2)。

图 6-1　日本发那科 6 轴焊接机器人
(图片来源:《建筑机器人——技术、工艺与方法》)

图 6-2　日本东急建设混凝土布料机器人
(图片来源:《建筑机器人——技术、工艺与方法》)

2. 感知定位

应用于感知定位工作的智能建造机器人主要包括放线机器人、航测机器人等。

在传统工程施工的物料起吊和转运中,对于定位和精准操作通常必须重复多次,并需借助另一个系统来辅助定位。定位辅助装置和机器人起重机端部执行器的技术融合改进了传统方法与流程,可以实现精确吊装与对位操作。该技术涵盖从相对简单的机器人末端执行器,到可将柱或梁定位,到允许精确定位和组装的多自由度末端执行器。基于单元构件定位的放线机器人可以作为单个实体或群体,并沿着桁架结构移动以组装、拆卸、定位和重新定位单个桁架元件。该系统可用于利用桁架元件建立多种形式的建筑结构。

当前,人类已面向民用和军事用途开发了大量不同规模和类型的航空飞行多轴机器人。与此同时,研究人员也将飞行机器人的监测和测量能力用于工程物流和建筑结构装配。然而,尽管在施工中使用航测机器人的优势明显,但在整体工程全面实施所面临的挑战仍是巨大的，如有效载荷、电源、组装方法、稳定飞行策略等制约。因此，研究人员正在重点研究飞行轨迹、算法、建筑模块化、组件连接器、组装顺序和自动化通道等相关技术方法。

3. 物料运输

应用于物料运输工作的智能建造机器人主要包括板材运输机器人、码垛运输机器人、通用运输机器人等（图6-3）。

施工现场的物流工作众多，耗时耗力。现场物流涉及物料的识别、运输、存储和转移，物流流程的自动化正成为施工现场的标准化工作内容。物流业务沿建筑工地的主要物流路线通过，明确规定了路径、物流系统与多种材料的相互作用的情况下，可以使用托盘和集装箱

图6-3　德国KUKA omniMove运输机器人
（图片来源：《建筑机器人——技术、工艺与方法》）

进行标准化，板材运输、码垛运输、通用运输等物料运输机器人随之产生。物料运输系统包括用于自动化材料的垂直传送系统，允许在地面或单个楼层上进行水平传送材料的系统，有助于托盘或材料传送系统，以及自动化材料系统储存解决方案。水平材料传送系统包括叉车式可移动机器人平台、基于地面的轨道或安装在天花板上的系统，或更小的物理解决方案。通过沿着具有与其他系统的标准化交互的预定义路线操作机器人，可显著降低控制和导航的复杂性。

4. 质量检测

应用于质量检测工作的智能建造机器人主要包括混凝土检测机器人、幕墙检测机器人、焊缝检测机器人等。

混凝土结构在施工或长期使用过程中不可避免地会出现裂缝等损伤，如果不及时发现并加以修补，不仅会影响外在美观更会影响混凝土结构的强度，存在安全隐患。目前人工检测作业效率低、成本高、危险系数大，混凝土检测机器人可灵活移动，且能够对混凝土管道、下水道等人员难以企及的地方进行拍照、摄像和检测，可节省较多人力，降低检测成本。

高层建筑的立面通常铺满瓷砖、玻璃幕墙或其他表皮材料，检测结构是否损坏并替换有掉落风险的屋顶或立面幕墙材料十分必要。传统通过从屋顶悬挂的吊笼或吊车对立面进行人工检测、清洁和维护的做法低效而危险，幕墙检测机器人能够自主执行这些任务并降低检测成本。在实践中，这些机器人系统也被证明可靠，并能够提供大量的性能数据。

钢结构建筑施工存在大量焊接作业，结构极易在焊缝处出现裂纹、凹坑、腐蚀等缺陷。传统人工携带机器设备的检测方法不仅耗费大量人力、物力和财力，而且还存在检测误差大、一致性差、环境和人为因素不能控制、检测效率低等问题。由移动机器人携带检测装备，在导航系统的引导下沿着焊缝行走并对焊缝进行检测具有快速、科学、安全等多方面的优势。基于爬壁机器人的焊缝智能识别以及自主导航是钢结构焊缝检测技术发展的必然趋势。

5. 装饰装修

应用于装饰装修工作的智能建造机器人主要包括喷涂机器人、抹灰机器人、安装装配

机器人、地坪研磨机器人等。

室内装修与整理工作的健康安全隐患较大。第一代室内装修机器人于1988—1994年期间投入使用，并结合非结构化场地发展，在速度和人力劳动要求方面相对于人工安装优势不大。随着研究继续进行，新型的具有成本优势的安装装配机器人系统正在研发，例如配备操纵器的用于定位、安装墙板的机器人移动平台系统，全自动化安装天花板的机器人系统等。由于装修工序、工种的多样性，可以定制适应各种现场条件和任务的模块化机器人系统，如用于墙壁上的砂浆、石膏刮平的抹灰机器人系统等。

图 6-4　德国 KUKA 立面喷涂机器人
（图片来源：《建筑机器人——技术、工艺与方法》）

涂装是装饰装修施工中较为烦琐的工序，喷涂机器人可以简化建筑立面的涂装效率以及整体效果。立面喷涂机器人在保持质量不变的情况下具有特殊优势，其具有能通过同步模式操作的多个喷嘴，喷嘴通常被封装在被覆盖的喷头构造中，可以防止涂料溢出，连续喷涂的质量通过参数化实现控制。此外，喷涂机器人可以保护人不受到有害的油漆或者涂料物质的侵害，也可以安装在不同的立面移动系统进行喷涂作业（图 6-4）。

在地坪研磨机器人发明以前，建筑工人需以弯曲姿势平整混凝土地面数小时。第一台混凝土研磨机器人在 1986 年被投入商业使用，以协助整理大型建筑物的混凝土地板。这些机器人能够以预定义的模式操作，大多数系统可以配备不同类型的旋转末端执行器，例如旋转刨刀刀片或推动盘，操作模式包括直接遥控、自动导航等，并可以沿着预编程路线避障，陀螺仪和激光扫描仪也在预编程的行进路线内进行辅助导航和运动规划。

6.2　主体结构建造机器人

6.2.1　钢筋绑扎机器人

1. 钢筋绑扎机器人的定义和结构

在建筑领域，混凝土结构的钢筋绑扎是一个耗时的、逐根进行的手工过程。在大型土建项目中，项目进度会直接受到钢筋绑扎时间的影响，因此钢筋笼通常在现场之外预先制造好，然后运送到现场，并进行永久性的安装。这种安装方式缩短了总体施工时间，但并不改变钢筋仍然需要手工制作的现实。钢筋绑扎机器人的出现旨在提高施工效率、降低劳动力成本以及改善施工质量。国内外各建筑单位已广泛开展钢筋绑扎机器人在建筑行业的应用研究。这些机器人通常配备了视觉系统，能够自动识别建筑设计中钢筋的位置和布局。它们使用机械臂和其他自动化装置将钢筋绑扎在一起，取代了人工绑扎的过程。钢筋绑扎机器人的核心厂商主要包括 Advanced Construction Robotics、SkyMul、Taisei Corporation、Ken Robotech 和中建科技集团有限公司等。钢筋绑扎机器人通常由多个部分构成，这些部分协同工作以实现钢筋绑扎的自动化过程：

（1）机械臂：机械臂是机器人的核心部分，用于定位、抓取和处理钢筋。它通常具备多个关节，类似于人的手臂，以实现灵活的运动和定位。

（2）传感器：传感器用于检测和感知周围环境以及钢筋的位置。这些传感器可以包括摄像头、激光雷达、深度传感器等，用于实时定位和识别钢筋。

（3）控制系统：控制系统是机器人的大脑。控制系统接收来自机器人各个传感器的数据，这些数据用于定位、识别钢筋的位置、形状和状态，从而指导机器人的操作。在执行绑扎任务时，控制系统需要将机器人的坐标系统与钢筋或工作区域的坐标系统进行转换。控制系统可以是嵌入式控制系统或连接到外部计算机的控制单元。

（4）绑扎工具头：绑扎工具头将绑扎材料拉出、切割到适当长度，然后将其固定在钢筋上，同时绑扎工具头需要具备足够的夹持能力，能够牢固地抓住钢筋，以确保绑扎过程中钢筋不会松脱。这对于绑扎的稳定性和质量至关重要。

2. 钢筋绑扎机器人的功能和技术

钢筋绑扎机器人的主要功能是在建筑和构造项目中自动执行钢筋绑扎任务，以取代传统的手工绑扎过程，具体如下：

（1）定制化自动绑扎：钢筋绑扎机器人能够自动将绑扎材料（如钢筋绳）绕绑在钢筋上，形成稳固的结合，从而实现钢筋的捆扎。钢筋绑扎机器人具备适应不同尺寸、形状和类型的钢筋的能力，使其能够在各种建筑和构造项目中发挥作用，可以支持不同的绑扎方式，例如单圈绑扎、双圈绑扎等，能够自动调整绑扎工具头位置和夹持力，以适应各种钢筋特点。

（2）定位和识别：钢筋绑扎机器人具备精确定位和识别钢筋的能力，以便进行精确的绑扎操作。通过激光雷达、摄像头和深度传感器等设备，机器人可以获取钢筋的实时数据，准确地确定其位置、形状和状态。

（3）多机器人高效协同：在钢筋绑扎任务中，多个机器人可以同时处理不同位置的钢筋，加快施工进度。在钢筋绑扎任务中，通过合理分配绑扎机器人的数量和位置，可以最大程度地利用机器人的绑扎能力，同时避免资源的过度浪费。

（4）信息记录与监控：部分钢筋绑扎机器人配备数据记录功能，能够记录绑扎任务的关键信息，如绑扎时间、位置和数量。这些数据对于工程管理和质量控制至关重要，能够用于生成报告、分析绑扎效率，并帮助管理人员监控项目的进展。

3. 钢筋绑扎机器人的应用领域

钢筋绑扎机器人的应用领域主要包括：

（1）桥梁建设：桥梁建设通常有大量的钢筋绑扎工作，而且桥梁的结构复杂，需要高精度的绑扎操作。钢筋绑扎机器人可以在桥梁建设中快速、准确地执行绑扎任务，提高施工效率并确保桥梁的结构稳定性。

（2）楼房和高层建筑：在楼房和高层建筑施工中，大量的钢筋需要绑扎以确保建筑物的强度和稳定性。钢筋绑扎机器人可以在不同楼层和位置执行绑扎任务，加速施工进度，同时减少了工人的劳动强度。

（3）地下隧道：地下隧道的建设也需要大量的钢筋绑扎工作，而且作业环境较为狭小和封闭。钢筋绑扎机器人可以在有限的空间中执行绑扎任务，减少了人工操作的难度和风险。

(4) 基础和地基工程：在基础和地基工程中，钢筋的布置和绑扎对整个结构的稳定性至关重要。钢筋绑扎机器人可以在地下和狭小的工作空间中执行绑扎任务，确保地基的强度和耐久性。

(5) 混凝土预制构件制造：在混凝土构件的制造过程中，确保构件的质量和一致性。

4. 钢筋绑扎机器人的典型式样

布雷曼建筑公司（Brayman Construction Corporation）发明了 TyBot，其是一种自主机器人臂，安装在龙门起重机上，利用人工智能和机器视觉技术来定位钢筋交接点并连接打结。TyBot 可以节省高达 50% 的桥面钢筋工作量——另一半的桥面钢筋工作是工人先搬运和放置钢筋，然后固定大约 1/10 的扣环来保持其位置，TyBot 完成剩下的绑扎工作。

中建八局研发的 RBBD-Bot2.0 机器人配备了移动底盘，使其能够在不同的施工场景中灵活移动，例如普通现浇混凝土楼板、地下室大底板和钢筋桁架楼板。这款机器人采用了 6 自由度、超轻量和高负载的仿人机械臂，结合先进的视觉识别系统和机器学习算法，能够智能识别多个钢筋绑扎点，并根据不同场景的需求进行适应性绑扎。除此之外，该机器人还配置了移动端操控系统，方便用户设置钢筋规格参数，并能自主规划行走路径和执行绑扎操作，操作简单方便。同时，机器人还搭载了监控摄像头，可记录和观察机器人在绑扎工作中的表现，为监管和评估提供实时数据支持。

6.2.2 现场焊接机器人

1. 现场焊接机器人的定义和结构

机器人焊接可以提高焊接过程的稳定性、焊缝成型质量，改善劳动条件，提高生产效率。同时，它还可以明确产品周期，有效控制产量，缩短产品更新换代周期，减少设备投资。随着工业技术的不断进步，工程中使用大型焊接结构的情况越来越多，这导致大量的焊接任务需要在安装现场完成。实现焊接作业的自动化对于提高效率和质量至关重要。因此，现场焊接机器人因其结构简单、适应性强以及能够在非结构化环境下工作等特点而成为提高生产效率和焊接质量的最佳选择。

现场焊接机器人在结构安装现场具有多种作用和功能，可根据不同特点对其进行分类。根据移动方式不同可分为轨道式现场焊接机器人和移动式现场焊接机器人。轨道式现场焊接机器人采用刚性轨道或柔性轨道，能够在焊接过程中精确移动和定位。移动式现场焊接机器人包括轮式、履带式和轮履复合式现场焊接机器人，能够在施工现场自由移动和定位。根据焊接工作部位不同分类，可分为垂直焊接机器人和水平焊接机器人。根据具体应用需求和技术发展，还可以有其他不同的功能和分类方式。

现场焊接机器人通常由机器人主体、焊接执行系统、控制系统和传感器组成：

(1) 机器人主体：现场焊接机器人的主体通常由牢固而灵活的机械结构组成，具备移动能力，以适应施工现场的复杂环境。根据施工现场的需求，机器人主体可能有不同的形式，如轮式、履带式或轮履复合式。

(2) 焊接执行系统：焊接执行系统是机器人的核心部分，通常包括焊缝跟踪传感器、焊枪调节装置、焊接功率源等组件。焊缝跟踪传感器用于实时监测焊接路径，确保焊接的准确性和稳定性。焊枪调节装置用于控制焊枪的位置和角度，以适应不同焊接任务的需求。焊接功率源则提供所需的电弧和热能，实现焊接过程。

（3）控制系统：控制系统负责对机器人进行精确的运动控制和焊接参数的调节。它可以根据预设的程序和算法，协调机器人的运动和焊接操作，确保焊接的质量和稳定性。控制系统还可以实现与人机界面的交互，允许用户进行参数设置和监测操作。

（4）传感器：传感器在现场焊接机器人中起到重要作用，用于检测环境条件、焊接过程和焊接质量。常见的传感器包括激光测距仪、力传感器、视觉传感器等，它们可用于测量结构的尺寸、姿态和表面状况，以及监测焊接过程中的力量和变形等。

现场焊接机器人还可能包括：冷却系统，用于保证焊枪和其他热敏部件的正常工作；工作台/支架，用于固定机械手臂和焊接工件；通信系统，用于与其他设备或人员进行数据交换和远程监控；安全装置（如防护罩、急停开关和传感器等），以确保焊接过程的安全性和人员的安全。这些附加部件的使用有助于提高现场焊接机器人的性能和工作效率。

2. 现场焊接机器人的功能和技术

现场焊接机器人的主要功能包括：

（1）自动化焊接：现场焊接机器人能够根据预设程序和参数进行自动焊接作业，通过精确地运动控制和焊接参数设定，实现高质量的焊接，减少人工操作的需求。

（2）焊缝跟踪：现场焊接机器人配备焊缝跟踪技术，能够准确识别焊缝位置和形状，保持焊枪始终在焊缝上进行焊接，确保焊缝质量的一致性和准确性。

（3）自适应性：现场焊接机器人具备适应不同工件尺寸、形状和位置的能力。通过传感器和实时控制，机器人能够自动调整焊接路径和参数，以适应不同工装和工件的变化。

（4）高效率和稳定性：机器人焊接能够以稳定的速度和重复性执行焊接任务，从而提高焊接效率、减少工时，并保证焊接质量。

（5）远程控制和监控：现场焊接机器人可以配备远程控制和监控系统，使操作人员能够远程实时监控和控制机器人的运作，提高操作的灵活性和便利性。

这些功能使得现场焊接机器人成为在需要大量焊接作业的工业环境中提高焊接效率、焊接质量和安全性的重要工具。

3. 现场焊接机器人的典型式样

瑞士苏黎世联邦理工学院（ETH Zurich）为了实现在工地上进行移动式制造，研究参考了非传统钢筋混凝土结构的建筑构造系统（Mesh Mould），使用了一台名为"In Situ Fabricator"（IF）的移动机器人进行钢筋网的制造。机器人用柔性臂将钢筋逐层焊接成双面空心的网状结构，并配合视觉传感系统实现了对制造过程的实时反馈和自适应调整，以保证制造的准确性。其金属网状结构既可作为灌注混凝土的形式模板，也可作为混凝土的加固钢筋。该研究展示了移动机器人在建筑工地上的应用潜力，有望为建筑设计和施工工艺带来革新（图6-5）。

上海建工机施集团研发了国内首台具有实用性的地下连续墙钢筋笼焊接机器人。该机器人长2m、宽9m、高2.5m，设有6把焊枪独立工作，可以自动横向、竖向移动定位焊点，人机交互的界面还可以快速设置不同的焊接参数。焊点定位采用机械式相对定位技术。

图 6-5　ETH Zurich 的移动式金属模板焊接机器人
(图片来源：《建筑机器人——技术、工艺与方法》)

6.2.3　布料机器人

1. 布料机器人的定义和结构

布料机器人是一种用于混凝土输送和布料的高度自动化设备，其主要任务是将混凝土材料以极致精确的方式输送和分布到施工现场的特定位置。该机器人通常由多个关键部分组成，包括机械结构、输送系统、控制系统以及各类传感器等，共同协同工作以实现其高效、准确的功能：

（1）机械结构：通常由底盘、臂架和操作平台构成。底盘不仅为机器人提供了稳定的移动支持，还确保了在不同地形和环境中的平稳操作。臂架则负责支撑和控制混凝土输送装置，能够在精确的位置进行布料。操作平台则为操作员提供了一个监控和操作的界面，能够实时监测和调整机器人的运行状态。

（2）输送系统：被视为混凝土布料机器人的核心，使命在于将预先搅拌好的混凝土从搅拌机等设备输出，并输送至机器人的喷射口。这个系统的设计和性能直接关系到机器人的布料效率和准确性。

（3）控制系统：是混凝土布料机器人的智能化核心，负责指挥和控制机器人的各个部件协同工作。通过控制系统，机器人可以根据预设的施工要求和参数，实现混凝土的精准输送和分布。控制系统还可以实现自动化的喷射角度和流量调整，以适应不同施工场景的需求。

（4）传感器：是混凝土布料机器人不可或缺的感知工具，一般包括激光扫描仪、摄像头以及压力传感器等。这些传感器用于感知施工环境的各个方面，监测混凝土布料过程中的关键参数。通过传感器反馈的信息，机器人能够实现自主导航、避障和实时调整施工参数等功能，从而显著提升施工的准确性和效率。

2. 布料机器人的功能和技术

布料机器人能够在混凝土施工过程中取代传统的人工布料方式，具备自动化、高效率和高精度的特点。它不仅可以提高施工质量和工作效率，减少人力消耗和劳动强度，还可以适应不同的施工场景和要求，为混凝土施工带来更多便利和创新。

布料机器人的主要功能是将混凝土材料按照预定的布料方案，精确地输送到指定位置，具体如下：

（1）混凝土输送：机器人能够有效地将预先搅拌好的混凝土输送至施工现场的指定位置，通过可伸缩的输送管道，它能够将混凝土精确地输送到需要的地方，从而减少人力搬运的需求，提高施工效率。

（2）精确布料：布料机器人可以自动将混凝土倒入预定的施工区域或模具中。机器人采用精确的定位和控制技术，通过精确控制布料的流动和分布，可按照设计要求将混凝土布料到指定区域，并确保混凝土在施工过程中的均匀一致。

（3）自主化操作：布料机器人配备智能控制系统，能够自主完成布料任务，无需人工干预。

（4）协同工作：布料机器人可以与其他自动化设备和系统集成，形成完整的混凝土施工系统。通过自动化流程，可以大幅提高施工效率、减少人为操作的风险并降低成本。

（5）施工现场安全：布料机器人的应用能够显著减少施工现场中的人工操作，从而避免了混凝土搅拌和布料过程中可能遇到的危险和风险。布料机器人的应用有助于提升施工现场的整体安全性，并保护工人的身体健康。

3. 布料机器人的应用领域

布料机器人的应用领域主要包括：

（1）建筑施工：布料机器人在建筑施工领域得到广泛应用。无论是房屋建设、桥梁施工还是隧道工程，机器人都能够在混凝土结构施工过程中高效地进行布料工作。机器人可以准确地将混凝土均匀分布在指定位置，确保结构的稳定性和强度。

（2）道路建设：在道路修建过程中，布料机器人也有重要作用。机器人能够将混凝土精确地分布在道路表面，提高道路的平整度和耐久性。这对于道路质量的提升和交通安全具有积极影响。

（3）基础设施建设：布料机器人在基础设施建设项目中扮演重要角色。例如，用于水坝、码头、风电场等大型工程的混凝土施工。机器人的高效布料能够加速工程进度，确保基础设施的稳固性和可靠性。

（4）预制构件生产：在预制混凝土构件生产线上，布料机器人也发挥着关键作用。机器人可以精准地将混凝土倒入模具中，确保构件的准确尺寸和质量。这有助于提高生产效率，减少人为误差，并确保预制构件的一致性和可靠性。

4. 布料机器人的典型式样

布料机器人能够实现自动化的混凝土输送和布料过程，提高施工效率、质量和安全性。同时，布料机器人还可以减轻工人的劳动强度，提高工作环境的安全性。布料机器人的应用使得混凝土施工更加高效、精确和安全，减少了人力劳动，提高了工程质量和生产效率，对于大规模的工程项目尤其有价值。

AutoPilot 2.0是一种滑模式布料机器人，减少了画线、测量和安装的工作量。同时，工作人员可以在不受线缆影响的情况下完成工作。该机器人适用于铺设混凝土安全护栏、路缘、排水沟轮廓或交通岛等施工任务，同时也可用于道路表面的铺设，最大宽度可达11.5英尺（3.5m）。

布料机器人一（图6-6左）凭借其智能控制与自动化技术的应用，成功实现了在相较传统方法减少2~3名工人投入的前提下，提升了布料质量，同时降低劳动强度。更为重要的是，该机器人在推动高精度地面工程施工方面发挥了重要作用，其产品线涵盖了12m、15m、18m、20m四种不同型号，以满足各种布料场景和半径需求，为地库、楼层等混凝土浇筑工程提供了切实的解决方案。

布料机器人二（图6-6右）旨在从超高层外围钢结构楼承板的混凝土布料出发，同时以基础筏板混凝土浇筑作为测试场景。其目标是通过引入遥控布料机器人，探索可行性方案，无论是替代人工还是减少人工的使用，从而实现劳动力的解放和劳动强度的减轻。这一努力不仅显著提升了现浇混凝土施工过程的机械化和自动化水平，还能够进一步优化施工流程，提高工作效率以及现场作业环境的安全性。这种探索为现代化建筑施工领域带来了创新和机遇，推动了技术应用与工程实践的紧密结合。

布料机器人一　　　　　　　　　　　　布料机器人二

图6-6　混凝土布料机器人示意图

（图片来源：左图博智林提供，右图中建八局提供）

6.3　感知定位机器人

6.3.1　放线机器人

1. 放线机器人的定义和结构

放线机器人又被称为放样机器人，旨在取代建筑施工中烦琐的人工放样过程，将虚拟设计信息映射到实际建筑现场。通过自动化技术，放线机器人能够紧密结合BIM模型信息，具备环境导航能力，从而使建筑施工过程更加高效和精确。放线机器人主要构成部分如下：

（1）机器人结构：放线机器人的机体通常由底座、运动部件和控制面板组成。底座提供稳定的支撑，运动部件负责机器人的移动和定位，控制面板用于监控和操作机器人。

（2）全站仪定位：放线机器人利用全站仪实现精确定位。机器人搭载全向棱镜，全站仪能够实时跟踪棱镜，并与机器人进行实时通信，确保定位的准确性。

（3）控制系统：通过实时的位置信息和BIM模型地图，控制系统能够规划出放线的轨迹。这使得放线机器人能够利用喷涂等方式在施工现场绘制各类参考线，为后续建造过程提供准确的位置。

2. 放线机器人的功能和技术

放线机器人的主要功能在于将 BIM 模型中的虚拟设计信息转化为实际的建筑施工参考线，以提高施工效率和准确性。其具体功能如下：

（1）自动化放样：放线机器人能够自动将 BIM 模型中的设计信息转化为实际的参考线，取代了传统的人工放样环节，从而极大地提高了工作效率。

（2）精准定位：通过全站仪定位技术，放线机器人能够实现高精度的定位，确保参考线的准确性，为后续的建造提供了可靠的基准。

（3）数据融合：结合 BIM 模型信息，放线机器人能够将虚拟设计与实际施工环境相结合，实现数字化的工作流程，减少了信息转换可能带来的误差。

（4）自主操作：通过智能控制系统，放线机器人能够在无需人工干预的情况下自主完成放样任务，降低了人工操作的需求。

3. 放线机器人的特性优势

机器人放线相对于传统的人工放线，具备诸多优势：

（1）改善 BIM 模型的利用率：放线机器人提高了 BIM 模型的应用效率和价值，降低了应用的成本。

（2）提升施工过程的可控性：放线机器人使放线的时间和位置都可以精确控制，不再依赖特定的施工班组和人员。同时，放线机器人能够实现多专业、多工作区域的同时放线，提高了整体效率。

（3）增强管理效率：机器人减少了由人工参与导致的现场错误，放线工作大部分由机器人完成，从而降低了多人协同管理的难度，实现了由"人监管人"向"人监管机器"的管理模式转变。

（4）超越专业限制：放线机器人操作简单，新手也能完成复杂的测量任务。它的学习成本低、培训周期短，每个人都有可能成为一名测量员。

（5）提升数据对应度：每个放线点在电子图纸中的坐标、放线时刻、偏离误差等信息都一一对应，自动记录在控制平板电脑中，不支持人为修改。

（6）生成报告：放线机器人可生成放线报告、现场报告和偏差报告，实现了数据的可追溯性。

放线机器人是建筑施工领域的重要技术创新，通过自动化和数字化的手段，提高了施工效率、准确性和管理水平。其在建筑、道路、基础设施等多个领域中的应用，为行业带来了更大的便利和可能性。随着技术的不断进步，放线机器人将在未来发挥更为广泛和重要的作用，推动建筑施工迈向智能化、数字化的未来。

4. 放线机器人的应用领域

放线机器人在多个应用领域都具有潜在的价值，主要包括：

（1）建筑施工：放线机器人在建筑领域得到广泛应用，能够实现快速而精确的放线，提高了施工的效率和准确性。

（2）道路建设：放线机器人能够在道路施工中绘制道路标线等，提升了道路的整体质量和可用性。

（3）基础设施建设：放线机器人适用于水坝、码头、桥梁等基础设施工程，减少了人工放线的风险和成本。

（4）数字化工程：放线机器人为数字建造工艺提供了更高的精确度，实现虚拟设计与实际施工的无缝衔接。放线机器人的革新为建筑施工带来了自动化和数字化的变革。通过智能化的定位技术和数据融合，放线机器人不仅提高了施工效率，还减少了人工操作的风险，为建筑行业带来了新的可能性。随着技术的不断发展，放线机器人有望在更多领域展现其价值，推动建筑施工向着数字化和智能化的方向迈进。

5. 放线机器人的典型样式

Field Printer 是由 Dusty Robotics 公司推出的一款自主布局产品。其典型样式呈现现代化的外观设计，包括移动底座和控制单元。移动底座采用多轮设计，使得机器人能够在施工现场自由移动并实现精准定位。控制单元整合了计算机和各类传感器，用于实时跟踪并与全站仪进行通信，从而实现自动化的放线操作。

天宝 BIM 放线机器人利用 BIM 模型和高精度自动测量仪器，在施工现场实现多专业三维空间放线。其外观现代，硬件包括全站仪主机、外业平板电脑等，软件支持 Trimble Field Link 软件及基于 Revit 和 CAD 的插件。智能放线过程实现自动化，Autostationing 技术实现自动定位，高精度测量确保放线的准确性。机器人支持多专业同时放线，简化了工作流程，实现了数据的多方面应用。

6.3.2 航测机器人

1. 航测机器人的定义和结构

航测机器人也被称为航空测绘机器人，是利用飞行器作为载体，结合高精度传感器和摄影设备，通过航空摄影、激光扫描等技术实现地面、地表及建筑物等目标的高精度测量和数据采集的自动化系统。其核心目标在于借助自主飞行的无人机或无人直升机等飞行器，以高精度的传感器捕捉目标区域的空间数据，进而生成精确的地图、地形模型和三维建模数据，为各行业的决策和规划提供有力支持。

这类机器人的结构通常由以下几个核心部分组成：

（1）飞行平台：载体通常是无人机或无人直升机，其设计与构造要求轻巧、稳定，以确保飞行的平稳性和高效性。

（2）传感器和摄影设备：高分辨率相机、激光雷达等高精度传感器装载于飞行平台上，用于捕捉地面目标的图像和数据。

（3）导航和控制系统：这一部分负责飞行器的自主飞行和定位，保障其能够在特定的航线上执行测量任务。

（4）数据处理单元：通过搭载的计算机系统，对传感器捕捉的图像和数据进行处理和分析，生成最终的测量结果。

2. 航测机器人的功能和技术

航测机器人具有高精度测量与制图、航迹规划与导航、多源数据融合、环境感知与避障、数据实时反馈等多重功能，这些功能不仅能够为各领域提供准确全面的数据支持，同时也确保了飞行过程的安全性与实时性。

（1）高精度测量与制图：航测机器人搭载先进传感器，如 LiDAR（激光雷达）和高分辨率相机，能够在空中获取地面数据，实现高精度的测量和制图，生成准确的地图、地形模型和三维建模数据。

(2) 航迹规划与导航：航测机器人通过内置的导航系统和自主飞行技术，能够规划飞行航迹并自主导航，确保飞行的准确性和安全性。

(3) 多源数据融合：航测机器人可以将不同传感器获取的数据进行融合，如将 LiDAR 数据和图像数据相结合，从而获得更丰富的信息，提高数据的综合性和准确性。

(4) 环境感知与避障：航测机器人配备环境感知系统，能够实时监测周围环境，避免与障碍物发生碰撞，确保飞行的安全性。

(5) 数据实时反馈：航测机器人可以通过无线通信技术将获取的数据实时传输到地面站，使决策者能够及时获得最新信息，作出准确决策。

3. 航测机器人的应用领域

航测机器人广泛应用于建筑测量规划、施工监督与进度管理、室内空间建模、立面检查与维护、遗产保护与文化遗址研究以及高空施工任务，为各领域提供精准数据支持。

(1) 建筑测量与规划：航测机器人在建筑领域可用于测量建筑物的尺寸、形状和高度，生成精确的建筑平面图、立面图和立体模型，为建筑设计和规划提供依据。

(2) 施工监督与进度管理：航测机器人能够定期监测施工现场，捕捉建筑物的实际状态和进度，与设计模型进行比对，帮助项目管理人员识别潜在问题并调整工程进度。

(3) 室内空间建模：航测机器人可以在室内环境中进行数据采集，生成室内空间的三维模型，为室内设计和装修提供参考。

(4) 立面检查与维护：航测机器人可以飞越建筑物外立面，检查可能存在的瑕疵和损坏，帮助维护人员及时发现并处理问题。

(5) 遗产保护与文化遗址研究：航测机器人可以用于建筑遗产和历史文化遗址的快速勘测和建模，为遗产保护和历史研究提供支持。

(6) 高空施工：航测机器人在高空环境中可执行施工前的测量和规划任务，为高空作业提供数据支持，提高施工安全性和效率。

4. 航测机器人的典型式样

航测机器人的典型式样呈现多样化，其中包括多旋翼无人机、固定翼无人机以及激光扫描无人机。这些类型的机器人在不同的应用场景中展现出不同的特点和功能，为数据采集和空间信息获取提供了多重解决方案，推动了测绘技术的进步与应用的拓展。

(1) 多旋翼无人机作为航测机器人的代表之一，具备垂直起降和悬停能力，使其在近距离低空飞行时表现卓越。其出色的机动性使其能够在狭小的空间内进行高效操作，这在城市环境或复杂地形中具有显著优势。多旋翼无人机常搭载着相机、激光雷达等高精度传感器，借助这些设备，其能够以高分辨率获取地表数据，从而完成制图、测量和监测任务。这种机器人在城市规划、土地调查等领域发挥了重要作用，为数据采集提供了高效解决方案。

(2) 固定翼无人机也是航测机器人的典型类型之一，具有更长的续航能力和飞行距离。相对于多旋翼无人机，固定翼无人机的飞行方式更接近传统飞机，通常采用滑翔或螺旋桨飞行。这使得固定翼无人机适用于广阔区域的测量，如大规模的地理勘测或资源调查。固定翼无人机搭载着各类传感器，能够高效获取大范围区域的数据，为规模化数据收集提供了强有力的工具。其在农业、森林资源管理等领域被广泛应用，为环境监测和资源管理提供了支持。

（3）激光扫描无人机是另一种独具特点的航测机器人类型。激光扫描无人机以搭载激光雷达为特点，通过激光点云数据建立地面高精度的三维模型。这种技术在制图、地形模型、建筑物扫描等领域广泛应用。激光扫描无人机能够高效获取丰富的空间信息，为建筑设计、地理信息系统以及文化遗址保护等提供高质量的数据支持。

6.4 物料运输机器人

6.4.1 板材运输机器人

1. 板材运输机器人的定义和结构

板材运输机器人是一种特殊设计的自动化设备，用于处理和运输各种类型的板材，包括木材、金属、塑料等。这种机器人可以在各种工业环境中使用，包括建筑木工、金属加工和制造。板材运输机器人通常由以下部分组成：

（1）移动平台：这是机器人的基础，具有马达和轮子等设备，以便在工作场所内移动。

（2）搬运装置：这些装置用于抓取和搬运板材，可能是机械手臂、吸盘、夹具等。

（3）传感器和相机：这些设备用于检测环境和辨识板材，可能包括深度相机、红外传感器、激光雷达（LIDAR）等。

（4）控制系统：这是机器人的"大脑"，它接收来自传感器的数据，通过算法和决策逻辑控制机器人的行动。

这种机器人的主要优点是可以提高生产效率、降低劳动强度、减少工伤风险，并且可以在人难以工作的环境中运行。

2. 板材运输机器人的功能和技术

板材运输机器人是为搬运板状物体而设计的机器，其核心功能和技术主要包括：

（1）自动导航技术：机器人可以通过内置的传感器和导航系统，在工厂或仓库中自主定位和导航，确保板材准确无误地从起始地点运送到目的地。

（2）抓取技术：机器人需要有强大且灵活的机械臂和端执行器，能够稳定并安全地抓取各种尺寸和重量的板材。

（3）视觉识别：通过摄像头和图像处理软件，机器人可以识别不同类型和尺寸的板材，以及识别环境中的障碍物，确保搬运过程的顺畅。

（4）载重能力：根据应用需求，机器人需要有足够的载重能力来搬运重型板材。

（5）安全特性：为防止与人或其他物体发生碰撞，机器人通常配备有紧急停车系统、障碍物检测传感器等。

3. 板材运输机器人的应用领域

板材运输机器人在建筑领域的应用主要集中在以下几个方面：

（1）预制构件制造：在预制建筑构件的生产中，如预制混凝土墙板、楼板等，机器人可用于搬运和定位这些大型板材。

（2）建筑玻璃安装：对于大型的建筑玻璃，尤其是高层建筑的幕墙安装，机器人可以提供精准的搬运和安装帮助，大大提高工作效率并减少人为风险。

（3）石材搬运和安装：在住宅或公共建筑中，大型石材的使用相对较多。机器人可以减少石材搬运和安装中的人工劳动强度。

（4）木工施工：对于大型的木质结构或装饰面板，机器人可以协助进行快速、准确的搬运和定位。

（5）建筑废料处理：在建筑拆除或改造过程中，机器人可以协助搬运大块的废旧板材，提高废料的回收率。

（6）安全和监测：在建筑施工过程中，机器人除了搬运板材外，还可以配备传感器进行施工现场的安全监测，如检测是否有超载或倾斜风险。

（7）与 BIM 系统集成：通过与建筑信息模型（BIM）系统集成，机器人可以实现更加精准的搬运和安装，确保施工与设计完全一致。

4. 板材运输机器人的典型式样

Balyo 是一家专注于自动化物流的公司，其产品有通用性板材运输机器人 LOWY CB。该机器人能够自动操控和搬运板材，大大提高了物流效率。Balyo 的自动引导叉车可以通过先进的导航系统自主运行，无需人工干预，可以在仓库、制造厂或者其他物流中心独立执行搬运任务。这些叉车机器人配备有传感器和相机，以确保运输过程的安全，并且可以在繁忙的工作环境中准确地搬运和定位板材。LOWY CB 板材搬运机器人基于标准工业化平衡重堆垛机，可以从地面拾取需要的板材并放到高 3864mm 的货架上，其负载能力高达 1600kg。凭借其无需基础设施的导航系统，LOWY CB 可大幅节约成本，同时保持运营灵活性。

Vecna Robotics 是一家致力于生产自动化物流设备的公司。该公司生产的自动搬运机器人可以用于多种场景，包括板材运输。Vecna Robotics 生产的机器人以其灵活性和可扩展性闻名，可以根据需求进行扩展或修改。这些机器人配备有视觉系统和各种传感器，可以在复杂的环境中导航和执行任务，如在仓库中排序、搬运和存储板材。这些机器人使用复杂的视觉系统和传感器来理解周围环境，并利用高级算法进行路径规划。它们可以自动避开障碍物，从而安全有效地在复杂的工作场所中移动。Vecna Robotics 生产的机器人的另一个显著特点是它们可以轻松地集成到现有的工作流程中。这是因为这些机器人能够与各种企业资源规划（ERP）和仓库管理系统（WMS）进行无缝集成，使得在仓库或制造线上的工作效率大大提高。此外，Vecna Robotics 生产的机器人也以其强大的搬运能力而闻名。它们可以搬运各种类型和大小的货物，包括板材。这种灵活性使得他们能够在各种环境中工作，包括木材厂、钢铁厂和其他需要搬运板材的场所。

6.4.2 码垛运输机器人

1. 码垛运输机器人的定义和结构

码垛运输机器人是一种用来自动执行工作的机器装置，使用中它可接受人的指挥，又可正确地运行预先编排的程序，能根据用人工智能技术制定的原则纲领行动，将已装入容器的物体按一定排列码放在托盘、栈板（木质、塑胶）上，进行自动堆码，可堆码多层，然后推出，便于叉车运至仓库储存。其目的是协助或取代人类的重复工作，生产业、建筑业都可应用。码垛运输机器人的诞生是现代工业生产和物流行业对高效率、高准确度和高自动化需求的自然结果。随着全球经济的快速发展和市场竞争的日趋激烈，传统的手工或半自动化的码垛方式已经无法满足企业日益增长的生产和物流需求。因此，码垛运输机器人以其高度的灵活性、自动化程度和执行精度，迅速成为现代工业生产和物流行业中不可或缺的一部分。

根据机械结构的不同，码垛机器人包括如下三种形式：

（1）笛卡耳式码垛机器人：其主要由四部分组成，包括立柱、X 向臂、Y 向臂和抓手，以 4 个自由度（包括 3 个移动关节和 1 个旋转关节）完成对物料的码垛。这种形式的码垛机器人构造简单，机体刚性较强，可搬重量较大，适用于较重物料的码垛。

（2）旋转关节式码垛机器人：码垛机绕机身旋转，包括 4 个旋转关节：腰关节、肩关节、肘关节和腕关节。这种形式的码垛机器人是通过示教的方式实现编程的，即操作员手持示教器，控制机器人按规定的动作运动，于是运动过程便存储在存储器中，以后自动运行时可以再现这一运动过程。这种机器人机身小而动作范围大，可同时进行一个或几个托盘的同时码垛，能够灵活机动地对应进行多种产品生产线的工作。

（3）龙门起重架式码垛机器人：将机器人手臂装在龙门起重架上的码垛机器人称为龙门起重架式码垛机器人，这种码垛机器人具有较大的工作范围，能够抓取较重的物料。

2. 码垛运输机器人的功能和技术

码垛运输机器人根据堆放要求可划分为：

（1）单层码垛机器人

单层码垛机器人是一种基础的自动化设备，主要功能是将物料按照预定的顺序进行排列。物料首先通过输送带被输送至转向机构，该机构能够根据预设的姿态调整物料，使物料在后续传输过程中能够按照设定的顺序和方向被紧密排列。随后，物料通过输送辊被移送至下一个工位，完成单层码垛作业。

（2）多层码垛机器人

相较于单层码垛机器人，多层码垛机器人在结构和操作流程上更为复杂。其核心组件包括托送板、输送带、挡板和升降台。托送板位于输送带下方，能够进行左右移动，以适应不同物料的排列需求。在堆码过程中，物料首先在托送板上整齐排列。当物料被输送带输送至挡板处时，会被整齐地排列成一行。随后，托送板向一侧移动，使新的一行物料排列进来。垂直方向上每增加一层物料，升降台的高度便相应下降一层，直至物料堆叠至预定高度后停止。

（3）排列码垛机器人

排列码垛机器人是将物料排成排后进行输送的，推板会将输送来的物料放到集料台上，然后向左移动，从下往上推，将三层物料堆码在一起。在这个过程中，会有斜面装置保证过程的顺利完成，而且集料台的特殊性也有助于码垛机器人完成堆码。

虽然码垛运输机器人具有很多优点和应用潜力，但也存在一些技术和应用上的挑战和限制。例如，由于码垛任务通常涉及复杂的物体识别和操控，因此对码垛运输机器人的视觉系统和控制算法有很高的要求。此外，由于码垛运输机器人通常需要在复杂和变化的环境中工作，因此对其适应性和鲁棒性也有较高的要求。

从技术特点来看，码垛运输机器人通常具备以下几个主要优势。首先是高度的自动化和智能化。现代码垛运输机器人通常配备有先进的传感器、视觉系统和控制算法，能够实时感知周围环境和物体状态，进行快速而准确的决策和操作。这不仅可以大大提高码垛的效率和准确度,还可以减少人工操作的失误和安全风险。其次是出色的灵活性和适应性。由于码垛任务通常涉及多种类型和规格的货物,因此码垛运输机器人需要能够适应不同的物料和环境,进行灵活的任务切换和调整。这就要求它具备高度的模块化和可配置性,以便根据不同的任务需求进行快速的设备更换和参数调整。通常来说码垛机器人的抓手是其工作时的核心,常用的抓手包括:夹爪式机械手爪,主要适用于高速码垛;夹板式机械手爪,主要适用于箱盒码垛;真空吸取式机械手爪,主要适用于可吸取的码放物;混合抓取式机械手爪,主要适用于几个工位的协作抓放。

3. 码垛运输机器人的应用领域

码垛运输机器人通常具有以下几个主要的应用场景:

(1) 物流中心或仓库的货物分类和码垛。在这些场景中,码垛运输机器人可以自动接收货物信息,进行快速而准确的分类和码垛,以便后续的存储或运输。这不仅可以大大提高运输效率和准确度,还可以减少仓储空间的浪费和人工操作的失误。

(2) 生产线上的原材料和成品的码垛和搬运。在这些场景中,码垛运输机器人通常需要与其他自动化设备和系统进行紧密的集成和协作,以确保整个生产流程的顺畅和高效。例如,它可能需要与自动化生产线上的其他机器人或设备进行数据交换和任务协调,以实现更高级别的自动化和优化。码垛机自动运行分为自动进箱、转箱、分排、成堆、移堆、提堆、进托、下堆、出垛等步骤。

4. 码垛运输机器人的典型式样

FANUC 大型码垛运输机器人 M-410iC 系列搭载了尖端的伺服技术,配合其纤细的手臂和灵巧的手腕,实现各轴的高速动作以及卓越的加减速性能。码垛生产线采用双单元结构设计,使占地仅有 610mm×806mm 的 M-410iC/185 码垛运输机器人能发挥最大的伸展性能。在双单元结构中,码垛机器人可以在两个可单独进入的托盘装载位置之间旋转。这样一来,一旦机器人码垛完一个托盘,就会自动开始在单元中的另一个托盘上进行码垛。已投入使用的 M-410iC/185 码垛运输机器人有效地将码垛速度提高到 600 袋/h,将过去每周的工作天数从 6d 减少到现在的 5d,同时将员工安排到不需要过多体力劳动的工作岗位。

6.4.3 通用运输机器人

1. 通用运输机器人的定义和结构

通用运输机器人是一种综合运用于建筑领域多个环节的自动化运输工具,包括但不限于工程施工、装饰、修缮、货物输送、分拣、检测等环节。它可以进行各种建筑材料,如砖块、钢筋、水泥、建筑垃圾等的搬运和运输,并具备自动装载和卸载的功能。这意味着它可以代替人工,通过自动导航和路径规划技术自主完成物料的搬运任务,从而提高物料搬运的效率、安全性和工作质量,大大降低工人劳动强度的同时也降低了人员受伤的风险。

通用运输机器人的设计通常具备较强的适应性和灵活性,能够适应不同的施工环境和任务需求。例如,它可能需要在不同材质的地面上行走,如沥青、混凝土、砂土等,因此需要具备良好的越野能力和行走稳定性。同时,它也需要能够适应不同的工作温度和湿度,以确保在恶劣的环境条件下也能正常运作。除了具备较强的适应性外,通用运输机器人还具备高度的自动化和智能化程度。它通常配备有先进的传感器和控制系统,可以实时感知周围的环境信息,并根据预设的算法和策略自动进行路径规划和决策。例如,它可以自动识别前方的障碍物,自动规划出绕过障碍物的最优路径,或者在遇到临时变化的情况下,如施工现场的临时道路封闭,能够自动重新规划路径,确保任务的顺利完成。

通用运输机器人由底盘组件、上装组件、支撑组件、电池组件、电控组件等部分组成,详细结构如图 6-7 所示。

(1) 底盘组件:包含底架、舵轮、可控转向轮、液压动力单元、相机、超声波避障雷达、安全触边、滑轨滑块、齿条等部件,主要用于实现产品自动行走功能。

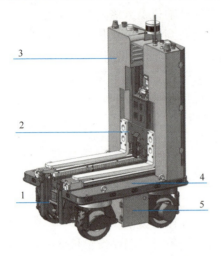

图 6-7 通用运输机器人结构示意图
1—支撑组件;2—上装组件;3—电控组件;
4—底盘组件;5—电池组件
(图片来源:博智林提供)

(2) 上装组件:包含上装安装座、竖直导轨、到位检测组件、电磁阀组件、液压缸、液压马达、货叉、链轮、链条等部件,主要用于实现对物料及栈板的叉取功能。

(3) 支撑组件:包含安装座、支撑架、滚轮、液压缸、传感器等部件,主要用于防止机器人在叉取物料时发生倾覆风险。

(4) 电池组件:包含电池箱、电池、电池箱盖等部件,主要用于为整机提供电能。

(5) 电控组件:包含电控柜、电柜门、检修盖、百叶窗、电控模块等部件,是机器人的电气、通信、控制核心模块。

2. 通用运输机器人的功能和技术

通用运输机器人具有以下功能:

(1) 自动导航和路径规划:通用运输机器人配备导航系统,通过 SLAM 技术自动规划最佳的运输路径,并准确导航到指定目的地。

(2) 物料搬运能力:通用运输机器人具备搬运不同类型和重量的建筑材料的能力,如砖块、钢筋、水泥等。它可以使用升降板或其他装置将物料固定和运输到指定位置。

(3) 自动装载和卸载:通用运输机器人能够自动进行物料的装载和卸载操作,根据需要将物料放置到指定位置或从指定位置卸下。

(4) 自动避障:通用运输机器人配备多种传感器,如激光雷达、摄像头等,能够实时感知周围环境,避免与障碍物或其他机器人、人员产生碰撞,确保运输过程安全。

(5) 远程监控与控制:通用运输机器人可以通过网络连接与监控中心或远程操作中心实现数据传输和通信,方便实现远程监控、操作和管理,提供实时的运输状态和故障报警信息。

(6) 自动充电和持久运行:通用运输机器人配备自动充电系统,当电量不足时能够自动返回充电桩进行充电,以延长工作时间和提高工作效率。

(7) 数据记录与分析:通用运输机器人能够记录运输过程中的数据,如运输距离、时间、材料重量等，为后续的数据分析和工作监控提供支持。

通过以上功能，通用运输机器人能够实现建筑工地物料的自动化搬运和运输，提高工作效率、减少人力投入和人为错误，同时增加工作安全性和可靠性。

3. 通用运输机器人的应用领域

通用运输机器人的引入不仅可以大大提高建筑施工的效率，还可以提高施工质量和安全性。首先，由于机器人可以进行 24h 不间断的工作，因此可以加快施工的进度，缩短施工周期。其次，机器人可以准确执行预设的任务，避免了人工操作中可能出现的失误，从而提高了施工质量。最后，由于机器人可以替代人工进行重体力劳动和高风险的工作，例如搬运重物或在高空作业，因此可以降低工人的劳动强度和安全风险。

尽管通用运输机器人具有许多优点，但也存在一些限制和挑战。例如，它的运输能力可能受限于其自身的大小和载重能力，因此可能不适合搬运超大型或超重型的物料。此外，它的运作可能会受到施工现场环境的影响，例如地面的坡度、湿滑程度、障碍物的分布等，可能会影响它的运动性能和运输效率。总而言之，通用运输机器人是一种具有很大潜力的机器人技术，它可以提高建筑施工的效率、质量和安全性，降低工人的劳动强度和安全风险。但同时也需要针对其存在的限制和挑战进行进一步研究和改进，以促使其在更广泛的应用场景中发挥作用。

4. 通用运输机器人的典型式样

MiR（Mobile Industrial Robots）是一家丹麦的机器人公司，专门生产自动移动机器人。其生产的通用运输机器人 MiR500 和 MiR1000 具有强大的搬运和载重能力，可以用于搬运包括板材在内的各种物品。MiR500 和 MiR1000 设计用于在工厂和仓库中自动搬运重达 500kg 和 1000kg 的物品。这些机器人使用先进的传感器和人工智能技术来理解所处的环境，规划路径，避免障碍物，并自主执行搬运任务。它们可以在不同的地形和环境中运行，包括那些人类可能难以到达或不安全的区域。

6.5 质量检测机器人

6.5.1 混凝土检测机器人

1. 混凝土检测机器人的定义和结构

混凝土检测机器人是一种用于混凝土结构安全与施工质量检测的自动化设备，主要通过移动机器人搭载检测工具、设备，完成裂缝、内部钢筋锈蚀、浇筑质量检测以及试样试验等任务。混凝土结构在施工和使用过程中不可避免地会产生损伤，这些损伤的发展和累积将会危及结构的承载力、耐久性和实用性。传统人工检测方式效率低、成本高、安全风险大，因此利用机器人对混凝土结构进行健康和质量检测受到越来越多的关注。基于作业场合与任务差异，研究人员对混凝土检测机器人进行了不同的结构设计。

（1）混凝土裂缝检测机器人

混凝土结构裂缝检测目前一般通过外观目视判定，或通过小锤敲击表面，利用回声检测结构完整性，检测方式受主观因素影响大且存在很多人员难以进入的场所（如混凝土管道、高架桥梁等）。移动机器人可搭载拍照摄像或超声波装置对混凝土结构进行检测，检测人员根据传输的影像或数据判定结构存在的裂缝问题。例如中国十九冶集团有限公司研制的一种裂缝检测机器人，包括机器人本体、自行机械装置、激光测距和超声波装置。控制装置控制自行机械装置带动机器人在混凝土墩柱表面移动，同时根据测距数据判断机器人达到上升高度后控制其停止运行，并控制超声波装置获取当前位置的超声波数据，根据数据进行裂缝检测。在检测时长达到预设后，控制机器人在墩柱表面上继续移动。

(2) 混凝土浇筑质量检测机器人

工程验收时需要对建筑进行检测，查看其混凝土浇筑质量是否符合设计要求。可移动、攀爬的机器人通常被用于检测混凝土拌和均匀性以及密实性。例如在湖北工业大学研制的一种检测钢管混凝土柱密实性的机器人，包括6个利用高强螺栓连接的检测单元，结构由运动攀爬装置、检测装置、径向伸缩装置和伸缩臂杆组成。径向伸缩装置主要实现检测机器人的小范围变径，伸缩臂杆则利用蜗轮蜗杆转动原理进行大范围变径，进而实现快速变径的效果。该机器人能够沿着钢管混凝土柱自动攀爬，相较于人工检测具有自动化操作、检测数据稳定及检测装置快装快卸等优点。

(3) 混凝土试样检测机器人

混凝土试样检测费时费力、工作效率低、劳动强度高。试样检测机器人可替代人工来完成混凝土试样在试验区内的运送、检测以及垃圾回收。例如北京新智远恒计量校准技术有限公司研制的一种混凝土试样检测机器人包括控制器、行走小车以及设置于行走小车上的试样存放架和机械臂机构。控制器连接行走小车、机械臂机构、机械手和试样存放架，试样存放架能储放组块试样，机械臂能做4自由度移动，机械手能抓放试样。基于程序设计和控制器控制，可实现试样的往复运送、同一规格试块的重复试验动作以及自动清除试验完后的试样残渣，能够替代人工实现检测过程的全部自动化。

2. 混凝土检测机器人的功能和技术

混凝土检测机器人在技术功能层面包含可移动（如行驶、爬壁、潜水等）、运动（如伸缩、敲击等）的机械结构、检测设备、分析评估技术等内容。混凝土检测机器人的核心技术主要指对结构表面损伤以及施工质量的检测。

(1) 混凝土结构表面损伤检测

目前混凝土结构的表面损伤检测方法主要有：传感器检测法、图像处理检测法以及深度学习检测法。传感器检测法成本较高且对检测人员有专业要求，图像处理检测法存在检测鲁棒性不足的问题，深度学习检测法能够自动从混凝土结构表面损伤图片中学习损伤特征，可以实现对损伤的快速定位与检测，根据检测结果还可以进行后续损伤测量及评定工作。

(2) 混凝土结构浇筑质量检测

混凝土检测机器人采用机器视觉以及机械敲击等技术对混凝土结构浇筑质量进行检测。以湖南大学研制的一种浇筑质量检测机器人为例。该机器人包括机械电磁混合敲击锤、麦克风和摄像头，可在结构上爬行并检测钢管混凝土脱空损伤。相关技术流程如下：首先运用人工敲击听音法或红外热成像技术对结构进行快速检测，初步确定可能发生局部脱空损伤的区域；其次在该区域划分等间距的测点网格并使用敲击锤敲击，局部脱空损伤处的钢壳产生振动；然后通过麦克风拾取敲击点上空的声压信号，对从敲击锤采集的力信号与敲击点上空采集的声压响应信号进行分析处理，求得敲击点的频响函数曲线，提取一阶峰值频率和声压模态柔度，以声压模态柔度的数值矩阵作为损伤指标作敲击点网格的损伤云图；最后根据损伤云图识别脱空损伤区域的面积大小与形状，通过板壳振动的频域特征模型进行验证与校核，确定损伤的具体位置后，对损伤区域进行钻孔灌浆加固处理。

3. 混凝土检测机器人的应用领域

（1）建筑工程混凝土结构安全检测：通过该机器人实现建筑施工养护期间的混凝土裂缝及内部钢筋锈蚀情况的快速检测，保障施工安全。

（2）混凝土结构质量特种检测：通过该机器人实现高架桥梁、混凝土管道、隧道、水下环境等人工难以作业场合的高效检测，保障结构健康安全运行。

（3）混凝土浇筑质量检测：通过该机器人对工程施工中混凝土的浇筑质量（密实性、拌和均匀性）进行检测，提高施工质量。

（4）混凝土试样试验：通过机器人对混凝土抗压强度等指标进行试验检测，保障安全。

4. 混凝土检测机器人的典型式样

以河南大学研制的混凝土裂缝检测机器人为例：该机器人包括履带式底盘总成，底盘总成的安装台面上设有旋转检测机构。检测机构包括设有安装块的电动转台，顶部铰接有支撑板并设置有角度调节机构。支撑板内通过伸缩组件设置有安装板，安装板的一端伸出支撑板并安装摄像头。该机器人能够轻松进入混凝土管道内，并对管道内的混凝土壁进行拍照摄像，检测人员根据拍照数据即可判定管道内的裂缝问题。

6.5.2 幕墙检测机器人

1. 幕墙检测机器人的定义和结构

幕墙检测机器人是一种用于建筑幕墙安全性检测的自动化设备，主要通过移动机器人采用攀爬、吸附、飞行等方式对建筑幕墙扫描或敲击检测。高层建筑幕墙（尤其是玻璃幕墙）在使用过程中存在老化和松动风险，易引发坠落等安全事故，有必要对既有幕墙进行定期安全检测。传统检测方法需要依靠人力配合绳索、吊篮等工具设备进行，成本高、效率低，且高空作业危险性较大。幕墙检测机器人将图像处理技术、传感技术、机械自动化等技术集成为一体，在检测层面具有安全、高效的优势。以往通常采用视觉的方法，查看玻璃面板表面是否存在裂缝。但是，许多玻璃幕墙事故发生前并无肉眼可见的破损，仅依靠视觉方法无法实现有效的安全防范。因此，幕墙检测机器人一般趋向于采用振动检测技术。幕墙检测机器人通常由移动机器人平台搭载振动检测设备（包括激振、拾振和数据采集设备），结构分为机械系统和控制系统。其中机械系统包含移动平台、吸附模块和检测装置，移动平台与吸附模块通常采用一体化设计，检测装置包括敲击装置和拾振机械臂。

（1）移动平台＋吸附模块。水平移动平台由4个万向轮和1个平台板组成，每个万向轮各由4个直流电机驱动。爬壁机器人平台依据爬壁机制的不同分为"内置导轨式""吸盘＋腿足式""吸盘（真空风扇）＋轮式""吸盘（真空风扇）＋绳缆式"几类。

（2）敲击装置。敲击装置需要夹持力锤，并模拟人手动作，完成瞬时的敲击。敲击装置采用曲柄摇杆机构，直流电机带动曲柄做整周回转运动，曲柄通过连杆带动摇杆一定角度的摆动。当曲柄与连杆连成一线时，力锤达到最低点，落到检测物表面，实现敲击。

（3）拾振机械臂。拾振机械臂需要夹持加速度传感器，将加速度传感器移动到检测点位置，并将其贴紧检测物表面。加速度传感器上方采用微型推杆，能实现传感器上下移动，并在检测过程中稳定保持传感器的位置。此外，为方便将传感器移动到不同位置的待测点，拾振机械臂中设计了两个旋转关节，由舵机控制旋转角度。

（4）控制系统。操作人员通过红外遥控器发布控制指令，指令传输到机器人的主控制器。主控制器在收到指令后，按照3个驱动模块的程序分别对行走平台、敲击装置和拾振机械臂进行控制。力锤内置的力传感器可采集敲击力的数据，加速度传感器可采集待测点在振动过程中的加速度数据。二者通过数据线将采集到的数据传输到数据采集仪中。检测工作完成后，机器人停止工作，可通过数据线将数据采集仪连接到计算机，并将采集到的数据上传到专用的波形分析软件中，分析幕墙面板的固有频率等振动特性和安全性。

2. 幕墙检测机器人的功能和技术

基于振动检测的幕墙检测机器人基本功能如下：

（1）检测操作。机器人携带检测设备，并结合幕墙特点设计合理的机械结构和控制程序，实现高效检测。采用振动检测方法时，需要两个机械臂，分别完成激振和拾振操作，并记录检测结果。检测工作结束后，将结果导入电脑用于后续分析。

（2）爬壁式行走。机器人能安全地附着在竖直的幕墙面板上，进行各方向行走，其移动范围覆盖所有工作区域，并设计有可靠的保护方法，防止坠落。

（3）路径规划、环境感知和定位。在检测开始前，机器人根据幕墙整体结构尺寸、外表面的框架等信息，预先规划检测路径。在检测过程中，机器人通过视觉等方式感知周围环境情况，实时确认自身位置、识别周边障碍，并安全、快速地跨越或绕开障碍物。

3. 幕墙检测机器人的应用领域

幕墙检测机器人的应用领域主要包括：

（1）高层建筑玻璃幕墙结构安全检测：由于长期的热应力和环境老化影响，玻璃幕墙（尤其是隐框式）不可避免地会出现裂缝、气泡、分层、脱胶等缺陷。该机器人可应用于高层玻璃幕墙的玻璃脱粘及裂缝检测。

（2）高层建筑其他幕墙结构安全检测：应用于高层建筑的铝板、塑料等干挂幕墙安全性检测以及石材、面砖脱落检测。

（3）异形及特种建筑立面幕墙结构安全检测：应用于难以人工作业的异形建筑以及危险系数较高的特种建筑立面幕墙安全性检测。

4. 幕墙检测机器人的典型式样

以江苏恒尚节能科技股份有限公司研制的玻璃幕墙结构检测机器人为例。其系统包括机架以及分别安装于机架的驱动装置、负压发生装置、敲击检测装置。驱动装置用于驱动玻璃幕墙结构检测机器人行走；负压发生装置包括涵道风扇，涵道风扇能够产生使机架紧贴玻璃幕墙的气流；敲击检测装置包括敲击式电磁铁和加速度传感器，敲击式电磁铁具有能够随敲击式电磁铁通断电而往复运动的敲击轴，加速度传感器安装于敲击轴，以在敲击轴敲击玻璃幕墙时检测玻璃幕墙的振动。

6.5.3 焊缝检测机器人

1. 焊缝检测机器人的定义和结构

焊缝检测机器人是一种用于焊缝检测的自动化设备,主要通过可移动的爬壁机器人平台搭载相关检测设备以满足不同场景、场合下的焊缝检测需求。由于焊缝检测机器人主要在桥梁、大型船舶、核电站、天然气管道等场合中应用,被检测物体表面特征具有多样性。相关人员根据实际需求探索出螺旋桨式、轮滑式、履带式等多种爬壁机器人结构设计,以满足不同的检测现场。

(1)螺旋桨式爬壁机器人:例如埃及日本科技大学研制的螺旋桨式爬壁机器人利用一种混合驱动系统,在移动机器人上固定螺旋桨,螺旋桨运动产生的推力增加了机器人与船体表面的摩擦力,可攀爬不同材料物体,用于对船舶内部焊接及关键部位进行检测。

(2)轮滑式爬壁机器人:例如巴西圣保罗大学研制的轮滑式爬壁机器人设有 4 个磁轮吸附在球体表面,并总保持 3 个轮子与球体的金属表面接触,进而保证了足够的磁吸力使机器人一直保持在球体表面。另外,机械结构中存在两个不同程度的活动关节,可以使机器人在行进中适应球体的曲率,通常可用于气体存储球体焊缝的自主检测。

(3)履带式爬壁机器人:例如捷克西波西米亚大学与捷克公司合作开发的履带式爬壁机器人,有混合驱动五杆机构型串联机械手,在探头安装部位增加两个自由度,使探头可以根据与圆柱表面的接触来确定其方向。机械手使用齿带安装在管道上做旋转运动,齿带旁有金属链条防止机器人从管道上脱落,结合推算好的轨迹运动算法,实现精准焊缝检测。

2. 焊缝检测机器人的功能和技术

焊缝检测机器人通常由机械结构、检测传感器和导航控制系统等构成,主要技术特征和发展趋势是:体积小、质量轻、长续航;无线远程操控,灵活便携;适应于多种应用场景的连贯性机械结构;智能传感器和机器视觉技术应用。焊缝检测机器人的核心技术是检测传感器和导航跟踪控制。

(1)检测传感器

焊缝检测主要分为焊缝表面检测和内部检测。表面缺陷为裂纹、未焊透、未熔合以及较为尖锐的咬边,且大多萌生于管道内表面。内部缺陷有夹渣、夹渣物、未焊透、未熔合、内部气孔、内部裂纹等。目前,针对焊缝表面缺陷主要采用视觉检测,内部缺陷有声波无损检测、脉冲涡流无损检测、红外热像无损检测、射线无损检测等技术。

例如,华中科技大学提出了基于视觉传感器的窄对接焊缝检测方法,有效地结合了被动和主动光传感器的优点,可检测缝隙小于 0.1mm 的窄对接焊缝接头;哈尔滨工程大学建立了基于无源视觉的质量检测系统,可检测焊缝表面咬边、气孔和不完全熔合等问题;哈尔滨工业大学研制了装有 CCD 摄像机的管道焊缝射线无损检测机器人,通过射线探伤可以检测出内部缺陷,且检测对象不受工件材料、形状和尺寸限制;东南大学研发了多机器人协同的 X 射线检测方法;韩国汉阳大学针对恶劣环境研发了基于电磁声学传感器的检测系统。

(2)导航跟踪控制

稳定精准的导航控制是高效、高质量检测的基本前提。机器人焊缝跟踪通常是在野外环境，具有不确定的路线和光照条件。目前导航控制大多采用视觉跟踪策略，其优点在于成本低廉且高效，缺点是软件控制算法复杂，现场检验条件恶劣，存在较多不确定因素。

例如，韩国原子能研究所采用激光束引导，精确定位移动机器人检测路径；深圳大学利用人工导航标志实现机器人的视觉导航和定位，其优点在于跟踪稳定，受环境干扰小，缺点是需要先人为贴上磁条，智能化程度低；中国科学院提出了一种基于交叉结构光器件和隐马尔可夫模型的焊缝跟踪方法，能有效减小光照和噪声的影响，并提高机器人检测跟踪系统的鲁棒性。

3. 焊缝检测机器人的应用领域

焊缝检测机器人的应用领域主要包括：

（1）特种设备焊缝无损检测：满足电站锅炉、立式储罐、球罐等大型在役电力、石化特种设备（尤其是大型承压特种设备）的检验检测，保证特种设备安全运行。

（2）船舶施工焊缝质量检测：满足大型船舶施工过程中的焊缝检测需求，提高自动化建造效率和质量。

（3）管道焊缝无损检测：满足天然气管道等传统人员难以进入场所的焊缝检测需求，保障管道运行安全。

（4）特殊基础设施焊缝质量检测：可应用于高架桥梁、核电站等难以实施人工检测作业的基础设施中的焊缝检测。

（5）建筑工程施工焊缝质量检测：用于施工中金属结构、构件、节点焊缝快速检测。

（6）预制构件焊缝质量检测：用于工厂预制金属构件生产线，通过移动机器人检测平台提高检测效率和产品质量。

4. 焊缝检测机器人的典型式样

以江苏镭视智能装备有限公司研制的一种智能远程焊缝检测机器人为例。其结构包括车体和车轴，车体外侧设置有若干个车轴，在车轴远离车体的一侧连接有车轮。车体的前端设置有转动台，转动台的顶面连接有转动架，转动架顶部的中侧设置有检测器。通过远程控制总成控制伸缩杆进行收缩下降，使伸缩杆和调节臂配合，使气动吸盘下降，同时远程控制总成会控制气压控制器，使气动吸盘吸附在待测物体表面，再通过远程控制总成和气压控制器的配合，以及各伸缩杆和各调节臂的协同运动，使机器人可以在待测物体表面运动，从而摆脱磁吸吸附装置的约束，使机器人运动。

6.6 装饰装修机器人

6.6.1 喷涂机器人

1. 喷涂机器人的定义和结构

喷涂机器人是用于建筑装饰工程施工外墙喷涂作业的机器人，可依靠自身的动力和控制能力实现作业路径规划、喷涂总成的自动上下运行和喷涂以及作业面的自动转移等。喷涂机器人由喷涂总成、悬挂总成和控制系统三部分组成（图6-8、图6-9）。

（1）喷涂总成：由喷涂系统、靠墙轮、旋翼等零部件组成，通过单轴或多轴运动实现喷涂动作的组合体。

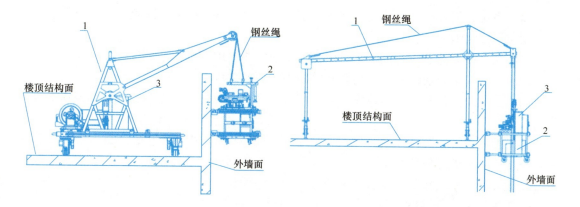

图 6-8 喷涂机器人结构示意图

1—悬挂总成，工作时位于建筑物的楼顶结构面；2—喷涂总成，实现对建筑物外墙面的喷涂作业；3—控制系统

（图片来源：博智林提供）

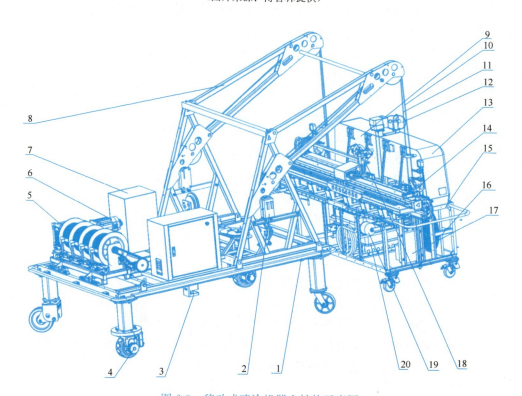

图 6-9 移动式喷涂机器人结构示意图

1—安全触边；2—离心式安全锁；3—激光雷达；4—行走机构；5—卷扬式起升机构；6—主制动器；7—悬挂控制器；8—吊臂；9—喷涂单元控制器；10—安全钢丝绳；11—工作钢丝绳；12—风速传感器；13—多彩漆/乳胶漆/真石漆/腻子喷涂系统（由供料泵、压缩气泵、控制元件、管道、喷枪等组成）；14—摆臂式防倾斜安全锁；15—本体；16—旋翼；17—爬升机；18—喷枪运动机构；19—靠墙轮；20—涂料桶

（图片来源：博智林提供）

喷涂系统：能够根据涂装要求在预设定位置自动开关喷枪，中断喷涂后能自动到达喷涂中断位置接续喷涂。

靠墙轮：使喷涂总成在上下运行中支撑于建筑物外墙面的滚动部件。

旋翼：产生推力使喷涂总成贴紧建筑物外墙面的部件。

（2）悬挂总成：安装于建筑物屋面，承载喷涂总成重量、工作载荷和运动载荷的可移动装置。

（3）控制系统：控制系统包括硬件和软件两部分。硬件部分包括控制主板、传感器等，用于收集和处理机器人运动、喷涂等数据。软件部分包括控制算法、路径规划、喷涂参数设置等，用于指导和控制机器人的运动和喷涂操作。

2. 喷涂机器人的功能和技术

喷涂机器人可根据预设的喷涂路径和设定参数精确地进行喷涂操作，实现高效、精准、安全的施工。喷涂机器人适用于不同类型的墙面材料，并能够在高空环境下作业，无需人工参与，大大减少了高处作业安全事故，并提高了施工质量与效率。具体如下：

（1）自动路径规划：喷涂机器人可以根据建筑物的外墙形状和尺寸，自动规划最佳的喷涂路径，确保涂层覆盖均匀、无遗漏。

（2）高空喷涂能力：机器人可以搭载在升降平台或机械臂上，具备到达较高高度进行喷涂的能力，避免了人工操作的危险和困难。

（3）精准喷涂控制：机器人配备高精度的定位系统和喷涂控制系统，可以实现精确的喷涂控制，如喷涂厚度、涂料均匀度等。

（4）多材料适应性：喷涂机器人可以适应不同的外墙材料，如水泥、石膏板、砖墙等，喷涂系统可以根据材料特性进行相应的调整。

（5）涂料供给和调节：喷涂机器人的喷涂系统能够实现涂料的供给、循环和调节，确保涂料的稳定供应，并可以根据需要调整涂料的喷涂量和流速。

（6）自动涂料混合：某些喷涂机器人可配备自动涂料混合功能，能够根据设定配比和要求将不同颜色或类型的涂料进行混合，以满足墙面喷涂的特殊需求。

（7）多样化喷涂效果：机器人可以根据需求实现不同的喷涂效果，如平整涂层、纹理喷涂、喷涂图案等，满足个性化的装饰要求。

（8）自动化操作和监控：喷涂机器人进行自动化的操作和监控，减少人力投入，提高施工效率，同时能够监控工作状态和喷涂质量，实时调整和反馈。

这些功能使喷涂机器人成为高效、准确、安全的喷涂工具，能够提高施工效率，降低劳动强度，保证喷涂质量，适用于各种建筑外墙喷涂的需求。

3. 喷涂机器人的应用领域

喷涂机器人适用于新建或维修的商业建筑，如办公楼、购物中心、酒店等；住宅建筑；工业建筑，如工厂、仓库等；公共设施，如公园、广场、体育场馆等；历史建筑翻新；高层建筑等。

喷涂机器人在商业、住宅、工业、公共设施等各个领域都有应用，通过自动化的喷涂作业，能够提高施工效率、保证喷涂质量，并降低施工风险。

4. 喷涂机器人的典型式样

博智林外墙喷涂机器人 TR500 适用于乳胶漆喷涂，TD500 适用于水包水、水包砂多彩漆以及浮雕漆喷涂，具备超速限制、超载监测、应急释放、姿态监测、风速监测、故障报警等安全功能，能够有效保障机器人高空作业的安全性（图6-10、图6-11）。

图 6-10　外墙喷涂机器人
（图片来源：博智林提供）

图 6-11　外墙喷涂机器人现场施工作业
（图片来源：博智林提供）

筑橙科技有限公司生产的外墙喷涂机器人是服务于外墙涂料施工的特种建造机器人，实现了高空无人化涂料施工。其基于风控稳定算法和独特的喷涂结构设计，已具备喷涂全体系涂料功能，可以实现更高效的底漆、中涂、面漆（包括平面多彩）、罩光漆自动化喷涂。同时，其基于模块化设计和高可靠性的工业控制系统，大大减少了施工安全风险，操作也更简单方便，降低了对操作人员能力的要求。

6.6.2　抹灰机器人

1. 抹灰机器人的定义和结构

抹灰机器人是一种基于智能技术的建筑施工装置，是专用于自动完成抹灰工作的机械设备。这类机器人利用先进的导航、传感和控制系统，能够在施工现场执行精确的抹灰操作，取代传统人工操作。抹灰机器人通常包括以下主要结构和组件：

（1）底盘和导航系统：抹灰机器人配备底盘，安装有导航系统，包括激光雷达、摄像头、惯性测量单元等。这些传感器帮助机器人感知周围环境、避开障碍物以及定位自身位置。

（2）涂抹系统：机器人的涂抹系统由砂浆喷涂设备和刮平机构组成。喷涂设备用于将砂浆均匀喷涂到墙面上，刮平机构则能使喷涂的砂浆达到平整状态。

（3）控制系统：控制系统是抹灰机器人的核心，根据预设的施工方案，控制机器人的移动、喷涂和刮平等动作，确保作业的准确性和一致性。

（4）供料系统：抹灰机器人通常配备供料系统，以保障喷涂过程中砂浆的连续供应。

2. 抹灰机器人的功能和技术

（1）自动路径规划和导航：抹灰机器人配备先进的导航系统，如激光雷达、摄像头和惯性测量单元，能够实时感知周围环境，创建地图并规划最优路径，以避开障碍物并安全移动到目标位置。

（2）精准喷涂控制：抹灰机器人的喷涂系统能够实现砂浆的均匀喷涂。通过精确的涂层厚度和喷涂速度控制，机器人确保每一处墙面得到一致且适当厚度的砂浆覆盖。

（3）涂抹平整性控制：抹灰机器人配备刮平机构，能够在喷涂后将砂浆进行平整和修整。机器人通过控制刮平机构的运动，保证抹灰表面的平整度和一致性。

（4）实时位置定位：导航系统使抹灰机器人能够实时确定自身位置，确保在施工过程中准确地将砂浆喷涂到预定的墙面区域，避免重复或遗漏。

（5）自动喷涂设备控制：抹灰机器人的喷涂设备可以根据预先设定的参数，如喷涂角度、喷涂速度和涂层厚度，自动进行精准的砂浆喷涂作业。

（6）工作路径规划：抹灰机器人能够通过先进的规划算法，确定最佳的工作路径和顺序，以最大限度地减少不必要的移动和时间浪费。

（7）自动供料：抹灰机器人通常配备供料系统，可实时为喷涂设备提供砂浆，确保持续的喷涂作业。

（8）数据记录和分析：抹灰机器人能够记录施工过程的数据，包括喷涂厚度、位置信息等。这些数据可用于分析施工质量和效率，并为后续施工提供参考。

综上所述，抹灰机器人在技术层面上具备自主导航、精准喷涂控制、涂抹平整性控制等功能，通过自动化的操作，提高了施工效率和质量。这些功能共同协作，使抹灰机器人成为现代建筑施工中的重要技术创新。

3. 抹灰机器人的应用领域

抹灰机器人适用于多种建筑施工场景，特别是以下领域：

（1）室内墙面抹灰：抹灰机器人在室内墙面抹灰方面发挥着重要作用。特别是在住宅、办公楼、商业空间等室内场所，抹灰机器人能够精确控制喷涂厚度，确保墙面的平整度和一致性，提高施工效率。

（2）楼梯间抹灰：由于楼梯间空间通常较狭小，人工抹灰工作较为烦琐。抹灰机器人可以在楼梯间自动执行涂抹任务，避免了高难度的人工作业，同时提高了作业效率。

（3）弯曲表面抹灰：一些建筑中存在弯曲或曲线形状的墙面，人工抹灰难以实现均匀性。抹灰机器人通过精准的喷涂和刮平控制，能够在弯曲表面实现均匀的抹灰效果。

（4）高墙面抹灰：在高层建筑或高墙面上进行人工抹灰存在一定的风险。抹灰机器人在高处施工中具有安全性优势，能够替代危险的高空作业，提升施工安全性。

（5）墙面修复和翻新：在墙面需要修复或翻新的场景中，抹灰机器人可以精确地进行抹灰作业，保证修复区域与周围墙面的一致性。

（6）室内天花板抹灰：对于室内吊顶的抹灰，机器人能够在高处作业，确保砂浆均匀喷涂和刮平，提高施工效率。

（7）特殊细部抹灰：一些建筑中存在细小、难以操作的细节部分，如飘窗、角落等。抹灰机器人能够在这些细节部分实现精细的抹灰作业，提高整体施工质量。

4. 抹灰机器人的典型式样

抹灰机器人作为现代智能建造技术的典型代表，通过自动化和智能化的方式在建筑抹灰领域展现出巨大的潜力。

中建八局在南太湖新区长东片区CBD东区项目中引入了抹灰机器人，利用了砂浆输送泵、机械喷涂机和刮平机器人等设备。这一实际案例充分展示了抹灰机器人在建筑施工中的创新应用。通过使用这些先进设备，施工过程实现了高度自动化，从而大幅度提高了施工效率和质量。在该项目中，机器人首先通过激光雷达等导航系统精准地定位自身位置，并规划最佳施工路径，避开障碍物。砂浆输送泵将砂浆自动输送到机械喷涂机，实现砂浆的均匀喷涂。随后，刮平机器人对喷涂的砂浆进行精细的平整处理，保证了抹灰表面的一致性和平整度。这一自动化流程取代了传统烦琐的人工作业，大幅提高了作业效率，同时也降低了施工中的人工风险（图6-12）。

博智林砂浆喷涂机器人专为室内高精砌砖墙体抹灰而设计。该机器人结合了激光雷达和BIM技术，以及自主定位导航功能，使其能够在施工现场实现自动均匀喷涂，为后续的抹面作业打下了坚实基础。在实际操作中，博智林砂浆喷涂机器人能够根据预先设定的参数，如喷涂角度、厚度和速度，自动进行精准的砂浆喷涂作业。在这一过程中，机器人通过导航系统的精确定位，确保砂浆在墙面上均匀分布，从而提高施工质量。机器人自主导航功能使得其能够准确地在墙面上操作，避免传统人工作业中可能出现的误差和不稳定因素（图6-13）。

图6-12 抹灰机器人
（图片来源：中建八局提供）

图6-13 砂浆喷涂机器人
（图片来源：博智林提供）

6.6.3 安装装配机器人

1. 安装装配机器人的定义和结构

安装装配机器人是一类专门设计用于自动执行建筑设备、构件或零部件安装和组装任务的智能机器人系统。它们配备有各种传感器、执行机构和控制系统，能够根据预定的程序和指令执行精确的安装和装配操作。这些机器人可以根据不同的任务和要求进行灵活调整，从而提高装配效率和质量。主要结构包括：

（1）机械结构系统：用于承载、定位和移动构件的机械部件，包括关节、臂、夹持器等。

（2）传感器系统：用于感知环境、定位目标构件以及检测装配过程中的误差，包括视觉、激光、力传感器等。

（3）控制系统：负责指导机器人的运动和操作，保证精准的装配过程。

2. 安装装配机器人的功能和技术

以下是安装装配机器人的一些典型功能：

（1）精准定位和定向：安装装配机器人具备高精度的定位和定向能力，可以准确地将构件或零件定位到预定位置，确保装配的准确性和一致性。

（2）自动化装配：机器人能够自动进行装配操作，从而减少人工干预和人力成本。它们可以根据预先设定的程序和参数执行装配任务，提高生产效率。

（3）高效作业：安装装配机器人可以以更高的速度和连续性进行作业，从而加速整个装配过程。它们可以持续工作，无需休息，从而加快项目进度。

（4）重复性和一致性：机器人在进行装配时具有出色的重复性和一致性。无论是第一次还是第一千次，它们都可以保持相同的装配质量，避免了人工操作的不稳定因素。

（5）适应性：安装装配机器人能够根据不同的工作环境和要求进行智能调整。它们可以适应不同尺寸、形状和材料的构件，提高灵活性。

（6）安全操作：机器人可以在高风险或危险环境中进行操作，减少了人工操作可能面临的安全风险。它们可以执行重复性的、烦琐的任务，从而避免了工人身体疲劳和受伤。

（7）数据收集和反馈：一些安装装配机器人配备了传感器和监测系统，能够收集装配过程中的数据并提供实时反馈。这有助于监控装配的质量和性能，并进行必要的调整。

（8）远程操作和控制：部分安装装配机器人支持远程操作和控制，可以通过网络连接进行监控和调整，实现远程管理和维护。

这些功能使得安装装配机器人成为建筑领域不可或缺的技术工具，使装配过程具有更高的效率、准确性和安全性。

3. 安装装配机器人的应用场景

在建筑领域，安装装配机器人发挥了重要作用，特别是在大型建筑项目中。以下是一些应用场景的描述：

（1）墙面板安装：安装装配机器人在建筑现场常用于安装超大型墙面板块。它能够精准地将墙面板块定位并固定在正确位置，从而提高安装效率并确保墙面平整度和一致性。

（2）玻璃幕墙安装：在高楼大厦的外墙上，安装装配机器人可以用来安装玻璃幕墙的玻璃板。它能够精确地定位玻璃板，并将其固定在预定位置，确保幕墙的整体外观和结构稳定。

（3）屋顶构件安装：安装装配机器人在安装屋顶构件时也能发挥作用。例如，在安装屋顶钢梁或支架时，机器人可以自动将构件定位并进行紧固，减少了人工操作的风险和不确定性。

（4）室内装饰：在室内装饰方面，安装装配机器人可以用于安装天花板、照明设备等。它能够在高空作业或狭小空间中进行装配，提高施工效率并降低工人的劳动强度。

（5）风管和电力线槽管支吊架安装：安装装配机器人在安装风管和电力线槽管支吊架时发挥了重要作用。它能够精确定位支吊架位置并进行自动打孔和装配，提高施工效率和装配质量。

4. 安装装配机器人的典型式样

安装装配机器人在建筑领域扮演着重要的角色，为施工工作带来了高效率和精确性。典型样式包括打孔机器人、丝杆支架安装机器人以及超大型墙面板块高精度智能遥控安装机器人。

（1）打孔机器人是一种用于安装风管和电力线槽管支吊架的自动化设备。它具备精确定位的能力，能够自动进行打孔操作，从而提高了施工效率和装配质量。在安装过程中，打孔机器人能够精准地确定孔的位置，然后进行自动打孔，不仅节省了时间，还减少了人为错误的可能性（图6-14）。

（2）丝杆支架安装机器人在地下车库等场景中发挥着重要作用。它主要用于安装风管、电力线槽等构件的丝吊杆支架。通过巡线定位、自动打孔和自动上料等功能，丝杆支架安装机器人能够实现高效的装配过程。在这类机器人的指导下，装配过程更加精准且减少了人为操作的风险（图6-15）。

图6-14 打孔机器人
（图片来源：博智林提供）

图6-15 丝杆支架安装机器人
（图片来源：博智林提供）

（3）超大型墙面板块高精度智能遥控安装机器人在大型建筑项目中得到广泛应用。这类机器人通过高精度的遥控操作，能够将超大型墙面板块准确地定位、托举、调整方向并安装到预定位置。这不仅提高了装配效率，还确保了墙面装饰的高质量。这类机器人在处理重大装配任务时，减轻了人力负担，同时也降低了人为操作误差的可能性（图6-16）。

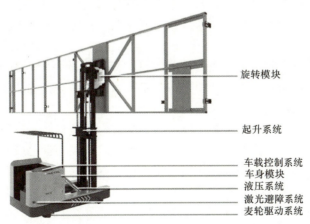

图6-16 超大型墙面板块高精度智能遥控安装机器人
（图片来源：上海建工装饰集团提供）

6.6.4 地坪研磨机器人

1. 地坪研磨机器人的定义和结构

地坪研磨机器人是指由移动部件、研磨模块、集尘模块和用于辅助工作的附件组成，能在无人为干预的情况下，实现自动地坪研磨及除尘集尘等作业的机器人（图 6-17）。地坪研磨是指去除地坪表面浮浆、划痕，磨光、抛光地坪，使地坪表面清洁、平滑，增加光泽度，提高整体美观程度或达到后续施工工艺要求的作业。

图 6-17　传统人工研磨环境
（图片来源：博智林提供）

地坪研磨机器人总体结构包含如下部分（图 6-18）：

（1）研磨机本体总成：地坪研磨机器人的核心部件，可实现自主行走、研磨、建图等所有核心功能，由机架、研磨盘总成、电箱、吸尘器总成等部件构成。

（2）研磨盘总成：主要由驱动电机、电机安装法兰、研磨盘、磨盘防护罩、超声波雷达安装架、防尘挡圈、吸尘接口等组成。在研磨作业过程中，4 个研磨盘自转的同时又能公转，保证研磨效率和质量。

（3）吸尘器总成：主要由大容量工业过滤器、灰尘称重系统、滑动导向机构等组成。产品在研磨作业时，自动开启吸尘功能，将灰尘吸入过滤器并存储灰尘；灰尘称重系统能够反馈吸尘器中的灰尘重量，便于及时清理积灰。

（4）电缆卷盘总成：主要由钣金箱体、力矩电机、线缆卷筒、链轮链条传动机构、排线机构、线缆导向滚筒、滚筒升降电缸等零部件组成。电缆卷盘总成的主要功能是通过控制力矩电机，并经过链轮链条的减速作用来驱动线缆卷筒的正反转运动，实现线缆的自动出线和收线，避免线缆干扰研磨盘作业。

2. 地坪研磨机器人的功能和技术

地坪研磨机器人主要用于对地面进行研磨、抛光、打磨等作业。地坪研磨机器人具备多种功能，以实现高效、精准、一致的地坪处理效果，具体如下：

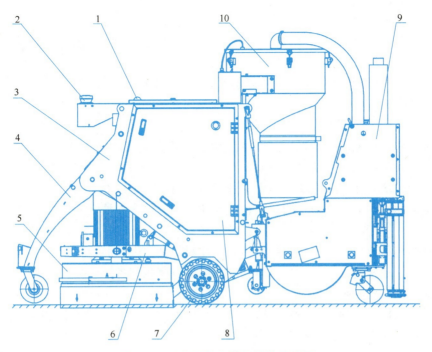

图 6-18 地坪研磨机器人结构示意图

1—报警灯；2—激光雷达；3—机架；4—前支撑脚；5—研磨盘总成；
6—提升架；7—驱动轮；8—电箱；9—电缆卷盘总成；10—吸尘器总成

（图片来源：博智林提供）

（1）自检：地坪研磨机器人开机后能自检各模块功能状态，并能显示和反馈产品当前的状态信息。

（2）建图：地坪研磨机器人应具备建图功能，并能分析作业路径、保存路径地图；可具备图纸或 BIM 模型导入功能；应具备地图编辑、存储、复用功能。

（3）自主定位与导航：地坪研磨机器人内置激光雷达导航定位模块和运动控制系统，可按设定路线精确定位，自主导航行走，完成预定作业。

（4）障碍物检测：地坪研磨机器人应具备障碍物检测功能，能感知障碍物，自动控制停车，起到防止撞击、保护设备和人员的作用。

（5）钢筋头探测：为了防止研磨过程中研磨盘被钢筋头损坏，地坪研磨机器人应具备钢筋头探测功能，当探测到钢筋头时，地坪研磨机器人能够自动停止行走，研磨盘立刻停止转动，起到预防磨盘因打磨到钢筋头而损坏的作用。

（6）研磨量控制：地坪研磨机器人应能根据地面平整度控制行走速度，实现研磨量控制功能。

（7）无线控制：地坪研磨机器人应配备无线控制面板，可通过操作无线控制面板软件操控地坪研磨机器人工作。

（8）手动模式和自动模式切换：地坪研磨机器人应具备手动模式和自动模式切换功能，手动模式下可通过遥控设备控制产品研磨作业；自动模式下，可按设定路径自主完成研磨作业。

（9）同步吸尘：地坪研磨机器人在研磨过程中，应具有大功率同步吸尘功能，并应反馈收集的灰尘重量是否达到限值。

（10）电缆收放：地坪研磨机器人施工或转场时，应具备收放电缆功能，收放电缆应平稳无卡滞。

（11）报警：地坪研磨机器人应具备异常工作情况下的报警功能。

3. 地坪研磨机器人的应用领域

地坪研磨机器人在不同领域中都有广泛的应用，以下是一些常见的应用领域：

（1）商业建筑：地坪研磨机器人可广泛应用于商业建筑，如商场、写字楼、酒店等。它能够对大面积的地面进行研磨和抛光，使地面光滑、均匀，提升整体视觉效果。

（2）工业厂房：在工业生产环境中，地坪研磨机器人可以对车间、生产线等地面进行处理，去除地面的污渍、磨损和旧涂层，提高地面的平整度和清洁度，减少灰尘对产品质量的影响。

（3）仓库与物流中心：仓库和物流中心的地面经常会因物品拖拉、设备行走等因素受到磨损和污染。地坪研磨机器人可以对仓库地面进行修复和翻新，提升地面的耐用性和美观度，减少车辆行走的阻力。

（4）医疗机构与实验室：地坪研磨机器人在医院、实验室等场所中能够对地面进行抛光处理，使地面光滑易清洁，减少污染和细菌滋生，提供更安全和卫生的环境。

（5）体育场馆与娱乐场所：地坪研磨机器人可以提高体育场馆和娱乐场所地面的平整度和摩擦系数，减少地面摩擦力对运动和表演的影响，增强安全性和用户体验。

（6）食品加工厂：在食品加工行业中，地坪要求高卫生标准和易清洁性。地坪研磨机器人能够对地面进行抛光和平整处理，减少细菌滋生的机会，同时提供光滑易清洁的地面。

（7）历史建筑修复：对于需要修复、保护的历史建筑，地坪研磨机器人能够对历史地面进行精细的处理和修复，恢复其原有的光滑度和美观度，同时保持历史建筑的独特韵味。

4. 地坪研磨机器人的典型式样

博智林地坪研磨机器人主要用于去除混凝土表面浮浆，可广泛应用于地下车库、工厂车间、实验室、运动场所等场景的环氧地坪、固化剂地坪、金刚砂地坪施工。通过激光雷达扫描识别出墙、柱等物体位置信息，进行机器人实时定位、自主导航、自动路径规划，实现全自动研磨作业，同时还具备自动吸尘、随动放线、一键收线、磨盘保护、安全停障、故障报警、FMS 云数据管理等功能（图 6-19、图 6-20）。

图 6-19　地坪研磨机器人
（图片来源：博智林提供）

图 6-20　地坪研磨机器人现场作业场景
（图片来源：博智林提供）

【本章小结】

本章内容主要包括全流程多场景智能建造机器人的概念、功能类型、工作场景以及其中典型类型机器人的功能技术与应用阐释。全流程多场景智能建造机器人是面向现场非结构化施工环境、全流程施工工序与多样化施工场景的一系列集成化、智能化机器人设备的总称。基于智能感知技术支撑，该系列机器人能够在计算机系统的控制下实现多场景、多工序、高效率的自动化施工作业。全流程多场景智能建造机器人可划分为主体结构建造、感知定位、物料运输、质量检测、装饰装修五种功能类型，本章从定义和结构、功能和技术、应用场景、典型式样等层面对其分别进行了解析与阐释。

思考与练习题

1. 机器人现场建造的优势体现在哪些方面？
2. 全流程多场景智能建造机器人的定义是什么？
3. 根据现场建造的工作场景，全流程多场景智能建造机器人被划分为主体结构建造、感知定位、物料运输、质量检测、装饰装修五种功能类型，依据具体的工作任务可进一步划分为哪些主要的机器人类别？
4. 实施建筑主体结构的建造任务会用到哪些类别的机器人？
5. 主体结构建造机器人在提高精度上面都运用了哪些共性技术？
6. 放线机器人的主要功能包含哪些方面？
7. 航测机器人的核心结构通常由_____、_____、_____、_____四个部分组成。
8. 物料运输机器人可以分为_____、_____、_____三种类型。
9. 如何定义通用运输机器人？
10. 在现场建造场景中，混凝土检测机器人的主要功能任务类型包括_____、_____、_____。
11. 焊缝检测机器人的核心技术包括_____技术和_____技术。
12. 喷涂机器人相对于传统喷涂作业有哪些优势？
13. 安装装配机器人的典型式样包括_____、_____以及_____。
14. 抹灰机器人通常包含底盘和_____、_____、_____、_____等主要结构和构件。
15. 地坪研磨机器人主要由_____、_____、_____和_____组成。

思考与练习题
参考答案

7 其他智能建造机器人

【知识图谱】

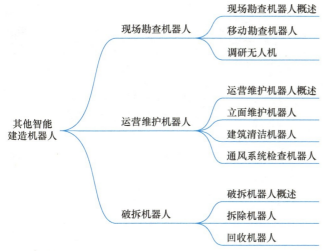

【本章要点】

知识点1. 其他智能建造机器人功能分类与应用场景。

知识点2. 现场勘查机器人的定义与结构、功能与技术、应用领域与形式类型。

知识点3. 运营维护机器人的定义与结构、功能与技术、应用领域与形式类型。

知识点4. 破拆机器人的定义与结构、功能与技术、应用领域与形式类型。

【学习目标】

（1）熟悉其他智能建造机器人的功能类型与应用场景。

（2）了解现场勘探机器人、运营维护机器人、破拆机器人的技术特点、应用领域和形式类型。

7.1 现场勘查机器人

7.1.1 现场勘查机器人概述

现场勘查机器人，是专门被设计用于在不同环境中收集数据、进行测绘或执行研究任务的机器人系统。现场勘查机器人配备先进传感器、摄像头和其他仪器，能够从周围环境中进行自动化信息和数据收集与分析（如数字、文字、图像等数据），并辅助完成调研报告。

1. 组成与特征

现场勘查机器人结构通常涉及机械、电子和软件组件。

（1）底盘和移动系统

机器人的物理结构被称为底盘，其为连接所有其他组件提供了基础。移动系统包括轮子、履带或腿部。底盘和移动系统设计取决于机器人预期要穿越的地形。

（2）传感器

传感器是机器人感知和理解环境的关键。各种类型的传感器包括激光雷达、摄像头、GPS、惯性测量单元、环境传感器等。

（3）处理单元

处理单元是机器人的大脑，通常包括一个或多个强大的处理器，用于传感器数据处理，运行用于导航、感知和数据分析的算法，并根据收集到的信息作出决策。

（4）功能系统

高效可靠的功能系统对于机器人的自主性和运行至关重要。该系统涵盖电池、燃料电池或其他能源存储系统，具体取决于机器人的大小和预期用途。

（5）通信模块

为实现远程控制、数据传输以及与操作员或中央控制系统的交互，机器人配备了通信模块，如 WiFi、蓝牙。

（6）控制软件

控制软件包括用于自主导航、避障、数据收集和解释的算法。通常集成机器学习技术，以增强机器人的决策和自适应能力。

（7）制图与定位软件

该软件负责根据传感器数据创建环境地图，并确保机器人知道其在该环境中的精确位置。

（8）数据存储

机器人在任务期间产生大量数据。适当的数据存储解决方案对于存储传感器数据、地图、日志和任何其他相关信息至关重要。

（9）载荷

针对不同的使用场景，机器人搭配特定功能和种类的载荷。如一些机器人配备有用于采样、与物体交互或调整传感器的机械手。

（10）安全功能

由于机器人经常在动态环境中工作，其安全功能（如避碰、紧急停止机制和故障安全措施）对于防止事故、保护机器人、操作员和环境至关重要。

2. 工作流程

现场勘查机器人的工作流程通常包括以下步骤：

（1）计划和设计

确定调研的目标、范围和方法，设计机器人的任务和数据收集方式。

（2）数据收集

机器人在执行任务中通过传感器获取环境信息，或者从网络和数据库中搜集数据。

(3) 数据分析

机器人可以进行基本的数据分析，例如统计数据、趋势分析等。

(4) 报告生成

根据收集和分析的数据，机器人可以自动生成报告、图表、摘要等。

(5) 交互与反馈

机器人具备与人交互的能力，可以回答问题、提供解释，并根据需求进行调整。

3. 工作场景与种类

目前在科学与工程领域常见的现场勘查机器人包括但不限于水下遥控机器人（ROV）、自主水下机器人（AUV）、无人飞行器（UAV）、行星探测车、工业检测机器人、地巡机器人、农业机器人、环境监测机器人、搜救机器人等。现场勘探机器人能减轻人工调研的工作量，提高调研效率，并通过替代人类进入各类潜在有害环境，进而拓展调研任务的边界。

7.1.2 移动勘查机器人

1. 移动勘查机器人定义与结构

移动勘查机器人采用移动机器人系统，可在自主或远程遥控的情况下穿越不同环境，同时收集数据、进行测绘或执行研究任务。

移动勘查机器人的构成大体涵盖如下两个方面：

(1) 移动机构

移动勘查机器人有多种形式，每种形式都配备了特定环境所适用的专业移动机构。这些机制可以包括轮子、履带、腿部，甚至是这些的组合，以实现在各种地形上的多功能移动。

(2) 传感器/任务载荷

移动勘查机器人配备各种传感器，如摄像头、激光雷达（光学探测与测距）、GPS（全球定位系统）、IMU（惯性测量单元）等。这些传感器使机器人能够感知周围环境，绘制周围环境的地图，并收集与测绘相关的数据。

2. 移动勘查机器人功能与技术

移动勘查机器人的导航与控制主要分为自主与遥控两种。

(1) 自主控制

许多现代移动勘查机器人都能够自主操作。它们能够规划自己的路径、避开障碍物，并在不需要持续人类干预的情况下适应不断变化的环境。这种自主能力对于高效测绘广大区域至关重要。

(2) 远程控制

在某些情况下，移动勘查机器人由人类远程操控。操作员可以从远处控制机器人的移动和传感器，从而实现实时的数据采集和调整。

3. 移动勘查机器人应用领域

(1) 智能建造

在智能建造领域，移动勘查机器人被用作执行建筑信息模型（BIM）数据采集、施工监测以及项目管理等任务的先进工具。这些机器人的应用旨在解决建筑施工的精确性、效率性和信息集成方面的问题。移动勘查机器人能够在建筑工地内自主移动,收集空间信息和施工数据。通过各种传感器和技术,它们可以实时监测建筑物的结构变化、材料使用情况以及施工进度等关键信息。这些数据为建筑师、工程师和项目管理人员提供了实时的信息支持,有助于优化项目规划、资源配置和施工流程。

(2) 农业监测

在农业领域,移动勘查机器人被用作执行农田监测、土壤分析、植物生长研究等任务。这些机器人的应用旨在应对农业生产效率、可持续性和精细化管理的挑战。通过各种传感器和技术,它们可以对土壤质量、植物生长状态以及水资源利用情况进行实时监测和分析。

(3) 地矿勘探

在地质研究和矿石探测领域,移动勘查机器人被用作执行地质勘探、资源评估和矿石检测任务。这些机器人的应用旨在解决复杂地质环境、资源定位以及矿产探测方面的难题。

(4) 搜寻救灾

在搜救领域,移动勘查机器人被用作执行搜索和救援任务。机器人能够在危险环境下自主移动、搜索受困人员并获取环境数据,通过综合分析辅助作出更明智的决策,提高搜救效率。

(5) 行星探索

在行星探测领域,移动勘查机器人被用作执行科学研究和地质勘探任务。该机器人能够在行星表面自主移动、进行地质样本采集,并获取丰富的环境数据。借助各种传感器和设备,它们可以对行星表面的地形、气候和地质构造等进行实时监测和分析。移动勘查机器人在行星探测中的应用也推动了自主无人探测技术发展,为地外科学研究提供了宝贵的研究数据。

7.1.3 调研无人机

1. 调研无人机定义

调研无人机,是指配备科学研究所需传感器及仪器的无人机系统,用于进行科学探索、环境监测、生态研究等任务。最早的调研无人机是由军事需求推动而诞生,主要用于进行军事侦察和情报收集。随着航空技术的发展,调研无人机逐渐在科学研究领域崭露头角。调研无人机具备高度的灵活性和机动性,能够进入难以到达或危险的地区获取珍贵的数据,以支持地球科学、生物学、气象学等领域的研究,其应用范围包括大气成分测量、野生动植物追踪、灾害监测等。

2. 调研无人机种类

(1) 固定翼调研无人机

固定翼调研无人机是采用了传统固定翼结构的一种飞行器,通常由机翼、机身和垂直尾翼构成。固定翼调研无人机一般使用螺旋桨或喷气发动机产生推力,具备自主起降和飞行能力,能够模拟飞机的飞行模式。普通固定翼调研无人机具备长航程、高飞行稳定性和大载荷能力,可携带各种大型复杂传感器(如相机、多光谱仪器、气象仪等),用于数据采集、地理信息获取、环境监测等任务和地质勘探、环境监测、农业生产、自然生态研究等领域。

(2) 多旋翼调研无人机

多旋翼调研无人机是一种采用多个旋翼（通常为4个或更多）作为飞行推进装置的无人机系统。这些旋翼通过变化旋转速度和角度，实现飞行、悬停和转向等功能。多旋翼调研无人机具有垂直起降和着陆的能力，能够在狭小或复杂环境中灵活飞行，以及在固定点悬停以进行高精度的任务。它们通常搭载各种传感器，如相机、激光雷达、红外传感器等，用于数据采集、图像拍摄、环境监测等用途（图 7-1、图 7-2）。多旋翼调研无人机在城市规划、灾害监测、植被调查等领域得到广泛应用。

图 7-1　搭载 Delta 多功能机械臂的四旋翼无人机
（图片来源：一造科技提供）

(3) 混合式调研无人机

混合式调研无人机是一种结合了固定翼和多旋翼设计特点的无人机系统，融合了两者的优势。这种无人机可以在垂直起降和水平飞行模式之间进行切换，兼顾在不同飞行阶段的灵活性和效率。混合式调研无人机通常具备垂直起降和着陆的能力，以及长航程、高速飞行的特点，它们搭载各种传感器和设备，用于数据采集、地图绘制、环境监测等任务。混合式调研无人机在大规模地图制作、环境监测与管控、紧急救援等领域具有广泛应用。

3. 调研无人机功能与技术

(1) 飞行控制

无人机的飞行控制是指通过飞行控制系统实现对无人机飞行状态和运动的监测、调整和控制。飞行控制系统由飞行控制器、传感器和执行机构组成，确保无人机稳定、精确地执行任务。飞行控制涵盖姿态稳定、导航定位和飞行轨迹规划等关键技术。姿态稳定通过传感器获取姿态数据，并实时调整飞行姿态以保持平稳。导航定位利用 GPS、IMU 等传感器获取位置和速度信息，实现定位精度和轨迹控制。飞行轨迹规划涉及路径规划和避障算法，使无人机能够安全地按预定轨迹飞行并自主避让。

(2) 载荷

调研无人机的载荷包含搭载在无人机上的各类传感器、设备及仪器，以及用于获取、

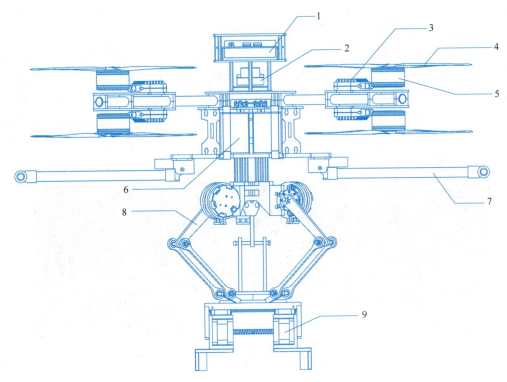

图 7-2　四旋翼无人机结构示意图
1—机载电脑；2—飞行控制器；3—电子调速器；4—螺旋桨；
5—电机；6—电池；7—起落架；8—补偿并联臂；9—夹具
(图片来源：一造科技提供)

记录和传输各类数据的功能模块。载荷在调研无人机中具有关键作用，它扩展了无人机的应用范围，使其能够在不同领域执行多样化的任务。载荷的类型多种多样，包括但不限于光学传感器、红外热成像仪、多光谱相机、激光雷达等。这些载荷可用于执行空中摄影、地形测量、环境监测、植被分析、气象观测等任务。

(3) 通信系统

调研无人机的通信系统是指无人机与地面控制站、遥控设备以及其他外部设备之间进行信息传递与交流的技术体系。通信系统在调研无人机中具有关键作用，它确保了无人机与操控者之间的实时连接，以及数据的高效传输和接收。通信系统涵盖多个方面，包括无线数据传输、遥控信号传输、图像传输等。通过高效可靠的通信系统，调研无人机能够在遥远或复杂环境下执行任务，并将数据及时传递给操控者，实现数据采集与科学研究的有效连接。

(4) 能源管理系统

调研无人机的能源管理系统是指为无人机提供能量并有效管理其能源消耗的综合技术体系。能源管理在调研无人机中具有重要意义，它关乎飞行时长、任务执行能力以及稳定性等关键因素。能源管理涵盖多个方面，包括电池技术、能源采集与转化、能量分配等。能量分配涉及将获得的能量分配给无人机各个部件，确保飞行系统、传感器、通信系统等得到稳定供电。通过有效的能源管理，调研无人机能够实现较长的飞行持续时间，支持复杂任务执行，并在能源消耗和性能间取得平衡。

4. 调研无人机应用领域

（1）地貌建图

调研无人机在地貌建图领域具有广泛应用。通过搭载高分辨率相机、激光雷达等传感器，无人机能够从空中获取详细地表信息，生成高精度数字地图和三维模型。这种技术在地质勘探、城市规划、土地利用评估等领域发挥着重要作用，为准确地貌建模和分析提供数据基础。

（2）航空摄影

航空摄影是调研无人机的另一重要应用领域。无人机搭载各类相机，能够进行高分辨率的航拍，捕捉广阔区域图像。这些图像可用于土地利用监测、生态系统评估、文化遗产保护等方面。通过无人机航空摄影，可以高效获取大范围图像数据，支持后续视觉分析与研究。

（3）环境监测

在环境监测方面，调研无人机通过搭载各类传感器，如气象仪器、气体传感器等，能够实现对环境参数的实时监测。无人机在大气污染、水质监测、自然生态变化等领域发挥着重要作用，灵活性和覆盖能力使其能够进入人工难以到达的区域，并提供及时准确的环境数据。

（4）基建检测

在基建检测领域，调研无人机可以通过搭载红外相机、激光扫描仪等设备，实现对建筑结构、道路状况等进行非接触式检测。这种方法在工程巡检、设施管理等方面具有应用潜力，为基础设施的安全检测、维护提供了技术支持。

（5）灾害管理

在灾害管理方面，调研无人机能够在灾害发生后迅速进入受灾区域，通过空中监测获取受灾情况的全局视角。无人机可以用于灾害评估、救援指挥等，能够帮助决策者了解灾情、规划应急措施，并在紧急情况下提供重要的数据支持。

5. 调研无人机优势特点

无人机在不同领域的应用中具备高效费比的显著优势，其快速飞行速度和广阔覆盖范围使得大片区域可以在短时间内被迅速调查和记录，从而有效满足了各领域的大范围数据采集需求。此外，无人机具有时间优势，能够迅速起飞并在短时间内覆盖大面积地区，有助于在紧急任务和灾害响应等情况下快速作出决策和制订行动计划。无人机可以在复杂、危险或难以到达的环境中执行任务，避免了人员风险，并保护了人员的生命安全。此外，无人机搭载先进的传感器和设备，可以获取高分辨率、高精度的数据，支持科学研究的深入分析。

例如在我国陕西地区，山区占比高，输电线路运维成本高，作业人员人身安全风险大。2022年，国网陕西省电力有限公司研究团队自主设计了一款多旋翼小型无人机，并在国内首次使用无人机进行电网线路的巡视与维护工作。该无人机续航能力60min，最大载重25kg，可搭载足够的RTV涂料，并具有良好的抗电磁干扰能力。

6. 调研无人机未来挑战与趋势

机器人跨域跃质的自主与协同作业是调研无人机的发展趋势之一。近年来，多旋翼无人机与轮、足式机器人结合的混合模态机器人研发层出不穷。未来机器人将是在多样化的介质中并存、并用、并行，通过自身多维度、多介质融合，实现广域的完备性。该特征越显著，机器人与人的能力越接近。

自动化与人工智能是调研无人机的发展趋势之二。通过引入先进的人工智能算法，无人机可以实现自主路径规划、避障、目标识别等功能，减少人为干预。未来的挑战在于如何实现无人机在复杂环境中的智能决策和自适应能力，以应对不同的调研任务和场景。

超视距任务是调研无人机的发展趋势之三。随着应用需求的不断增加，无人机在距离和高度方面的任务范围也在扩大。超视距任务涉及无人机与控制站之间的可靠通信，以及飞行中的导航和定位等问题。解决超视距任务的技术挑战将需要更强的通信技术、精确的导航系统以及鲁棒的飞行控制算法。

7.2 运营维护机器人

7.2.1 运营维护机器人概述

运营维护机器人（简称运维机器人）是一类具备自主行动和操作能力的智能机器人系统，专门用于执行各类建筑设备、设施以及基础设施的维护、检修和保养任务。运维机器人通过高度自动化和智能化的优势，实现对复杂设备的定期检查、故障诊断、维修和保养工作。这些机器人配备了各类传感器、执行器和操作装置，能够在不同环境和工作条件下灵活操作，从而提升维护工作的效率和准确性。

1. 运维机器人类型

（1）固定运维机器人

固定运维机器人是一类智能机器人系统，专门用于执行固定位置设备和设施的维护任务。这些机器人主要针对需要定期保养和检修的设备进行操作。它们通常被安置在设备周围的固定位置，通过预设的路径或程序执行维护任务，如清洁、润滑、检测故障等。这些机器人配备了各类传感器、工具和执行器，能够准确地执行精细的维护操作。

（2）移动运维机器人

移动运维机器人是一类具备自主移动能力的智能机器人系统，专门用于在各类工业、建筑和设施环境中执行移动式维护任务。这些机器人具备在不同地点之间自由移动的能力，通过导航、感知和规划系统实现对设备、设施的检修和维护。移动运维机器人可配备各类传感器、工具以及执行器，以应对不同类型的维护需求，如设备修复、故障检测、零部件更换等。

（3）空中运维机器人

空中运维机器人是一类具备飞行能力的智能机器人系统，专门用于执行空中维护任务。这些机器人通过飞行，能够进入难以到达或危险的高空环境，执行设备、结构或基础设施的维护和检修任务。空中运维机器人通常具备垂直起降、悬停、自主飞行等能力，通过搭载各类传感器和工具，实现对设备的检查、修复和保养。

（4）水下运维机器人

水下运维机器人是一类具备在水下环境中进行维护和操作任务能力的智能机器人系

统,被广泛应用于海洋工程、海底设施以及水下管道等领域,用于完成水下设备的检修、维护和保养工作。水下运维机器人通常具备防水性能、高压环境适应能力和远程操作特性,以应对水下复杂的工作环境和挑战。这些机器人配备了各类传感器、操作器械以及通信设备,能够在深海或浅海中实现高精度的维护作业。

(5) 爬行运维机器人

在工业和设施维护领域,爬行运维机器人作为一类具有特殊能力的智能机器人系统日益受到关注。爬行运维机器人能够在各种复杂环境中自由移动,如管道、垂直表面和狭小空间,通过特殊的爬行机构实现对设备和结构的检修和保养。这些机器人通过配备精密的传感器、执行器和导航系统,能够实现对目标位置的准确定位和稳定操作。在工作中,爬行运维机器人能够适应垂直和倾斜表面以及狭小空间,完成设备维护、清洁、润滑等任务,在提升维护作业效率的同时减少人工操作的风险。

2. 运维机器人应用场景

运维机器人被广泛应用于社会各个领域。

(1) 工业制造

在工业制造领域,运维机器人被广泛应用于设备维护、设施管理和生产线保养。这些机器人能够定期检查设备状态,清洁、润滑和更换零部件,从而保障生产线的正常运行和设备的可靠性。它们通过自主导航和自动化操作提高生产效率,减少生产停工时间和人力投入。

(2) 能源领域

在能源领域,运维机器人被应用于风力发电机组、太阳能电池板等设备的检查、清洁和维护。通过自主避障和高度自动化的特性,运维机器人可以在复杂的能源设施中进行操作,提高能源设备的效率和可靠性。

(3) 核心基建

在核心基建领域,运维机器人被广泛应用于核电站、污水处理厂等危险环境,完成设备的检查和维护工作,减少人员风险并确保设施的安全和稳定运行。

(4) 航空航天

在航空航天领域,运维机器人被用于航空器和航天器的保养和维修。根据特种任务定制的运维机器人可以进入航空器的狭小空间,进行设备的维护和修复。它们在航空航天设施中可以执行高难度的任务,提高设备的可用性和安全性。

(5) 医疗健康

在医疗健康领域,运维机器人用于医疗设施的维护和保养。机器人在医院内部执行清洁、消毒、送药等任务,减少医护人员的工作负担,提高手术的精准性和安全性。

3. 运维机器人优势

(1) 高安全性。由于维护作业往往涉及高风险的环境和任务,机器人的应用可以减少人员在危险区域的暴露,降低意外事故的概率。运维机器人配备了安全传感器和防碰撞技术,能够在复杂环境中实现智能避障和安全操作,确保任务可控和人员安全。例如在变电站等复杂环境中,结合了人机交互设计的智能运维机器人可极大提升运维效率,减少人员受伤的可能性。

(2) 高精度。机器人可以通过高分辨率传感器和精密的定位系统实现对设备的准确检测和操作。无论是在工业制造中的装配任务，还是在医疗健康领域的手术辅助，运维机器人都能够实现精细的操作，确保任务的准确性和可靠性。

（3）高效率。由于机器人具备自动化和智能化的能力，它们能够在短时间内完成复杂的运维任务，提高工作效率。运维机器人可以实现连续工作，不受时间和疲劳的限制，从而加快任务的完成速度，降低生产中断的风险。

4. 运维机器人未来发展趋势

首先，随着人工智能和机器学习技术的不断应用，运维机器人将更加智能。它们能够通过数据分析和模式识别，预测设备故障并自动进行维护，从而降低停机时间，提高维护效率。

其次，运维机器人的多模块、多工具功能将成为未来发展方向。运维机器人将具备更多的功能模块和操作工具，以适应多种维护任务需求。这也将进一步提高机器人的灵活性和适应性，满足不同领域和行业的多样化需求。

另外，飞行机器人与地面机器人技术的融合将加速运维机器人的发展。无人机能够在复杂环境中实现高效的巡检和监测，与地面维护机器人协同工作，将极大地提高维护范围和效率，尤其是在大型基础设施和难以到达的地方。

此外，运维机器人的人机协作将成为重要发展趋势。这种协作模式能够充分发挥人类的判断力和技能，同时结合机器人的精确性和自动化能力，实现更高效、更安全的维护工作。

总而言之，未来运维机器人的发展趋势将呈现智能化、多功能化、融合化和协作化等特点。这些趋势将推动运维机器人技术的创新和突破，为各行业的设备维护和保养提供更高效、更可靠的解决方案。

7.2.2 立面维护机器人

1. 立面维护机器人定义与结构

立面维护机器人是一类专门用于执行建筑外墙维护任务的智能机器人系统，对高楼大厦外墙的清洁、维修和保养起着重要作用。立面维护机器人配备各类传感器、工具以及机械臂，自主导航、智能避障和定位技术使其能够在复杂的建筑结构上执行高效、安全的维护任务。大部分立面维护机器人都由底盘和驱动系统、传感器系统、机械臂和工具端、控制计算单元、电源管理系统和通信装置等六大部分组成，以满足建筑外墙维护的多样需求。

2. 立面维护机器人功能与技术

立面维护机器人的工作流程通常分为巡检、清洁和修复三个阶段。

在巡检阶段，立面维护机器人通过其搭载的传感器系统，如摄像头、激光传感器等，对建筑外墙进行全面扫描和检测。通过视觉和感知能力，机器人捕捉并分析外墙表面的细微瑕疵、损伤或污染，并将数据传输至控制中心或操作人员，以便进一步评估外墙维护需求。

在清洁阶段，机器人根据巡检所获得的数据，确定需要清洁的区域和类型。根据任务需求，机器人配备不同的工具，如清洁刷子、高压喷洗器等，利用其多自由度的机械臂，将工具精确地定位到外墙表面，进行彻底清洁作业。机器人配备的视觉传感器还可监测清洁效果，并在完成清洁任务后进行验证。

若外墙存在损伤或瑕疵，机器人将进入修复阶段。在这一阶段，机器人携带相应的修复工具，如喷涂器、填充器等，根据之前巡检所获得的数据定位到损伤区域，进行修复操作。通过利用高精度的机械臂，机器人能够实现对外墙进行涂覆、填充等修复动作，确保修复效果准确无误。

3. 立面维护机器人形式分类

（1）滞空型

滞空型立面维护机器人是一类能够在空中悬浮并进行立面维护的机器人。它们通常为无人机或飞行器的形式，利用螺旋桨或喷气等推进系统，实现在空中的悬浮和移动。滞空型机器人适用于高楼大厦等难以到达的区域，可以快速移动到不同位置进行巡检、清洁和修复。

（2）攀爬型

攀爬型立面维护机器人是能够在建筑外墙表面爬行并进行立面维护的机器人。它们配备特殊的爬行机构，如吸盘、足式机构等，能够紧密附着于外墙表面，实现垂直和水平的移动。攀爬型机器人具备较高的精确性，能够适应各种建筑形状和角度，执行清洁和修复任务（图7-3）。

图7-3　Erylon立面维护机器人
（图片来源：《建筑机器人——技术、工艺与方法》）

（3）协同型

协同型立面维护机器人是一种结合多种机器人技术的综合型机器人。这类机器人通常包括滞空型、攀爬型等多种机器人类型，通过协同工作以实现更复杂的维护任务。协同型机器人能够充分发挥不同机器人的优势，提高维护效率和多样性。

4. 立面维护机器人优势与发展挑战

立面维护机器人在建筑维护领域展现出明显的优越性。机器人的应用显著提升了维护人员的安全，提高了维护任务效率，削减了时间和成本。机器人的感知技术和定位系统保证了操作的精确性，并促使其成为巡检、清洁以及修复等多功能维护任务的合适之选。同时，立面维护机器人也面临着一系列挑战，如复杂多样的建筑结构增加了机器人在复杂维护环境中的操作难度，高级导航、智能避障等高级技术带来的技术层面的挑战等。通过引入人工智能与自动导航技术增强机器人的感知与自主决策能力，可以在未来帮助立面维护机器人应对这些挑战。

7.2.3 建筑清洁机器人

1. 建筑清洁机器人定义与结构

建筑清洁机器人是一类利用先进的机器人技术和自动化方法，自主执行建筑物内部清洁任务的智能机器人。这些机器人配备了多种传感器和导航系统，能够识别环境、规划清洁路径，并执行吸尘、擦拭等清洁动作。建筑清洁机器人通常由感知系统、导航和路径规划系统、工具端、动力系统、控制计算单元、通信模块、安全系统及数据储存与分析模块构成。

2. 建筑清洁机器人应用领域

（1）表皮清理

建筑物的表皮清理通常包括地面、墙壁和天花板的清洁。建筑清洁机器人使用各种技术和工具来完成任务，可以通过自主导航系统在建筑物内移动，并根据需要执行清洁操作。

（2）窗户清理

建筑物的窗户是清洁难点之一，尤其在高层建筑中。建筑清洁机器人通常采用吸盘和无线控制系统，可以在窗户表面移动，并配有清洁窗户的工具和装置。机器人通过吸盘来保持稳定，并确保在清洁过程中不会对窗户或周围环境造成损坏。

（3）建筑幕墙清理

建筑清洁机器人使用不同的技术和工具来清洗和维护不同类型的幕墙。对于金属幕墙，机器人可能使用高压水枪和喷水装置来清洗表面的污垢；对于石材立面，机器人可能会使用刷子和吸尘器来清除尘土和杂物。机器人还可以配备传感器和自主导航系统，以确保在进行幕墙清洁时的稳定性和安全性。

3. 建筑清洁机器人形式

结合使用场景，建筑清洁机器人的形式主要包含攀爬型、滞空型和协同型三种。

（1）攀爬型

攀爬型建筑清洁机器人用于清洁垂直表面，通常使用吸盘、电磁组件或其他附着装置来保持其在表面上的稳定。它们具备自主导航和攀爬移动能力，以便在清洁过程中避开障碍物。

（2）滞空型

滞空型建筑清洁机器人是一种悬浮在空中的机器人，可以在建筑物内部或外部进行清洁操作。这些机器人通常采用飞行器或无人机的形式，具备自主飞行的能力，配有机载传感器。机器人可以通过悬停、移动和调整高度来实现清洁任务。

（3）协同型

协同型建筑清洁机器人采用多机器人系统，通过合作和协调完成复杂的清洁任务。这些机器人可以具有不同的功能，通过高效的通信系统互相配合以完成清洁工作。协同型机器人系统能够提高清洁效率和准确性，特别适用于大型建筑物或复杂环境。

7.2.4 通风系统检查机器人

1. 通风系统检查机器人定义与结构

对于大规模或复杂的建筑物来说，通风系统的检查和维护往往是一项具有挑战性和耗时的任务。通风系统检查机器人被用于进入并维护建筑内复杂的空气通道网络，在确保室内空气质量、高效的暖通空调系统和整体建筑健康方面起着至关重要的作用。

2. 通风系统检查机器人功能和技术

通风系统检查机器人通常由多个关键部件组成，其中包括导航系统、传感器、执行器和通信模块等。此外，一些高级通风系统检查机器人还具有图像处理和数据分析功能，可以对收集到的数据进行实时分析和评估，为建筑管理人员提供决策支持。

3. 通风系统检查机器人形式

（1）精巧紧凑型

这种机器人的设计具备小巧轻便的外形，以便进入狭窄、难以到达的通风管道和空间。它们通常采用模块化结构和灵活的关节，使其能够穿越复杂的路径和弯曲的通道。精巧紧凑型机器人在导航和操作方面具有高度的机动性和灵活性，能够适应烦琐细致的检查目标，并及时获取有价值的信息。例如应用于管道环境中的小型机器人，通过模块化方法配置不同紧凑型任务机型以实现管道清洁、监测与维修任务。

（2）特殊机制型

这种机器人采用了特殊的机制与结构设计，以应对特定的安全或技术挑战。例如，某些通风管道可能存在高温、高压、强辐射或化学毒性等环境条件，特殊机制型机器人配备了相应的保护装置和材料，以确保其在恶劣环境下的安全运行。此外，特殊机制型机器人还可以具备隔爆、自消防、耐腐蚀和耐高温等特殊功能，以适应复杂多变的工作环境。

（3）多传感器融合型

这种机器人融合了多个传感器，以提供更全面、准确的通风系统检查能力。例如，机器人可以搭载温度传感器、湿度传感器、气体浓度传感器和空气流速传感器等，同时利用图像识别和视觉传感器来检测通风管道内的污垢、积尘和损坏情况。多传感器融合型机器人通过将不同传感器的数据进行整合和分析，能够提供通风系统状态评估，并帮助操作人员制定相应的维护计划。

以上三种形式的通风系统检查机器人在设计、结构和功能方面各有特点，可以根据具体需求选择适合的机器人来高效、准确地进行通风系统的检查和维护。

4. 通风系统检查机器人发展挑战

通风系统检查机器人当前面临的主要挑战包括三个方面：

首先是导航复杂度高。通风系统通常位于建筑物内部的狭小、拥挤或难以到达的区域，如管道、风道等。机器人需要具备精确的导航能力，能够自主规划路径、避开障碍物，并准确到达目标位置。导航技术的挑战在于解决室内定位、三维空间感知和路径规划等问题。

其次是通风系统自身的复杂度高。通风系统通常由多个组件和设备构成，例如风机、过滤器、换气口等。机器人需要对这些组件进行检查和维护，包括识别故障、清洁污染物、更换零部件等，因此需要具备灵活性和适应性。

最后是结合人工智能的自主系统集成难度大。通风系统检查机器人需要集成人工智能和自主系统，以实现自主决策和操作。机器人还需要具备学习能力，可以通过传统规则、机器学习和深度学习等方法进行知识积累和智能决策。

尽管如此，随着导航、模块化设计、智能化、人机协作等技术的不断进步，机器人将在通风系统检查领域发挥越来越重要的作用，提高工作效率、减少人为错误，并为建筑运维管理带来新的发展动力。

7.3 破拆机器人

7.3.1 破拆机器人概述

破拆机器人（Demolition Robot）是一种先进的重型机械，用于远程或半自主地进行拆除工作，并进行可回收材料的分离和收集。这些机器人配备了各种工具和附件，如液压破碎锤、混凝土破碎机、剪切器或抓取臂等，以有效地拆解或粉碎不同材料。一旦建筑物的构件被拆除下来，机器人可以将它们进行分拣、分类和储存，以备后续的回收利用。构件材料可以通过再循环、再加工或重新利用的方式，减少资源浪费并降低环境影响。

破拆机器人被广泛应用于城市建筑拆除、隧道施工、水泥工业、核工业以及应急救援等领域。这些机器人系统融合了多个技术学科，如机械设计与制造、液压技术、信号处理和自动控制等。随着我国社会经济的快速发展，高危作业场所中的拆除、搬运和救援需求大幅增加。智能破拆机器人的特性和优势使其成为处理这些特殊工况下作业的最佳选择。第一个使用遥控、液压驱动和自动破碎的破拆机器人由瑞典的 BROKK 公司在 20 世纪 70 年代开发。随后近 50 年内，国内外的破拆机器人行业飞速发展。国外主要有德国 TopTec、瑞典富世华、日本 TMSUK、芬兰 AVANT 等公司生产的破拆机器人；国内破拆机器人则有惊天智能装备股份有限公司研发生产的 GTC 系列破拆机器人、詹阳动力重工有限公司研发生产的 JY903-C 型破拆机器人以及宣化鼎信矿冶机械有限责任公司研发生产的 DXCC 系列多功能拆除机器人。

破拆机器人通常紧凑灵活，操作员可以远程操纵机器人进行精确的拆除工作，以最大限度地降低受伤风险，提高生产力。破拆机器人的优势包括：

（1）安全性。破拆机器人可以执行危险、高风险的拆除任务，减少工人暴露在危险环境中的风险。机器人可以承担人类难以处理的任务，如爆破、高空拆除和有毒物质处理。

（2）高效性。破拆机器人具备高速、高精度的操作能力，可以快速、准确地执行拆除任务。相较于人工拆除，破拆机器人可以大大缩短拆除时间，提高工作效率，并可长时间持续工作。

（3）适应性。破拆机器人具有各种专用工具和附件，可以有效处理不同类型的材料，如混凝土、钢铁、木材。通过制造紧凑尺寸的机械，使其可以进入走廊或隧道等狭小空间。

（4）环境友好性。破拆机器人可以减少传统拆除方法产生的噪声、灰尘和振动，从而对周围环境和附近建筑物的影响最小化。

总体来看，破拆机器人是传统拆除技术的安全、高效和多功能替代品，在建筑、土木工程和基础设施开发等各个行业中可以实现精确、受控的拆除操作。在类型上，破拆机器人主要分为拆除机器人和回收机器人两类。

7.3.2 拆除机器人

1. 拆除机器人定义与结构

拆除机器人是指专门设计和制造用于拆除和解体工作的机器人。它们通常具有强大的力量和精确的操作能力，以执行拆除任务。拆除机器人通常包括以下几个方面的组件和部件：

（1）机械结构：拆除机器人的机械结构包括机身、臂杆、关节、连接件和底盘等部分。这些组件构成了机器人的骨架和支撑结构，使其能够完成各种拆除任务。

（2）动力系统：动力系统用于提供机器人的动力和驱动力，包括电动机、液压驱动系统、气动驱动系统或其他类型的能源和传动装置，以实现机器人的运动、操作和力量输出。

（3）控制系统：控制系统是拆除机器人的控制中枢，通常由计算机、传感器、控制器和执行器组成。它负责接收和处理操作指令、获取环境信息，并控制机器人的运动、动作和工作过程。

（4）感知系统：感知系统通过传感器和检测装置来获取环境信息和工作对象状态，以支持机器人的自主感知和决策能力，如摄像机、激光雷达、声呐、距离传感器等。

（5）工具和末端执行器：拆除机器人通常需要配备具有特定功能的工具和末端执行器来完成具体的拆除任务。这些工具包括夹持器、割断器、冲击器、钻头等。

2. 拆除机器人功能与技术

以移动方式分类，拆除机器人可以分为履带式拆除机器人和轮胎式拆除机器人：

（1）履带式。履带式是拆除机器人中最常见的行走方式之一。履带具有出色的地面附着力，能够承受较小的压力并具备强大的承重能力，因此适用于破拆工作中的各种复杂路面，包括不平整地面和泥泞地。履带式行走装置具有良好的机动性，无需特别铺设道路即可通过窄沟、陡坡和其他障碍物，而且转弯相对较为容易。

（2）轮胎式。在拆除机器人中，轮胎式行走装置相对罕见，其优点是行进速度较快，维修相对容易。然而，轮胎式行走装置对路面要求较高，承载能力较低。同时，轮胎式拆除机器人在工作振动下，由于刚性连接和工具头反冲击力等因素，会导致精度下降。

以末端执行器和拆除方法分类，拆除机器人可以分为以下几种类型：

（1）冲击式拆除机器人。这种类型的机器人通过液压系统提供动力，采用液压破拆工具（如液压锤）进行破拆作业，通常具备较高的破拆力和灵活性，适用于不同类型的破拆任务。

（2）切割式拆除机器人。切割式拆除机器人使用切割工具进行破拆作业，常见的切割方式包括激光切割、火焰切割、喷水切割等，可以用于金属、混凝土等材料的破拆。

（3）剪切式拆除机器人。剪切式拆除机器人主要用于金属材料的破拆，通过剪切工具（如液压剪切器）进行操作，可以精确地切断金属结构，具有较高的效率和安全性。

3. 拆除机器人的应用领域

（1）建筑拆除：拆除机器人可用于拆除建筑物、工业设施以及其他结构物。它们可以安全、高效地拆除不再使用的建筑物，减少人工操作的风险。

(2) 抢险救援：在灾难发生后，拆除机器人可以用于救援任务，例如在地震后的废墟中搜寻幸存者。它们可以进入危险区域进行搜索和清理工作，减少人员受到的威胁。

(3) 核辐射清理：拆除机器人在核辐射污染区域中的应用可以减少人员暴露于危险环境的风险。它们可以用于清理核电站事故后的污染物。

(4) 矿山和采石场：拆除机器人可以在矿山和采石场中用于移除大块岩石或杂质，从而帮助提高生产效率。

(5) 环境整治：在需要进行环境整治的区域拆除机器人可以帮助清理废弃物、拆除污染的建筑物，从而改善环境质量。

4. 拆除机器人的典型式样

瑞典布洛克（BROKK）公司是破拆行业的引领者，在售的拆除机器人有 9 个型号，每个型号都配备有不同的工具头。其中 BROKK 70 是其产品中的最小型号，也是世界上最小的拆除机器人，机身仅 560kg，然而可以携带重量超过 100kg 的末端执行器。该机器人采用 9.8kW 布鲁克智能电力™电气系统，仅使用 16A 供电，就将 BROKK 的功率重量比提升到新的高度。它可以在狭小空间内实现安全、高效拆除工作，广泛应用于楼层拆除作业。BROKK 900 是 BROKK 产品中最大的机型，可部署重达 1.5t 的末端执行器，具有可 360°旋转臂，运动平稳，具有热保护功能，适用于金属工厂中炽热的耐火材料工作（图 7-4）。

图 7-4 瑞典布洛克公司（BROKK）拆除机器人
(图片来源：《建筑机器人——技术、工艺与方法》)

近几年，随着市场对拆除机器人需求量的增加以及为了打破国外的垄断，我国陆续出现了一批具备核心竞争力的相关产品，其中具代表性的有惊天智能装备股份有限公司研发生产的 GTC 系列破拆机器人、詹阳动力重工有限公司研发生产的 JY903-C 型破拆机器人以及宣化鼎信矿冶机械有限责任公司研发生产的 DXCC 系列多功能拆除机器人。徐工、三一重工以及山河智能等公司也进行了智能遥控破拆机器人的相关研究。惊天智能装备股份有限公司研发生产的 GTC 系列破拆机器人是一种用于特殊工况代替人工的精细化施工产品，能极大地提高工作效率并降低施工事故的发生。它广泛应用于冶金炉窑打渣、水泥回转窑拆砖、抢险救援及排爆、建筑室内拆除、矿山隧道撬毛、破大块、核设施退役以及放射性废物处置等领域。该机器人具有功率大、灵活性强、操控性好、智能化程度高等特点，部分产品远销国外。GTC 系列的代表产品是 GTC120-C，它是 GTC 系列中拆除能力最强的机器人，其尺寸、工作范围和功率已接近 BROKK900 级别。

7.3.3 回收机器人

1. 回收机器人定义与结构

建筑拆除废物被定义为由建造、翻新和拆除活动产生的剩余或损坏的产品和材料。拆迁废物通常占产生的废物总量的比例最大。例如，在澳大利亚，拆建废物约占所有行业部门年度废物总量的 2%，现场拆建废物回收以及直接在建筑工地上对废物进行分类，可以最大限度地减少与废物运输和储存相关的成本和污染问题。回收机器人是一种专门被设计用于在建筑工地或拆除现有建筑物时收集、分类和处理废弃物的智能机器人系统。它们旨在提高废弃物管理的效率和可持续性，减少环境影响，并减少人力资源的需求。回收机器人的主要构成通常包括以下几个方面的组件和部件：

（1）感知系统。这部分包括各种传感器，用于感知周围环境、识别待回收的建筑废料和材料。这些传感器可能包括摄像头、激光雷达、深度传感器等，以帮助机器人理解周围环境的情况。在复杂的建筑工地环境中，机器人需要具备导航和路径规划能力，以避免障碍物、找到有效的回收路径，并完成指定任务。

（2）运动系统。运动系统通常包括轮子、履带、关节等运动装置，以及控制机器人运动的电机和执行器。回收机器人需要在大范围进行移动从而对固体废弃物进行识别和分拣。

（3）材料识别与分类系统。为了能够正确回收不同类型的建筑材料，机器人需要具备材料识别和分类的能力，其可以通过机器视觉技术和传感器来实现，以区分金属、混凝土、木材等不同种类的材料。

（4）抓取和分拣系统。机器人需要能够准确地抓取和分拣不同类型的建筑废料和材料。这可能包括机械臂、夹爪、磁性抓取器等工具，以确保机器人可以安全且有效地处理不同形状和重量的物品。

（5）建筑材料处理系统。一旦建筑废料被收集起来，机器人需要对其进行处理，例如压缩、切割、破碎等，因此需要配备适当的工具和设备，以确保废料可以方便地被进一步处理或再利用。

2. 回收机器人功能与技术

回收机器人通常具备以下功能和特点：

（1）自动收集和分类。机器人可以自动巡视工地、建筑现场或废弃物堆放平台，将废弃物按照不同的类别进行分类，如金属、混凝土、砖块、木材等。

（2）物体识别。机器人配备了先进的视觉和感知技术，能够准确地识别和辨别不同类型的废弃物，确保正确分类。

（3）搬运和处理。这些机器人可以搬运和处理废弃物，将其从工地运送到相应的处理区域，或者直接进行初步处理，如破碎、切割等。

（4）自动化操作。机器人的操作可以自动化执行，减少了人力干预的需求，提高了工作效率和安全性。

（5）数据收集和分析。机器人可以收集废弃物处理过程的数据，如分类数量、废弃物种类等信息，这些数据有助于工地管理者进行资源规划和决策。

（6）人机协作。考虑到某些任务可能需要人类的干预和判断，机器人系统也可以与人类工作人员协作，实现更高效的工作。

3. 回收机器人的应用领域

回收机器人根据应用场景的不同可以分为两大类：现场回收机器人和工厂现场回收机器人。现场回收机器人是在实际废弃物产生地点进行回收和处理的机器人，通常在建筑工地、拆除现场、城市街道等环境中执行回收任务。工厂现场回收机器人是在工业生产环境中专门用于回收和处理废弃物的机器人，通常在制造工厂、加工厂等环境中执行回收任务。

4. 回收机器人的典型式样

产品设计师 Omer Haciomeroglu 设计的概念机器人 ERO，通过一种反转混凝土浇筑方式的精确过程（"水力拆除"过程），实现了混凝土的拆解。在"水力拆除"过程中，机器人利用高压喷射技术攻击混凝土中的微小裂缝，小块混凝土被吸入离心离析器进一步分解，直至成为可再利用的骨料，并打包以便于运输，钢筋被完好无损地保留下来。通过这种系统使得拆除废料能够直接再利用。

香港科技大学设计了建筑废弃物分类回收机器人，通过同步定位和映射（SLAM）实现实时导航。其采用深度学习方法和高精度三维物体拾取策略，对废弃物进行准确识别和稳定抓取。该机器人的传感器模块由三台环境感知设备组成，分别是一台 3D Velodyne LiDAR PUCK-16（VLP-16）和两台 D435i 摄像头。LiDAR 使机器人在约 100m 的工作范围内可以达到 3cm 的定位精度。D435i 摄像头是一款先进的立体深度摄像头，可以同时采集 RGB 图像和深度图像。深度图像以小于 2% 的误差在 2m 范围内呈现相机与物体之间的距离。机器人底座是 Robotnik Summit XL 移动机器人，尺寸为 720mm × 613mm × 392mm，配备了 4 个大功率电机轮，可以通过滑移转向配置很好地适应复杂的户外环境。该机器人最大速度为 3m/s，最多可承载 20kg 的重量，配备了 6 指抓手 KG-2 的 2 自由度 Kinova MICO2，该机械手的有效载荷为 1.3kg。

Terex 集团旗下 Zenrobotics 公司研发的同名固体废弃物回收系统中的重型固体废弃物拾取器可以拾取重达 30kg 的物体，每小时可执行多达 24000 次拣选。该机器人借助各种传感器、重型机器人手臂和人工智能技术，能够轻松分离固体废弃物。2021 年，Zenrobotics 公司采用 12 台重型拾取器创建了材料回收设施，每年可以处理 120 万 t 建筑垃圾。

【本章小结】

本章内容主要包括其他智能建造机器人功能类型、技术特点和应用案例。智能建造是一个知识维度多元、实施流程复杂的实践体系，除匹配建造工艺的核心建造机器人之外，有相当数量的环节需要引入其他辅助类型的机器人进行配合，甚至针对特定环节进行机器人研发，以达到整体智能化程度的提升。本章主要介绍了其他智能建造机器人的概念、原理、功能与技术、应用案例相关知识，建立完整的智能建造机器人知识体系和应用场景。

思考与练习题

1. 现场勘探机器人的基本结构包含哪些部分？
2. 调研无人机的一般工作步骤包括_____、_____、_____、_____、_____五个阶段。
3. 移动勘探机器人的主要应用场景包含哪些？
4. 固定翼无人机与多旋翼无人机的优劣势分别有哪些？
5. 请列举教材中尚未提及的混合模态无人机类型？
6. 运营维护机器人的主要类型包括_____、_____、_____、_____、_____等。
7. 通风系统检查机器人主要可分为_____、_____、_____三种主要类型。
8. 破拆机器人如何进行材料破拆和清理工作，以确保安全和高效的拆除过程？
9. 破拆机器人如何进行目标识别，以避免破坏有价值的结构或设备？
10. 破拆机器人如何应对不同类型的建筑材料和结构，例如混凝土、砖块、钢结构等？

思考与练习题
参考答案

8 智能建造机器人产业化发展

【知识图谱】

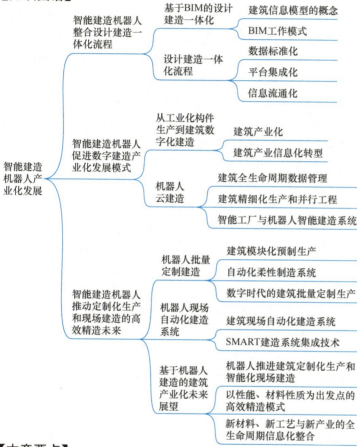

【本章要点】

知识点1. 基于BIM的设计建造一体化与工作流程。

知识点2. 智能建造机器人促进数字建造产业发展模式。

知识点3. 机器人批量定制建造与现场自动化建造系统。

知识点4. 基于机器人建造的建筑产业化未来。

【学习目标】

(1) 理解基于BIM的设计建造一体化的概念与原理。

(2) 熟悉设计建造一体化流程中的数据标准化、平台集成化和信息流通化的实现方式。

(3) 了解智能建造机器人促进数字建造产业发展模式。

(4) 熟悉建筑批量定制生产和机器人现场自动化建造系统的工作原理和技术特点。

(5) 了解基于机器人建造的建筑产业化未来趋向。

8.1　智能建造机器人整合设计建造一体化流程

8.1.1　基于 BIM 的设计建造一体化

在实际工作中，建筑项目通常会被分解为多个独立部分，由不同设计单位负责。当项目管理者具备强大的组织和协调能力时，这种分割能够带来良好的结果。然而，许多项目统筹存在不足，导致管理"碎片化"，进而引发大量冲突、重复劳动以及频繁变更，工程超支和质量低劣等问题也随之出现。在这种情况下，建筑信息模型（Building Information Modeling，BIM）成为建筑学、工程管理及土木工程解决该问题的新工具。

BIM 作为建筑行业数字化转型的核心技术，能够支撑建筑设计建造一体化，允许不同单位、部门共同参与项目设计、建造和维护。BIM 通过构建虚拟的建筑工程三维模型，利用数字化技术建立完整的、与实际情况一致的建筑工程信息库。该信息库不仅包含描述建筑构件的几何信息、专业属性及状态信息，还包含非构件对象（如空间、运动行为）的状态信息，从而为工程项目的利益相关方提供工程信息交换和共享的平台。

建筑设计过程可以分为四个阶段——决策分析、建筑设计、建造施工和生产运营。上述环节传统上被视为独立的阶段，然而设计和建造相分离常常导致信息传递存在问题。设计阶段产生的图纸可能没有考虑到实际施工的技术细节和限制，因此往往无法直接转化为施工所需的详细指令。施工人员在执行过程中出现误解、错误和不一致，又可能增加项目的风险和成本，设计和建造的分离令项目的变更也变得相当困难。因此，在基于 BIM 的设计建造一体化流程中，设计和建造过程被信息模型紧密融合，信息可以实时传递，从而减少误差和重复工作。设计师在进行建模和设计时，将包括几何形状、材料属性、构件尺寸、施工工序等的各种信息直接嵌入模型中。设计完成后，施工人员可以直接访问 BIM 模型，获取施工所需的所有信息。通过 BIM 模型的共享，设计师和施工人员可以实现即时交流与协作，避免信息传递过程中的不一致和误解。施工人员可以更好地理解设计意图，同时也可以提供反馈和建议给设计师，以进一步优化设计方案。智能建造机器人作为数字化建造工具，可以直接读取 BIM 模型中的信息，进行自主决策和操作，从而实现高效且准确的施工。

8.1.2　设计建造一体化流程

在设计建造一体化流程中，需要满足数据标准化、平台集成化和信息流通化。数据标准化需要确保不同软件之间的信息交换准确无误，因此将数据以 IFC（Industry Foundation Classes）格式进行标准化。IFC 是建筑、工程和设备领域中用于描述建筑信息的开放标准，可以实现不同软件之间的互操作性。平台集成化要求将设计、施工、监理等各个环节的数据集成在一起，使得各个环节之间可以进行有效的信息传递和协同工作。信息流通化是指设计阶段产生的数据需要能够顺畅地流通到机器人建造阶段，确保设计意图得以精准执行，避免信息传递和理解层面的误差。

设计建造一体化打破了传统设计与建造相分离的状况。不同于早期从设计"意图—制图—再现—建造"过程，通过借助 BIM 和参数化设计方法，依托人机协作重新建立起从

"设计"到"建造"之间的全新连接，形成基于设计"意图、生形、模拟、迭代、优化与建造"的一体化工作流程。在感知阶段，通过传感技术智能建造机器人可以感知周围环境，实时调整施工姿态。生成阶段则基于感知信息，生成建筑设计方案。迭代和优化阶段依赖数字模拟技术和历史数据，不断改进方案。智能建造机器人的引入增强了设计建造一体化的实现。智能建造机器人作为一种多自由度、高精度、高效率的数字化建造工具，能够充当设计与建造之间的媒介，提供一种数据与动作、虚拟与现实之间的交互界面，这使得建筑师对从设计到建造的全过程把握更加游刃有余。

2005年，法比奥·格拉玛齐奥（Fabio Gramazio）和马蒂亚斯·科勒（Matthias Kohler）在瑞士苏黎世联邦理工学院（ETH Zurich）创建了全球第一个智能建造机器人实验室，展示了数字技术与物理建造之间无缝连接的目标。由 Construction Robotics 公司开发的砖瓦施工机器人 SAM（Semi-Automated Mason），能够自动将砖块精确地放置在建筑物的墙壁上，进而提高施工速度和准确性。由澳大利亚公司 Fastbrick Robotics 开发的机器人 Hadrian X，能够快速而精确地将砖块放置在正确位置，进而大大提高了砖墙建造的效率。由波士顿动力公司开发的四足机器人 Spot 机器狗，用于巡视和监测建筑工地，收集数据、拍摄照片和视频，以及进行安全检查。TyBot LLC 公司开发了用于钢筋混凝土桥梁自动化焊接的机器人 Tybot，能够在桥梁上自动移动并进行高效焊接作业。基于智能建造机器人整合设计建造一体化流程已经成为建筑业发展的必然趋势。这一流程的变革不仅提升了建造效率和质量，还为建筑业带来了更多创新的可能性。

8.2　智能建造机器人促进数字建造产业化发展模式

8.2.1　从工业化构件生产到建筑数字化建造

建筑产业化的核心是生产工业化，而生产工业化的本质是生产标准化、生产过程机械化、建设管理规范化、建设过程集成化以及技术生产科研一体化等。

建筑产业化早在20世纪初期便已见雏形。1995年，正值建筑工业化和装配式住宅探索的黄金时期，由澳大利亚、加拿大、欧盟、日本、瑞士和美国超过250家公司和200个研究机构共同推动了名为"智能建造系统"（Intelligent Manufacturing Systems，IMS）的全球项目。该计划的目标是建立一套完整的"建筑自动化集成系统"（Integrated Construction Automation，ICA）。在1998—2001年间取得的一系列成果很大程度上冲击了建筑业。

随着全生命周期的管理理念、BIM 等信息一体化工具以及机器人建造等数字化设计与建造技术的发展，大大促进了建筑产业向模块化、性能化、定制化方向转变。建筑产业也在设计建造一体化理念的指导下，逐步向信息化转型。其中，机器人建造技术扮演了重要角色：一方面，机器人建造技术实现了建造过程的自动化、信息化升级，并通过 BIM 整合设计、施工、结构、管理等过程，最终实现建筑全生命周期的精准分析和精确建造；另一方面，机器人建造技术能够整合建筑业的上下游环节，将以性能为导向的数字设计、材料科学、创新建造工艺、先进施工技术进行全面融合。以智能建造机器人为导向的建筑产业化将站在一个更长远与持续的角度来看待建筑领域的诸多问题，充分发挥机器人建造技术的精确、高效等特点，最终实现建筑的集约化生产（图8-1）。

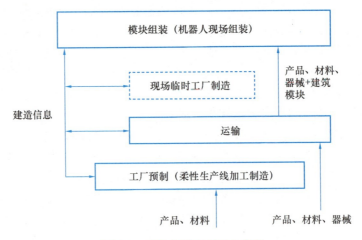

图 8-1　建筑产业化流程示意图

8.2.2　机器人云建造

第四次工业革命带来的信息化与智能化，实现了信息集成与动态网络。新技术驱动的建筑产业化核心是建立清晰的建筑全生命周期信息系统，将设计完整地从三维模型转译为机器人数据代码，借助智能化建造装备，实现精确预制或现场建造。这种建立在一体化信息系统之上的机器人建造模式也可以称为云建造。在机器人云建造系统中，建筑物理信息被提取并储存至管理平台。从物理信息的虚拟化，到建筑构件的机器人生产，以及最终在建筑工地完成现场装配和建造，所有步骤都处于云平台的控制之下。机器人对信息技术的兼容性决定了其在云建造中扮演的角色。依靠庞大的传感系统，机器人能够与虚拟环境以及现实环境实现快速通信和反馈，其活动自由度及协同能力能够最大化地实现云平台建造需求。

1. 建筑全生命周期数据管理

建筑生产过程中往往涉及非常多的部门，会产生非常庞大的数据。建筑产业化的核心原则之一是整合生产线上的所有环节，通过统一的管理系统进行数据的全方位控制，保证生产进度和精度。建筑计算机辅助设计、建筑建造、设备管理、质量监测、进度控制等环节都是保证建筑完成度的重要部分，需要进行全方位的数据集成和管理。例如日本在20世纪90年代建立的清水先进机器人技术制造系统（Shimizu Manufacturing System by Advanced Robotics Technology，SMART）实现了高度自动化集成，能够完成钢框架安装和焊接、混凝土地板铺设、内外墙面板安装，以及各种其他构件安装。它还以综合信息管理系统的方式广泛地通过信息技术集成了项目的设计、规划和管理等活动（图8-2）。

2. 建筑精细化生产和并行工程

"精细化生产（Lean Production）"和"并行工程（Concurrent Engineering）"是建筑自动化集成系统的两个核心理念。该理念要求产品开发人员从一开始就考虑到产品全生命周期（从概念形成到产品报废）的各阶段因素（如功能、制造、质量、成本、维护与用户需求等），并强调各部门之间的协同工作，综合考虑各相关因素影响，从而使产品在设计阶段便具有良好的可制造、可装配、可维护及可回收再生等特性。

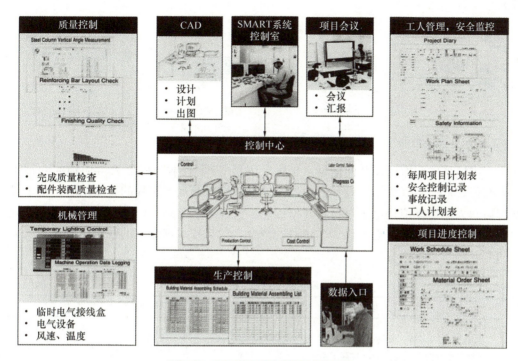

图 8-2 SMART 数据管理系统图示

（图片来源：作者根据《The SMART System: an integrated application of automation and information technology in production process》资料翻译绘制）

与 BIM 技术的充分结合是精细化生产和并行工程理念在建筑领域得以实现的必经之路。BIM 以建筑工程项目的真实信息作为基础，通过三维建筑模型，实现工程监理、物业管理、设备管理、数字化加工、工程化管理等功能。该过程将设计、施工、监理单位等项目参与方在同一平台上组织起来，共享同一建筑信息模型，在建筑的设计、生产和维护等诸多阶段进行精细化管理，有效缩短工期、节约成本、保证质量，提高项目完成度。

3. 智能工厂与机器人智能建造系统

相比十年前提出的建筑全生命周期数据管理系统和精益化生产概念，信息技术革命下的建筑产业化注定将对设计与生产系统的智能性提出更高的要求。无论是将设计制造过程与 BIM 系统对接，还是再建立一套完整的信息管理系统，都已经无法满足数字时代对非标准化建筑设计和构件定制的要求，同时也难以应对高难度复合结构的计算和优化问题。建立在信息物理系统上的智能工厂能够更加智能地组织工业自动化系统，形成一套"自组织"的生产线。在智能工厂中，物理设备与数字信息实时关联，通过大数据计算、机器学习进行数据管理，实现设备间的智能互动。生产线从单一节点变成可以"对话"的智能系统，通过不断地收集、计算数据并进行实时反馈，生产设备能够根据制造物件的属性进行调整（图 8-3）。

作为智能工厂的重要环节，智能建造机器人对于推动建筑生产与建造的智能化发展具有重要意义。智能建造机器人不仅能够依靠其运动能力满足复杂多样的建筑形式与空间目标需求，开放性使其成为智能工厂信息集成的关键环节。在设计阶段，机器人建造能力可以作为数字设计的参数之一融入设计流程当中。在深化过程中，机器人数字模拟工具可以

物理信息　　　工业化网络　　　数据云端处理系统　　　监督与控制终端

图 8-3　智能工厂数据管理系统图示

直接从三维模型中获取所需几何信息（坐标、向量等），映射为机器人可识别的六轴坐标和运动路径，从而实现数字化设计、机器人动态操控以及加工过程的有效结合。基于设计模型的机器人建造模拟提供了对材料几何信息、机器人运动路径以及整体施工顺序的规划和预判，从而最大化地实现了设计与建造的耦合，为新技术革命下的建筑产业化发展助力（表 8-1）。

智慧工厂与传统工厂比较　　　　　　　　　　　　　　　表 8-1

序号	智慧工厂生产系统	传统工厂生产线
1	数据来源的多样：要生产多种类型的小批量产品，更多类型的资源应该能够共存于系统中	数据来源的单一：为了建立一个特殊产品类型批量生产的固定生产线，需要仔细计算、定制和配置所需资源，以最大限度地减少资源冗余
2	动态生产线：当在不同类型的产品之间进行切换时，需要的资源和连接这些资源的路径可以自动地重新配置和联机	固定生产线：生产线是固定的，除非手动重新配置系统
3	设备全面连接：机器、产品、信息系统全部通过高速网络基础设施相互连接，进行实时数据交互	车间控制网络：设备通过机械师操控，并且机器之间没有数据交换
4	生产全面连接：生产的所有环节的数据都统一由云系统处理，数据形成数据链将生产设备全部连接	分离的控制网络：现场设备与上层信息系统分离
5	自组织系统：不同的机器由相同的控制算法控制，形成多个智能实体。这些智能实体相互协商，共同组织，以应对系统的动态变化	独立控制：每台机器都是预先完成指定的功能，任何一台设备的故障都会损坏整条线路

8.3　智能建造机器人推动定制化生产和现场建造的高效精造未来

8.3.1　机器人批量定制建造

在早期的建筑工业化过程中，建筑预制化、模块化生产是核心内容。在基于新一轮技术革命的建筑产业化发展模式中，传统的大批量标准化预制生产已经无法满足当代建筑的多样性和复杂性需求。以机器人为代表的建筑智能建造技术能够无限执行非重复任务，为建筑批量定制建造提供了技术可能，大大促进了建筑产业从传统的预制化和模块化向定制化与个性化方向转变。机器人批量定制化建造模式充分利用了数字化设计工具与建筑机器人建造技术。建筑机器人可以无限执行非重复任务，开展自由量划、层积打印等加工工艺，同时实现精确定位和安装。在个性化定制过程中，个性化需求、数字化设计与机器人精准建造的结合，带来了异质性、多样性等建筑属性。

1. 建筑模块化预制生产

预制化生产是指建筑物或其构件在建筑工地以外的工厂进行预制和生产。预制建造方式能够节省生产时间和材料，从而降低建造成本。以"未来家园"计划为例，建筑群中的每栋建筑分别被拆分成一系列的三维模块和二维面板（立面、楼板等）。梁、楼板、建筑配件等模块和面板在工厂完成预制，之后将分散的组件在柔性生产线中组装成型。借助组织有序的生产流水线，每一个建筑单元模块都可以进行批量生产（图8-4）。

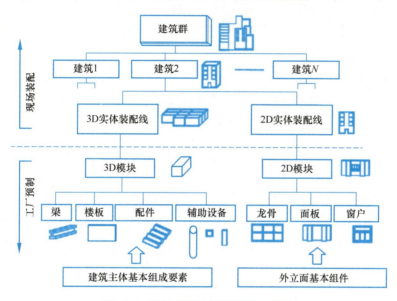

图 8-4　模块化建造树状结构示意图

预制模块根据其大小和复杂性排序，可以分为三级。第一级是预制板。预制板结构常用于外墙，主要材料是混凝土。由于新技术和新材料的发展，GRC/GRP等聚合物、复合材料和其他高性能材料也开始在隔墙和其他部件中得到应用。第二级预制件可以放在简单面板和整体模块之间，其被定义为"预制辅助系统"。这种类型的部件是一个复杂结构的子系统组合。例如，可以将一个结合了电气设备和水装置的墙板归入这个类别。最后完整的建筑模块被定义为多个预制辅助系统的组合，可以直接作为建筑物或活动空间的一部分使用（图8-5、图8-6）。

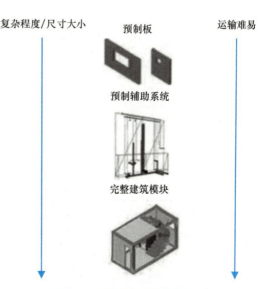

图 8-5　预制建筑部件分级

  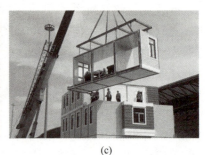

图 8-6 预制构件分级

(图片来源:《建筑机器人——技术、工艺与方法》)

(a) 预制板;(b) 辅助系统;(c) 完整模块

2. 自动化柔性制造系统

当标准化流水线面对小批量或者个性化生产需求时,需要对生产线作出调整以适应产品差异。设备的频繁调整与设置将给生产效率和经济性带来严重后果。柔性制造系统是由信息控制系统、物流储运系统和数控加工设备组成,能适应加工对象变换的自动化机械制造系统。柔性生产线则是通过通信网络把多台数控设备联结起来,配以自动输送装置组成的生产线。柔性生产线依靠中央控制台管理,可以混合多种生产模式以做到物尽其用,从而减少生产成本。20 世纪初,日本积水住宅株式会社项目大力发展了基于柔性生产线的装配式建筑生产模式。在该生产线中,一个建筑单元模块被拆分为 10~15 个预制单元模块、吊顶单元构件、地板构件和柱分别被送入柔性生产线上的装配点自动焊接成框架,作为后续墙面板和门窗的基本框架单元。通过高度集成化的柔性预制和装配流程,积水公司提供了灵活高效的预制装配模式,对世界建筑产业化发展有启示意义(图 8-7、图 8-8)。

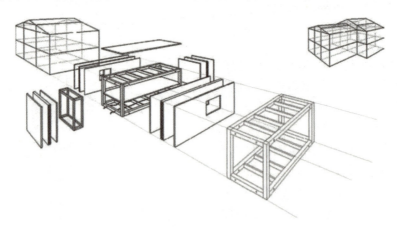

图 8-7 日本积水住宅模块拆分示意

(图片来源:《建筑机器人——技术、工艺与方法》)

工业机器人与柔性生产线的结合是对柔性生产能力的革命性提升。机械臂的灵活性和柔性生产线的智能性大大提升了产品制造的精细度与定制加工的效率。通过机器人与其他智能化工具进行系统集成,可以进一步打造智能柔性建造装备平台。工业机器人与数控加工中心、自动搬运小车以及自动检测系统可组成面向柔性生产的计算机集成制造系统,并

图 8-8　日本积水住宅株式会社工厂生产装配线
（图片来源：《建筑机器人——技术、工艺与方法》）

充分发挥机器人稳定、快速、高效的建造优势（图 8-9）。

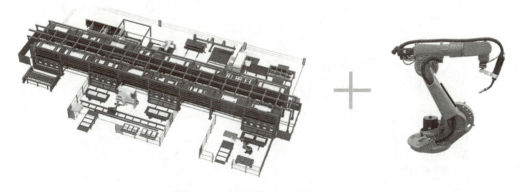

图 8-9　整合机器人的柔性生产线

3. 数字时代的建筑批量定制生产

与工业时代相比，数字时代对于个性定制化需求愈加凸显，与之相应的建筑智能化技术也将从本质上影响未来建筑的生产方式以及评价标准。建筑不再是标准化构件现场装配，取而代之的是非标准化构件的批量定制化生产，以及现场的智能装备辅助建造。

基于创新工艺的机器人建造技术，以其高效率和多自由度等特性为大批量非标准化生产与定制服务提供了物质保障：一方面，机器人建造能够超越传统工艺的加工局限，直接介入材料的加工环节，使设计师对材料能够进行自主性操作，进而扩展了材料工艺的可能性；另一方面，机器人建造以数据和路径作为加工依据，在完成大批量不同形制构件的同时，不失精度地实现传统手工艺生产的创造性和独特性。在过去十余年间，世界各地的建筑研究机构和企业已经开展了一系列机器人设计与建造实践，例如苏黎世联邦理工大学"阵列屋顶"（图 8-10）、江苏省园艺博览会现代木结构主题馆（图 8-11）等项目充分展示了机器人建造技术在推进建筑批量定制化建造层面的巨大潜力。

图 8-10　苏黎世联邦理工大学"阵列屋顶"项目机器人木桁架定制化组装
（图片来源：《建筑机器人——技术、工艺与方法》）

图 8-11　江苏省园艺博览会现代木结构主题馆定制木构
（图片来源：一造科技提供）

8.3.2 机器人现场自动化建造系统

现场组装或者装配是建筑工业化生产模式的最后一步，也是影响建筑完成度的关键一步。现场组装主要通过施工人员与吊装机械的协作完成，该过程需要复杂的流程组织，不仅受到复杂的现场施工条件限制，也受到天气、光线等外部环境影响。面对现场施工工序集成、工作环境优化等需求，"造楼机"等建筑现场自动化建造系统开始以智能工厂的组织方式对现场施工进行重新组织和优化，建筑现场建造开始从粗放向精细的结构化环境转变。

20世纪90年代初，由日本清水建筑公司提出并成功试验的集成建造系统SMART为集成一体化现场建造提供了重要技术参考：SMART系统由连续的外保护罩所覆盖，以防止系统受到外部恶劣天气影响；内部系统全部由一个中央控制系统控制，建筑构件通过垂直起重机被抬升到建造层，然后利用空中吊车系统将构件吊装到合适位置；系统内部集成了多种施工程序，包括钢框架的安装和焊接、混凝土楼板的铺设、内外墙板的安装等（图8-12）。

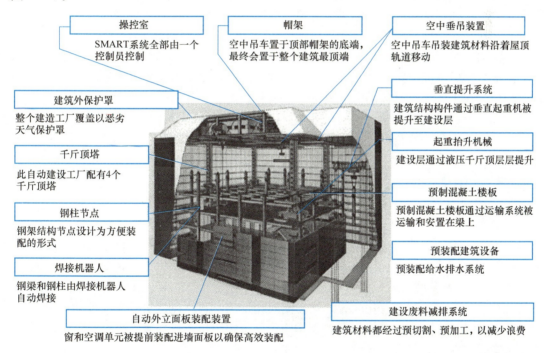

图 8-12 SMART建造系统集成技术图示

（图片来源：作者根据《The SMART System: an integrated application of automation and information technology in production process》资料翻译绘制）

当前，高层建筑"空中造楼机"是集成一体化建造系统的雏形，其主要特点是将完整的建造工艺流程加以集成，实现结构主体和保温饰面一体化同步施工，逐层建造，逐层抬升。针对量大面广、体型规则的高层、超高层钢筋混凝土结构建筑，中国建筑设计研究院牵头研发了落地支撑钢平台与施工设施设备集成的机械化、智能化大型造楼平台系统，可形成建造平台智能升降、墙梁模板自动定位与自动支（拆）模、混凝土布料与养护、预制构配件吊装、物料竖向与水平运输、施工设施设备与钢平台一体化集成的现场工业化造楼系统。该装备将平台升降系统、钢平台系统、模板系统、浇筑养护系统、挂架系统、辅助作业和安全防护系统，以及浇筑、养护、运输等设施设备集成在一起，实现平台安全高效升降、竖向模板工程智能化、混凝土高效布料与喷淋养护、预制与现浇工艺全覆盖、全天候施工保障等现场精益建造功能。

8.3.3 基于机器人建造的建筑产业化未来展望

新科学技术的突飞猛进正在推动人类步入以信息为基础的智能社会。智能系统及智能机器将解放人类，替代人类进行高效节能、精致高质、低碳环保的生产制造，社会生产及社会生活业将结束高排放、高能耗的现代工业时代。

机器人建造作为未来建筑产业化的物质载体，将大大推进建筑定制化生产和智能化现场建造的实现。当前，国内外机器人建造技术的研发和应用大部分处于实验室阶段，面对复杂的现场施工环境和批量化生产需求，如何通过协调机器人平台、工具端研发、建筑材料、建造任务和现场环境之间的关系，优化机器人建造工艺，将成为建筑产业化未来发展的重要环节。在保持对已有技术深化与整合的同时，不断保持对新技术的纳入和整合也会为建筑产业化的发展无限助力。

在机器人时代背景下，建筑环境也需要满足机器人的不同场景应用需求。随着数字设计与建造技术的逐渐成熟，基于机器人建造的建筑产业化发展体系也将逐渐落实。我们有理由相信，在工业4.0时代的大背景下，新材料、新工艺与新产业的全生命周期信息化整合，个性化设计以及与定制、预制服务的对接，将让数字化设计与机器人建造手段的结合快速深入未来建筑产业化的进程中。

【本章小结】

本章介绍了基于BIM的设计建造一体化流程，通过数据标准化、平台集成化和信息流通化实现了设计和建造过程的紧密融合。智能建造机器人作为数字化建造工具发挥着重要作用，提高了建造效率和质量。建筑产业化发展逐步向数字化建造转变，而机器人云建造将建筑全生命周期数据管理、建筑信息模型与精细化生产、智能工厂与机器人智能建造系统相结合，推动建筑产业化向智能化、高效化发展。智能建造机器人在推动建筑产业向定制化、个性化生产方向发展具有重要作用，批量定制建造机器人、现场自动化建造系统为未来建筑产业化发展带来新的机遇和挑战。

思考与练习题

1. 在设计建造一体化流程中，需要满足哪些标准？
2. 机器人云建造包括哪些方面的建设内容？
3. 建筑批量定制建造的未来技术方向是什么？
4. 预制模块根据其大小和复杂性排序，可以如何进行分级？
5. 柔性生产线的定义是什么？

6. 数字时代的建筑批量定制生产的核心环节是什么?

7. 设计建造一体化工作流程包含＿＿＿＿、＿＿＿＿、＿＿＿＿、＿＿＿＿、＿＿＿＿、＿＿＿＿六个环节。

8. 1995年正值建筑工业化和装配式住宅探索的黄金时期,这一年超过250家公司和200个研究机构共同推动了名为＿＿＿＿的全球项目。

9. ＿＿＿＿和＿＿＿＿是建筑自动化集成系统的两个核心理念。

10. ＿＿＿＿与＿＿＿＿的结合是对柔性生产能力的革命性提升。

思考与练习题
参考答案

9 智能建造机器人实践

【知识图谱】

智能建造机器人实践
- 机器人3D打印工艺应用案例 —— 乌镇"互联网之光"博览中心
  - 红亭：基于图解静力学的壳体结构设计优化方法与机器人3D打印模板建造技术
  - 云亭：结构拓扑优化方法与机器人改性塑料3D打印工艺
- 机器人砌筑工艺应用案例 —— 南京园博园L酒店
  - 基于深度学习生成对抗网络的立面参数化设计方法
  - 机器人现场砌筑技术
- 机器人木构工艺应用案例 —— 四川省成都市天府农博园瑞雪多功能展示馆
  - 基于结构性能化的壳体找型方法
  - 机器人高精度构件加工与现场装配技术

【本章要点】

知识点1. 智能建造机器人3D打印工艺应用。

知识点2. 智能建造机器人砖构工艺应用。

知识点3. 智能建造机器人木构工艺应用。

【学习目标】

（1）了解智能建造机器人的技术工艺产业化应用经验。

（2）结合实际工程案例，深化学习和理解智能建造机器人工作原理、技术工艺以及工具应用。

9.1 机器人3D打印工艺应用案例 ——乌镇"互联网之光"博览中心

9.1.1 项目简介

"互联网之光"博览中心（图9-1）位于乌镇核心镇区的西北角。该项目肩负了水乡古镇的文化升级，同时也需要面对互联网时代的高增长需求。乌镇"互联网之光"博览中心不仅是一个新建筑空间，更是一次后人文哲学思辨背景下的建构实验（图9-2）。后人文建构可理解为一种回应，既包含了营造过程中新生产力的建构逻辑与形式逻辑，也包含了数字人文时代的文化重构内涵。

图 9-1 "互联网之光"博览中心

图 9-2 "互联网之光"博览中心实景

项目包括作为博览中心主展馆的"叠幔馆"与主展馆东侧的"水月红云"4 处展亭。主展馆"叠幔馆"包含近 2 万 m^2 的无柱空间，自南向北划分为 4 个展厅。面对不同规模和性质的活动时，可以通过 4 个展厅的串联与划分适应不同的空间使用需求。东侧的"水月红云"4 处展厅以机器人智能建造为主题，分别以机器人砖构、木构、"3D 打印模板＋砖拱壳"和机器人 3D 打印为主要技术方法展开实践。

9.1.2 机器人3D打印工艺应用

乌镇"互联网之光"中心项目采用了从"几何参数化""结构参数化"到"建造参数化"的一体化设计原则。项目关注如何实现最小用钢量、最大跨度、最短施工周期的建造目标，以及数字孪生的设计施工一体化控制、机器人预制建造、机器人现场建造等全方位数字建造综合技术集成示范应用，通过性能化设计技术与数字建造的高度融合实现后人文时代的全新目标。其中，红亭和云亭均使用了机器人3D打印工艺。

红亭是一个复杂的砖壳体结构，数字建造系统在该项目复杂构件批量定制生产与现场施工方面起到了重要作用。红亭结构设计选取了空间砌筑砖拱壳为结构系统，最大跨度达40.5m的砖拱仅使用三层砖完成结构受力层，这对受压拱找形的精准性提出了很高要求。在红亭砖砌体受压结构的找形过程中，项目团队采用了两种不同方法，包括基于图解静力学的推力网络分析（TNA）法和基于平衡状态动态分析的粒子弹簧（PS）法，同时根据具体设计要求对其几何结构进行控制。设计过程通过控制TNA法中局部单元的力线长度和PS法中的局部弹簧刚度以进一步操纵全局几何。该方法使得一个压缩集中的特殊区域成为可行走的屋盖区域，产生了具有显著双曲率的倾斜自由边区域，这为大型薄壳提供了更多的结构冗余。最终拱壳横截高度只有150mm（截面跨度比为1∶267）。由于建筑净高、人行动线还有上人面倾斜角度等问题，单纯的受压壳体找形所得到的形体并不能满足所有需求，因此设计师对生成的拱形进行了局部形态调整。具体调整区域的中心点位置、影响范围以及拉高程度通过计算确定，具体调整幅度取决于以应变能及屈曲稳定因子为目标的遗传算法优化。

红亭的建造过程利用了机器人3D打印的预制化结构单元，为壳体提供复杂曲面形态的结构模板。3D打印模板的几何设计过程是基于原始UV四边形网格设计了一种风车形图案，形成互承支撑结构，其原因在于改性塑料3D打印材料的杨氏模量较低，该结构可以提供比普通四边形网格更好的刚度，打印材料消耗量较原始方形网格模板可降低30%。打印模板采用了复合功能设计，结合聚氨酯喷涂、机器人铣削等现代数字加工技术，赋予其保温隔热等性能。模板在建筑上永久保留，并行使保温隔热等构造功能，避免了模板拆卸的二次浪费。

建筑整体被拆分为近1500个3D打印单元，由基于Grasshopper平台的机器人编程软件FUROBOT提供机器人编程和3D打印工艺技术支持。单元由8台3D打印机器人打印完成，结合设计模型中对应的编号系统，实现了现场超600m²的壳体曲面模板拼装（图9-3）。红亭的全部建造过程基于完整的参数化模型进行尺寸定位层面的指导。现场搭建结果通过三维扫描反馈至虚拟模型中进行比对，从而指导现场调整。全三维扫描检查将最大公差控制在±2cm范围内，使得砖壳的最终砌筑精度达到较高水平。建造完成后，进行现场荷载试验，以检查壳体在不同荷载工况下的结构响应。最终，在可行走区域添加了90t砂袋，将试验结果与有限元分析结果进行对比，确保了结构安全性并验证了与分析结果的一致性（图9-4）。

云亭主要由机器人改性塑料3D打印工艺完成，内部划分为3个空间体量，分别为1个室内咖啡厅、2个半露天休憩平台，形成3束各自独立的伞状结构。项目通过采用一系列拓扑优化算法来提高云亭的整体结构性能，优化空间形式。在进行结构计算后，原本

图 9-3 机器人 3D 打印过程
（图片来源：一造科技提供）

图 9-4 红亭实景与三维扫描指导安装
（图片来源：一造科技提供）

平展的屋顶转换成整体起伏的几何形状，其结构刚度大大增加。在拓扑优化的同时，展亭根据结构内部应力分布，自动划分为不同加工构件，形成简洁高效的结构框架。在建造过程中，针对项目定制开发的 3D 打印分板程序直接对接方案设计几何信息，从而生成可 3D 打印的分板模型。

云亭主体划分为 400 余块不同的打印构件。所有构件通过 4 台 3D 打印机器人在两周内预制完成，运往现场进行装配。装配过程同样采用机器人定位技术。机器人接收各板块三维位置信息，经过现场坐标标定后，直接进行异形墙板的现场定位。单构件装配误差小于 2mm，整体装配误差小于 20mm。在数字化智能设计和机器人建造技术的支持下，云亭结合了结构性能分析技术与改性塑料打印路径优化流程，采用工厂预制生产与现场装配方式，展现了一种基于新型材料的"数字孪生"智能建造模式（图 9-5）。

图 9-5　云亭实景与机器人现场 3D 打印板装配

(图片来源：一造科技提供)

9.2　机器人砌筑工艺应用案例——南京园博园 L 酒店

9.2.1　项目简介

南京园博园是在汤山原有废弃采矿区基础上建造形成的"世界级山地花园"，其中 L 酒店坐落于园博园花园西侧。方案设计致力于几何拓扑、场地形式以及场所文脉的融合表达，通过非线性空间形态结合精确、智能"人机协同"数字建造体系，诠释了"物性有形、建造无形"的空间含义。L 酒店整体体量依托于大地的几何语言，15m 的场地高差塑造出层叠盘绕的大地风貌。方案生成顺势而为，依托地形将场地分为南北两大功能区，设定五种高差变化，以环形游园路径为线索，将客房单元、接待大堂、公共康养、餐饮娱乐、景观游园五大元素非线性有机串联（图 9-6～图 9-8）。

图 9-6　南京园博园 L 酒店

图 9-7　南京园博园 L 酒店东南向鸟瞰图

图 9-8　南京园博园 L 酒店主入口

9.2.2　机器人砌筑工艺应用

机器人砖构工艺在南京园博园 L 酒店的建造实践中有了新的发展。建筑立面上如山水泼墨创作中的飞笔光影印记,凝聚了超过 500 幅抽象山水意象的人工智能(AI)模型训练。设计过程采用了深度学习生成对抗网络(Generative Adversarial Network,GAN)对金陵山水画卷的结构、笔法进行风格迁移,再通过生成器和鉴别器的迭代与博弈,生成与崖壁风貌契合的数字山水画卷,同时借助灰度离散几何提取,结合参数化手段将其转化为砖的旋转角度,从而模拟画卷中的山脉形态等关键意象与要素,得到最终立面图像与数字建构效果(图 9-9、图 9-10)。

图 9-9 砖块旋转角度渐变效果

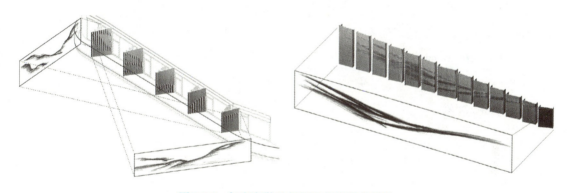

图 9-10 灰度离散几何提取与参数化设计

在机器人建造过程中,所有砖块的空间坐标与旋转角度通过参数化程序写入计算机几何模型,辅助砖构机器人实现对砖块的精准抓取、抹浆与砌筑。AI 智能生成的图像投射在超过 4000m² 的砖构立面上,将图像上不同的灰度信息离散为 0°~40°不等的砖块旋转角度,通过旋转后的砖块在立面上的凹凸形成不同灰度的阴影,完成图像信息的投射与转译。砖构立面采用江南传统建筑材料——青砖,辅以钢板、玻璃等材料,实现对在地文化记忆的设计与再现。项目通过使用机器人高精度砂浆涂抹工艺和 4mm 薄型专用砌筑砂浆,使得每平方米的砂浆使用量降低为常规墙体的 1/3,并且墙体更加平整、细腻(图 9-11、图 9-12)。

图 9-11 模块化砖墙
(图片来源:一造科技提供)

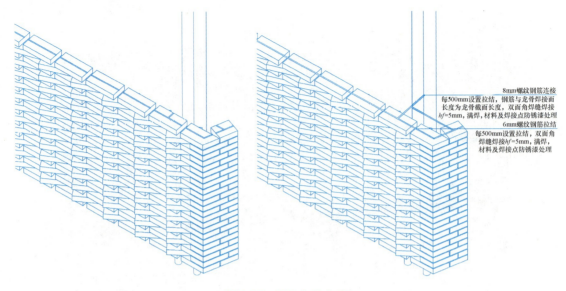

图 9-12 龙骨构造方式
（图片来源：一造科技提供）

9.3 机器人木构工艺应用案例——四川省成都市天府农博园瑞雪多功能展示馆

9.3.1 项目简介

天府农博园是四川农博会永久举办地。作为广袤农博园的点睛之笔，"瑞雪"项目总建筑面积达 1031m²，未来将承接展会、科技农具发布会、论坛路演、音乐会、时装秀、亲子研学等活动。"瑞雪"项目的设计从线性的场地边界条件出发，将苛刻的用地限制转化为自由连续的整体流动空间。建筑形态起伏错落，像雪后的地面，又似正在消融的积雪，进而描摹出雪落大地、冬雪消融的景象，与周围景观及人文精神悄然融合（图 9-13、图 9-14）。

9.3.2 机器人木构工艺应用

瑞雪多功能展示馆是综合运用木构机器人技术大批量定制化生产的典型案例。"瑞雪"的整体形态通过基于结构性能化的壳体找型方法生成。该建筑由于需要绕过场地若干保留树木，因而形成了较为复杂的边界形态，设计最终通过若干半径不同的圆弧相切拟合而成边界最优解。在设计边界确定后的找形阶段，项目团队将与建造相关的前置条件（如重力、材料强度、结构参数、壳体曲率等）作为参数和限制因素综合考虑，构建出基于力学性能的纯受压壳体体系模拟系统。通过将运算结果进行多次迭代和筛选，最终得到了形态顺滑、受力合理的壳体几何。

项目结构初期方案由密肋木梁出发，继而联想到图像网格镶嵌，并迁移出另一种与连续壳体空间适配的结构类型——互承结构。互承结构是一种由构件相互搭接形成的空间网

图 9-13　农博园瑞雪多功能展示馆
（图片来源：一造科技提供）

图 9-14　农博园瑞雪多功能展示馆与周围环境
（图片来源：一造科技提供）

格形式的结构。每个构件在其自身跨度内为其他构件的端点提供支撑，同时自身端点搭接在其他构建的跨度中以获取支撑，如此彼此支撑往复形成了一种复杂空间网格结构。互承几何最初起源于离散几何分支下镶嵌几何图案的旋转与延伸，以方案选取的正六边形镶嵌网格为例，每个单元线段绕其中点旋转，然后延伸到最近的线段相交，得到最后呈现的互承几何图案。

项目团队选取了正多边形的 11 种阿基米德铺砌作为互承几何库原型。对每个互承结构的单元杆件进行几何有理化，投影得到的互承结构定位线是具有多控制点的平面 NURBS 曲线，可以通过控制误差范围，提取曲线几何特征点构建圆弧线的方式来进行面向建造的优化。团队分别提取了每根杆件的端点与曲线中点，然后通过这三点构建圆弧线，来拟合原本的 NURBS 曲线。在面向工厂预制件的场景中，木制杆件的圆弧半径种类过多会造成杆件加工成本大幅度攀升。因此在原有拟合结果的基础上，通过遗传算法优化将圆弧的半径进行归纳与整合。从最开始人工归纳的 5 个区间、5 种半径的圆弧优化迭代到最终的 2 个区间、2 种半径的圆弧,并对于半径过大、无限接近于直线的圆弧划定区间,将其归纳成直线杆件,最终得到误差指标小于 6cm 的归纳最优解,所有杆件被统一归纳为直线杆件、3.9m 半径的圆弧杆件以及 9.0m 半径的圆弧杆件三种类型。这种数字化的深化设计在合理误差范围内,通过几何系统优化,大大提高了后续机器人的加工效率(图 9-15、图 9-16)。

图 9-15　互承木结构效果与几何优化实景图

(图片来源:一造科技提供)

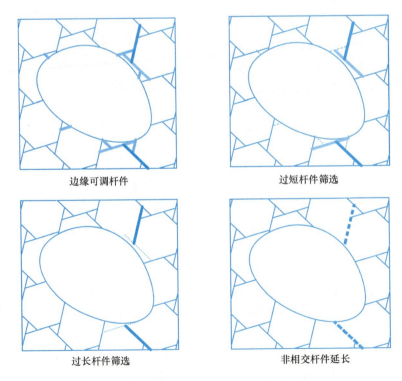

图 9-16　互承木结构效果与几何优化

项目采用了两个6轴机器人来实现数字模型与建造之间的连接。机器人建造过程的设计与加工工具的工作空间、加工范围直接相关。两台机器人分别配备了一台18000rmp的主轴电机和定制化带锯,通过转换工具头能够完成所有构件的粗加工和精加工(图9-17)。对同一个节点,机器人需要一系列加工路径:首先,需要制定木料粗加工的路径,从一根完整木料中铣削出需要的大体形式;然后,一些细节如螺栓孔、开槽等需要额外的加工路径来实现。加工过程和铣刀直径对节点设计形式产生了一定的反馈,主要体现为节点转角位置的圆角化。

图9-17 多机器人协同木构工艺

(图片来源:一造科技提供)

机器人模拟过程则保证了建造的顺利进行,通过直接生成机器代码,输出给机器人进行实际加工。除了建筑几何信息之外,这一过程无需其他几何信息的辅助。因此,机器人批量定制的加工方式有效保证了大批量构件的顺利完成,不仅提高了加工精度,同时也有效减少了加工时间和成本。针对各种类型的单元梁构件,团队也设计了基于钢填板、螺栓、钢钉等结构构件参与的不同类型节点,整体的屋面互承木构与外围控制曲线的钢环梁之间采用钢叉板进行稳固连接,分别通过焊接、螺栓连接的方式将钢木结构的交接处稳固定位,使建筑整体结构在不同材料体系中得到统一(图9-18)。

图9-18 屋面体系施工过程

(图片来源:一造科技提供)

【本章小结】

本章内容主要包括智能建造机器人的应用实践案例。通过全面介绍三种不同智能建造机器人工艺分别在三个实际案例中的应用，建立了智能建造机器人从理论、工艺到实践的联系，辅助完善智能建造机器人理论、技术、工艺全流程知识体系。

思考与练习题

1. 在乌镇"互联网之光"博览中心红亭项目中，机器人3D打印技术的主要作用是什么？
2. 在南京园博园 L 酒店项目中，机器人砌筑的砖墙与常规砖墙有何不同？
3. 四川省成都市天府农博园瑞雪多功能展示馆项目如何通过构件几何有理化来控制复杂性与加工成本？

思考与练习题
参考答案

参 考 文 献

[1] 丁烈云. 智能建造创新型工程科技人才培养的思考[J]. 高等工程教育研究，2019(5)：1-4＋29.

[2] 朱小林，殷宁宇. 我国建筑业劳动力市场的变动趋势及对建筑业的影响[J]. 改革与战略，2014，30(6)：108-110.

[3] 廖玉平. 加快建筑业转型推动高质量发展——解读《关于推动智能建造与建筑工业化协同发展的指导意见》[J]. 中国勘察设计，2020(9)：20-21.

[4] 徐卫国. 数字建筑设计与建造的发展前景[J]. 当代建筑，2020(2)：20-22.

[5] 朱合华，李晓军，林晓东. 基础设施智慧服务系统(iS3)及其应用[J]. 土木工程学报，2018，51(1)：1-12.

[6] 丁烈云. 助力"新基建"，提升"老基建"[J]. 建筑，2020(10)：20-22.

[7] 丁烈云. 智能建造推动建筑产业变革[J]. 低温建筑技术，2019，41(6)：83.

[8] 徐卫国. 从数字建筑设计到智能建造实践[J]. 建筑技术，2022，53(10)：1418-1420.

[9] 徐卫国. 走向智能机器人力设计建造新时代[J]. 世界建筑，2022(11)：54-55.

[10] 袁烽，周渐佳，闫超. 数字工匠：人机协作下的建筑未来[J]. 建筑学报，2019(4)：1-8.

[11] BATTISTA A L. On the Art of Building in Ten Books[M]. trans by RYKWERT J, LEACH N, TRAVERNOR R. Cambridge, MA: The MIT Press, 1988.

[12] 袁烽，柴华. 数字孪生：关于2017年上海"数字未来"活动"可视化"与"物质化"主题的讨论[J]. 时代建筑，2018(1)：17-23.

[13] 袁烽，肖彤. 性能化建构——基于数字设计研究中心(DDRC)的研究与实践[J]. 建筑学报，2014(8)：14-19.

[14] MENGES A. The New Cyber-Physical Making in Architecture: Computational Construction[J]. Architectural Design, 2015, 85(5): 28-33.

[15] BOCK T. Construction robotics[M]. Amsterdam: Kluwer Academic Publishers, 2007.

[16] BOCK T, LANGENBERG S. Changing Building Sites: Industrialization and Automation of the Building Process[J]. Architectural Design, 2014, 84(3): 88-99.

[17] 刘海波，武学民. 国外建筑业的机器人化：国外智能建造机器人发展概述[J]. 机器人，1994，16(2)：119-128.

[18] Jonathan Tilley. Automation, robotics, and the factory of the future. [EB/OL]. (2017-09-01) [2023-09-25].

[19] 徐卫国，黄蔚欣，于雷. 清华大学数字建筑设计教学[J]. 城市建筑，2015，(28)：34-38.

[20] 罗丹，徐卫国. 一种基于机器智能的材料编程方法——以在三维打印上的应用为例[J]. 建筑技艺，2019(9)：15-19.

[21] 徐卫国. 世界最大的混凝土3D打印步行桥[J]. 建筑技艺，2019(2)：6-9.

[22] 杨冬，李铁军，刘今越. 人机系统在机器人应用中的研究综述[J]. 制造业自动化，2013，35(5)：89-93.

[23] 蔡自兴. 机器人学[M]. 北京：清华大学出版社，2000.

[24] HUTTER M, GEHRING C, LAUBER A, et al. ANYmal - toward legged robots for harsh environments[J]. Advanced Robotics, 2017, 31(17), 918-931.

[25] BANG S, KIM H. UAV-based automatic generation of high-resolution panorama at a construction site with a focus on prepossessing for image stitching[J]. Automation in Construction, 2017, 84(12): 70-80.

[26] CHAI H, SO C, YUAN P F. Manufacturing double-curved glulam with robotic band saw cutting technique[J]. Automation in Construction, 2021, 124(4): 103571.

[27] BOCK T, LINNER T. Construction Robots - Elementary Technologies and Single-Task Construction Robots[M]. Cambridge: Cambridge University Press, 2017.

[28] Moritz, Doerstelmann, Jan, et al. ICD/ITKE Research Pavilion 2014-15: Fibre Placement on a Pneumatic Body Based on a Water Spider Web[J]. Architectural Design, 2015, 85(5): 60-65.

[29] LUSSI M, SANDY T, DORFLE K, et al. Accurate and Adaptive in Situ Fabrication of an Undulated Wall Using an On-board Visual Sensing System[C]. IEEE INTERNATIONAL CONFERENCE ON ROBOTICS AND AUTOMATION (ICRA), 2018, 3532-3539.

[30] WU H, LI Z, ZHOU X, et al. Digital Design and Fabrication of a 3D Concrete Printed Funicular Spatial Structure[C]//Proceedings of the 27th International Conference of the Association for Computer-Aided Architectural Design Research in Asia 2022, 2022: 71-80.

[31] Lloret-Fritschi E, Wangler T, Gebhard L, et al. From smart dynamic casting to a growing family of digital casting systems[J]. Cement and Concrete Research, 2020, 134: 106071.

[32] Garcia M J, Soler V, Retsin G. Robotic Spatial Printing[J]. eCAADe 2017, 2017: 143-150.

[33] Menges A, Kannenberg F, Zechmeister C. Computational co-design of fibrous architecture[J]. Architectural Intelligence, 2022, 1(1): 6.

[34] PARASCHO S, GANDIA A, MIRJAN A, GRAMAZIO F, KOHLERr M. Cooperative fabrication of spatial metal structures[C]. Fabricate, 2017, 24-29.

[35] SHEPHERD S, ALOIS B. KUKA robots on-site[J]. Robotic Fabrication in Architecture, Art and Design, 2014, 373-380.

[36] KUKA. KUKA "moiros" concept vehicle wins robotics award[EB/OL]. (2013-04-10)[2023-09-28].

[37] 袁烽, 胡雨辰. 人机协作与智能建造探索[J]. 建筑学报, 2017(5): 24-29.

[38] ANDRES J, BOCK T, GEBHART F, et al. First results of the development of the masonry robot system ROCCO: a fault tolerant assembly tool[C]. Proceedings of the 11th ISARC. 1994. 87-93.

[39] KHOSHNEVIS B, CARLSON A, LEACH N, et al. Contour Crafting Simulation Plan for Lunar Settlement Infrastructure Buildup[C]. The Workshop on Thirteenth Asce Aerospace Division Conference on Engineering. 2012: 1458-1467.

[40] MCPADMIN. 3D PRINTING CONCRETE: A 2,500-SQUARE-FOOT HOUSE IN 20 HOURS AND AN EYE ON A MOON SHOT. [EB/OL]. (2016-01-13)[2023-10-22].

[41] 吉洋, 霍光青. 履带式移动机器人研究现状[J]. 林业机械与木工设备, 2012(10): 7-10.

[42] GIFFTTHALER M, SANDY T, DORFLER K, et al. Mobile robotic fabrication at 1:1 scale: the In situ Fabricator[J]. Construction Robotics, 2017, 1(1-4): 3-14.

[43] WILLMANN J, AUGUGLIARO F, CADALBERT T, et al. Aerial Robotic Construction Towards a New Field of Architectural Research[J]. International Journal of Architectural Computing, 2012, 10(10): 439-460.

[44] 张轲, 谢妤, 朱晓鹏. 工业机器人编程技术及发展趋势[J]. 金属加工: 热加工, 2015(12): 16-19.

[45] 张华军, 张广军, 蔡春波, 等. 机器人多层多道焊缝激光视觉焊道的识别[J]. 焊接学报, 2009, 30(4): 105-108+118.

[46] HAL ROBOTICS. Simulation of ABB Robotics. [EB/OL]. [2023-10-22].

[47] Food4rhino. KUKA | prc. [EB/OL]. [2023-10-22].

[48] Raptech. RAP. [EB/OL]. [2023-10-22].

[49] ROB. Brick Design. [EB/OL]. [2023-10-22].

[50] FERINGA J. Entrepreneurship in Architectural Robotics: The Simultaneity of Craft, Economics and Design[J]. Architectural Design, 2014, 84(3): 60-65.

[51] RoboFold. SOFTWARE GUIDE _ V 1. 0[EB/OL]. [2023-10-22].

[52] 谭民, 王硕, 曹志强. 多机器人系统[M]. 北京: 清华大学出版社, 2005.

[53] 么立双, 苏丽颖, 李小鹏. 多机器人系统任务分配方式的研究与发展[J]. 制造业自动化, 2013(10): 21-24.

[54] 董炀斌. 多机器人系统的协作研究[D]. 杭州: 浙江大学, 2006.

[55] ICD. Prozess Bilder von ICD/ITKE University Stuttgart[EB/OL]. [2023-10-22].

[56] ABB. YuMi®- IRB 14000 | 协作机器人[EB/OL]. [2023-09-28].

[57] KUKA. Premiere for the LBR iiwa[EB/OL]. (2013-03-25)[2023-09-28].

[58] 于金霞. 移动机器人定位的不确定性研究[D]. 长沙: 中南大学, 2007.

[59] 王卫华. 移动机器人定位技术研究[D]. 武汉: 华中科技大学, 2005.

[60] 郑宏. 移动机器人导航和SLAM系统研究[D]. 上海: 上海交通大学, 2007.

[61] ADR LAB. [EB/OL]. [2023-09-28].

[62] DORFLER K, HACK N, SANDY T, et al. Mobile robotic fabrication beyond factory conditions: case study Mesh Mould wall of the DFAB HOUSE[J]. Construction Robotics, 2019(3): 53-67.

[63] Retsin, G. & M. j. Garcia: Robot-made Voxel Chair Designed Using New Software by Bartlett Researchers[EB/OL]. [2017-05-17].

[64] TAN R, DRITSAS S. Clay Robotics: Tool Making and Sculpting of Clay with a Six-axis Robot[C]. Living Systems and Micro-utopias: towards Continuous Designing, Proceedings of the International Conference of the Association for Computer aided Architectural Design Research in Asia Caadria, 2016.

[65] FRIEDMAN J, KIM H, MESA O. Experiments in Additive Clay Depositions[M]// Robotic Fabrication in Architecture, Art and Design 2014. Springer International Publishing, 2014: 261-272.

[66] 陈哲文, 袁张. 一种大尺度机器人3D打印设备与工艺: 中国, Cn107696477a [P/OL]. [2018-02-16].

[67] Joris Laarman Lab. Aluminum Gradient Chair [EB/OL]. [2023-09-26].

[68] Kokkugia. RMIT Mace [EB/OL]. [2023-09-26].

[69] Clare Scott. 3Dealise and Arup Take a Hybrid Approach to Architectural 3D Printing[EB/OL]. (2017-09-19)[2023-09-26].

[70] SONDERGAARD A, et al. Robotic Hot-blade Cutting, in Robotic Fabrication in Architecture[J]. Art and Design 2016. Springer, 2016: 150-164.

[71] Odico Construction Robotics. Science Museum[EB/OL]. [2023-09-26].

[72] KRISTENSEN EL, GRAMAZIO F, KOHLER M, et al. Complex Concrete Constructions Merging Existing Casting Techniques With Digital Fabricationt[C]. OPEN SYSTEMS, PROCEEDINGS OF THE 18TH INTERNATIONAL CONFERENCE ON COMPUTER-AIDED ARCHITECTURAL DESIGN RESEARCH IN ASIA, 2013.

[73] 巴赫洛·哈什纳维斯, 尼·里奇. 轮廓工艺: 混凝土施工的革命[M]. 上海: 同济大学出版社, 2012.

[74] 恩里·蒂尼. 打印建筑[M]. 建筑数字化建造. 上海: 同济大学出版社, 2012.

[75] PRITSCHOW G, DALACKER M, KURZ J. Configurable Control System of a Mobile Robot for Onsite Construction of Masonry[C]. Proceedings of the 10th ISARC, 1993: 85-92.

[76] PRITSCHOW G, DALACKER M, KURZ J, et al. Technological Aspects in the Development of a Mobile Bricklaying Robot[J]. Automation in Construction, 1996, 5(1)3-13.

[77] CHAMBERLAIN D A. Enabling Technology for a Masonry Building Advanced Robot[J]. Industrial Robot: an International Journal, 1994, 21(4): 32-37.

[78] ANDRES J, BOCK T, GEBHART F. First Results of the Development of the Masonry Robot System Rocco[C]. Proceedings of the 11th International Symposium on Automation and Robotics in Construction, Brighton, 1994: 87-93.

[79] ANDREANI S, BECHTHOLD M[R]. Evolving Brick, Boston: Harvard University Graduate School of Design, 2013.

[80] BECHTHOLD M, ANDREANI S, CASTILLO J, et al. Flowing Matter: Robotic Fabrication of Complex Ceramic Systems[J]. Gerontechnology, 2012, 11(2).

[81] BRESCIANI A. Shapting in Ceramic Technology - an Overview[J]. Engineering Materials & Processes, 2009: 13-33.

[82] YUAN P F, WANG X. Cellular Cavity: Applications and Production Process of Innovative Shell Structures with Industrial Thin Sheets[C]. Proceedings of Iass Annual Symposia, 2018.

[83] WERFEL J, PETERSEN K, NAGPAL R. Designing Collective Behavior in a Termite-inspired Robot Construction Team[J]. Science, 2014, 343(6172): 754-758.

[84] Kkaarrlls. 7Xstool. [EB/OL]. (2018-10-17)[2023-09-26].

[85] WILLMANN J, KNAUSS M, BONWETSCH T, et al. Robotic Timber Construction-Expanding Additive Fabrication to New Dimensions. Automation in Construction, 2016, 61: 16-23.

[86] BURRY M. Robots at the Sagrada Familia Basilica: a Brief History of Robotised Stone-cutting[M/OL]. Robotic Fabrication in Architecture, Art and Design, 2016: 4-13.

[87] FORTY A. Concrete and Culture: A Material History[M]. London: Reaktion Books, 2013.

[88] GOESSENS S, MUELLER C, LATTEUR P. Feasibility study for drone-based masonry construction of real-scale structures[J]. Automation in Construction, 2018, 94: 458-480.

[89] 郭喆, 陆明, 王祥. 基于无人机的离散结构自主建造技术初探[J]. 建筑技艺, 2019(9): 40-45.

[90] GAMBAO E, BALAGUER C, GEBHART F. Robot assembly system for computer-integrated construction[J]. Automation in Construction, 2000, 9(5-6): 479-487.

[91] HELM V, ERCAN S, GRAMAZIO F, et al. Mobile robotic Fabrication on construction sites: Dim Rob[C]//2012 IEEE/RSJ International Conference on Intelligent Robots and Systems. IEEE, 2012: 4335-4341.

[92] BUCHLI J, GOFTTHALER M, KUMAR N, et al. Digital in situ fabrication-Challenges and opportunities for robotic in situ fabrication in architecture, construction, and beyond[J]. Cement and Concrete Research, 2018, 112: 66-75.

[93] 苏世龙, 雷俊, 马栓棚, 等. 智能建造机器人应用技术研究[J]. 施工技术, 2019, 48(22): 16-18+25.

[94] 丁烈云. "制造—建造"生产模式[J]. 施工企业管理, 2022(8): 90-94.

[95] KOLARIK L, KOLARIKOVA M, KOVANDA K, et al. Advanced Functions of a Modern Power Source for Gmaw Welding of Steel[J]. Acta Polytechnica, 2012, 52(4): 83-88.

[96] BOCK, T. Construction Robotics[J]. Autonomous Robots, 2007, 22(3): 201-209.

[97] KUKA. Autonomous mobile transport platform (AGV) navigates with high precision. [EB/OL].

[2023-09-25].

[98] KUKA. Erhardt ＋ Abt using the KUKA KR 16 to automate the painting of rear axle drive shafts. [EB/OL].[2023-09-25].

[99] 崔景研,乔景慧. 钢筋绑扎机器人运动学建模及仿真[J]. 工业控制计算机,2022,35(3):64-65+68.

[100] 董国梁,张雷,辛山. 基于深度学习的钢筋绑扎机器人目标识别定位[J]. 电子测量技术,2022,45(11):35-44.

[101] 邹少俊,屈璐. 基于智慧建造的"华龙一号"钢筋施工技术优化研究[J]. 中国核电,2022,15(6):811-817.

[102] SWEET R. The contractor who invented a construction robot[J/OL]. Construction Research and Innovation,2018,9(1):9-12.

[103] Hope Daley. TyBot:a robot invented for tying steel reinforcement bars in construction[EB/OL].(2017-11-16)[2023-09-27].

[104] 中建八局.【科技赋能】中建八局自行式智能钢筋绑扎机器人(RBBD-Bot2.0)首次亮相[EB/OL].(2022-12-18)[2023-08-31].

[105] 陈新兵. 现场焊接机器人发展现状与箱型钢结构焊接机器人研究[C]//清华大学,东南大学,中国建筑设计研究院,中国建筑工程总公司,中国中建设计集团有限公司. 第五届全国钢结构工程技术交流会论文集. 施工技术杂志社,2014:477-481.

[106] Fronius. FLEXTRACK 45 PRO RAIL GUIDED WELDING CARRIAGE FOR MECHANISED LONG ITUDINAL SEAM WELDING[EB/OL].[2023-09-27].

[107] CITAC. Automation and Robotics Mobile Welding Robot[EB/OL].[2023-09-27].

[108] DÖRFLER K,HACK N,SANDY T,et al. Mobile robotic fabrication beyond factory conditions:case study Mesh Mould wall of the DFAB HOUSE[J/OL]. Construction Robotics,2019,3(1):53-67.

[109] 上海建工. 取代焊工!国内首台地连墙钢筋笼焊接机器人上岗_地下_施工_焊点[EB/OL].(2022-08-03)[2023-08-31].

[110] Wirtgen Autopilot 2.0 Significantly Speeds up Concrete/Paving Projects for Virginia Contractor | For Construction Pros[EB/OL].[2023-08-31].

[111] Dusty Robotics. The world's leading robotic layout system[EB/OL].[2023-09-28].

[112] 艾三维技术. Trimble 天宝 BIM 放样机器人[EB/OL].[2023-09-28].

[113] 大疆. 经纬 Matrice 200 V2 系列[EB/OL].[2023-09-28].

[114] 唯识筋斗云. 新一代 CW-007[EB/OL].[2023-09-28].

[115] Balyo. COUNTERBALANCED STACKERS[EB/OL].[2023-09-26].

[116] Vecna Robotics[EB/OL].[2023-09-26].

[117] MIR. MiR100[EB/OL].[2023-09-26].

[118] KUKA. KUKA PalletTech[EB/OL].[2023-09-26].

[119] Shanghai-Fanuc. 码垛机器人[EB/OL].[2023-09-26].

[120] 赵安宇,周泽林,刘洋,等. 一种自行式混凝土墩柱的裂缝检测机器人及检测方法[P]. 四川省:CN116087332A,2023-05-09.

[121] 裴尧尧,卢君帆,李鸿德,等. 一种检测机器人及钢管混凝土柱密实性检测方法[P]. 湖北省:CN116331378A,2023-06-27.

[122] 罗金海. 一种混凝土试样试验检测机器人[P]. 北京市:CN105583815B,2017-12-08.

[123] 周云,刘蒙,赵瑜,等. 一种检测机器人及使用该检测机器人检测钢管混凝土浇筑质量的方法

[P]. 湖南：CN108254440A，2018-07-06.

[124] 张曼，陈昊，张之睿，等. 一种混凝土裂缝检测机器人[P]. 河南省：CN219266123U，2023-06-27.

[125] Erylon. TECHNOLOGY[EB/OL]. [2023-09-28].

[126] 张传森，刘荣，王珂. 用于玻璃幕墙现场检测的爬壁机器人的研制[J]. 机械工程与自动化，2013(6)：130-132.

[127] 蔡诗瑶，马智亮. 高层建筑玻璃幕墙安全检测机器人研究[C]//中国图学学会建筑信息模型(BIM)专业委员会. 第七届全国BIM学术会议论文集. 北京：中国建筑工业出版社，2021：462-467.

[128] 朱燕明，曲京儒，阎玉芹，等. 一种玻璃幕墙结构检测机器人[P]. 江苏省：CN218974260U，2023-05-05.

[129] ALKALLA M G, MOHAMED A. A novel propeller-type climbing robot for vessels inspection[C]// 2015 IEEE International Conference on Advanced Intelligent Mechatronics, Korea, 2015: 1623-1628.

[130] JUN O Jr, VALDIR G Jr. Development of an autonomous robot for gas storage spheres inspection[J]. J Intell Robot Syst, 2012, 66: 23-35.

[131] JAGER A, CECHURA T, SVEJDA M. Non-standard robots for NDT of pipe welds[C]// 2018 IEEE the 19th International Carpathian Control Conference, Szilvasvarad, Hungary, 2018: 196-200.

[132] 马艺珍，孟凡召，徐磊，等. 检测焊缝爬壁机器人的设计[J]. 黑龙江科学，2023，14(12)：30-33.

[133] 王杰，麦志恒，费跃农. 焊缝检测机器人的研究现状及其发展趋势[J]. 传感器与微系统，2020，39(2)：1-3+10.

[134] 曾树杰，龙斌，唐德渝，等. 基于视觉的管道内焊缝检测机器人研究[J]. 焊接设备与材料，2016，45(10)：55-59.

[135] ELENA R I. An overview upon the non-destructive testing method[J]. Academic Journal of Manufacturing Engineering, 2010, 4(8): 85-90.

[136] SHAO W J, HUANG Y, ZHANG Y. A novel weld seam detection method for space weld seam of narrow butt joint in laser welding[J]. Optics and Laser Technology, 2018, 99: 39-51.

[137] CHU H H, WANG Z Y. A study on welding quality inspection system for shell tube heat exchanger based on machine vision[J]. International Journal of Precision and Manufacturing, 2017, 18(6): 825-834.

[138] YIN C H, TANG D W, DENG Z Q. Development of ray non-destructive detecting and grinding robot for weld seam in pipe[C]// International Conference on Robotics and Biomimetics, China, 2017: 208-214.

[139] ZHENG K, LI J. Two opposite sides synchronous tracking X-ray based robotic system for welding inspection[C]// The 23rd International Conference on Mechatronics and Machine Vision in Practice, Nanjing, 2016: 412-416.

[140] CHOI S H, CHO H J. Electromagnetic acoustic transducers for robotic non-destructive inspection in harsh environments[J]. Sensors, 2018, 18(1): 1-13.

[141] KIM J H. Reactor nozzle inspection based on the laser-guided mobile robot[J]. International Journal of Advanced Robotic Systems, 2018, 15(1): 1-13.

[142] 刘曦，徐光锋，费跃农. 用于相贯线焊缝检测机器人的图像处理算法[J]. 传感器与微系统，

2017，36(7)：146-150.

[143] ZHANG L G, YE Q X. Weld line detection and tracking via spatial-temporal cascaded hidden markov models and cross structured light[J]. IEEE Transaction on Instrumentation and Measurement, 2014, 63: 742-753.

[144] 李龙. 一种智能远程焊缝检测机器人[P]. 江苏省：CN217414017U, 2022-09-13.

[145] 筑橙科技. 智能外墙喷涂机器人[EB/OL]. [2023-09-28].

[146] 国家航天局. 嫦娥四号着陆器监视相机C拍摄的"玉兔二号"巡视器走上月面影像图[EB/OL]. [2023-09-21].

[147] 中国航空工业集团有限公司. 翼龙1D无人机系统[EB/OL]. [2023-09-21].

[148] DJI大疆创新. 经济作物解决方案[EB/OL]. [2023-09-21].

[149] 飞马防务. 彩虹-10出世，中国成为美国后掌握倾转旋翼技术的国家[EB/OL]. (2021-09-23). [2023-09-21].

[150] 陕西科技传媒. 国网陕西电力：无人机实现绝缘子RTV在线喷涂[EB/OL]. [2023-09-21].

[151] 苏波，江磊，刘宇飞，等. 移动机器人跨域跃质关键技术综述[J]. 兵工学报，2023，44(9)：2556-2567.

[152] 福建(泉州)先进制造技术研究院. 智能机器人与人工智能[EB/OL]. [2023-09-21].

[153] 何嘉良，张峰. 基于人机交互的变电站智能运维机器人系统[J]. 自动化应用，2021，(9)：92-94.

[154] ROBOT++. HighMate V40 水射流清理机器人[EB/OL]. [2023-09-21].

[155] ROBOT++. 外墙清洗机器人解决方案. [EB/OL]. [2023-09-21].

[156] 雷永军. 面向管道机器人模块化配置的关键技术研究[D]. 西安：西安工业大学，2023.

[157] 唐山工业设计创新中心. 中央空调管道清洁机器人[EB/OL]. (2019-10-13). [2023-09-21].

[158] 冯辉，程大展，李占龙，等. 智能破拆机器人关键技术研究[J]. 工程机械与维修，2023(3)：21-25.

[159] ANDERSON M O, WADSWORTH D C. The Modified BROKK Demolition Machine with Remote Console[J/OL]. IFAC Proceedings Volumes, 2001, 34(9): 221-225.

[160] 钱国忠，罗铭. 拆除机器人在国外的研发现状及发展趋势[J]. 建筑机械，2007(15)：20-22+2.

[161] 蒋君. 遥操作拆除机器人工作装置的设计与研究[D]. 绵阳：西南科技大学，2016.

[162] 司癸卯，刘军伟，罗铭，等. 智能拆除机器人的研究现状及发展趋势[J]. 筑路机械与施工机械化，2010，27(12)：83-85+88.

[163] 李辉，郑忠才，鲁守银，等. 智能破拆机器人关键技术综述[J]. 现代制造工程，2019(9)：150-160.

[164] BROKK. BROKK70 PRODUCTS OVERVIEW[EB/OL]. [2023-09-26].

[165] 惊天智能. 多功能遥控机器人[EB/OL]. [2023-09-26].

[166] WILSON D C, RODIC L, MODAK P, et al. Global waste management outlook [M]. UNEP, 2015.

[167] PARK J, TUCKER R. Overcoming barriers to the reuse of construction waste material in Australia: a review of the literature[J]. International Journal of Construction Management, 2017, 17(3): 228-237.

[168] BAO Z, LEE W M, LU W. Implementing on-site construction waste recycling in Hong Kong: Barriers and facilitators[J]. Science of the Total Environment, 2020, 747: 141091.

[169] Omer haciomeroglu. Erasing buildings with ero robot[EB/OL]. [2023-08-31].

[170] CHEN X, HUANG H, LIU Y, et al. Robot for automatic waste sorting on construction sites[J/OL].

Automation in Construction, 2022, 141: 104387.

[171] ZENROBOTICS. Heavy Picker[EB/OL]. [2023-09-26].

[172] Wirtgen Autopilot 2.0 Significantly Speeds up Concrete Paving Projects for Virginia Contractor | For Construction Pros[EB/OL]. [2023-08-31].

[173] 俞洪良,毛义华. 工程项目管理[M]. 杭州:浙江大学出版社,2014.

[174] 江苏省住房和城乡建设厅,江苏省住房和城乡建设厅科技发展中心. BIM 技术在装配式建筑全生命周期的应用[M]. 南京:东南大学出版社,2021.

[175] 赖华辉,邓雪原,刘西拉. 基于 IFC 标准的 BIM 数据共享与交换[J]. 土木工程学报,2018,51(4):121-128.

[176] GRAMAZIO F, KOHLER M, WILLMANN J. Authoring Robotic Processes [J]. Architectural Design, 2014, 84(3): 14-21.

[177] BARBOSA J, LEITAO P, TRENTESAUX D, et al. Cross Benefits from Cyber-Physical Systems and Intelligent Products for Future Smart Industries [C]. 2016 IEEE 14TH INTERNATIONAL CONFERENCE ON INDUSTRIAL INFORMATICS (INDIN) 2016: 504-509.

[178] BALAGUER C, ABDERRAHIM M, NAVARRO J M, et al. FutureHome: An integrated construction automation approach [J]. University Carlos III, Madrid, 2002, 9(1): 55-66.

[179] 徐广林,林贡钦. 工业 4.0 背景下传统制造业转型升级的新思维研究[J]. 内蒙古工业大学管理学院;厦门大学经济管理学院,2015(10):107-113.

[180] GAMBAO E, BALAGUER C, ELECTRIC I O, et al. Robot assembly system for the construction process automation[J]. Automation in Construction, 2020, 9(5): 479-487.

[181] NAVARRO J M, MARTINEZ S, GONZALEZ P, et al. Building industrialization: robotized assembly of modular products [J]. Assembly Automation, 2008, 28(2): 134-142.

[182] 蔡建国,韩钟,冯健,等. 预制混凝土框架结构的研究[J]. 建筑技术,2009,40(8):726-729.

[183] APOLINARSKA A A, BARTSCHI R, FURRER R, et al. Mastering the "Sequential Roof" Computational Methods for Integrating Design, Structural Analysis, and Robotic Fabrication [C]. ADVANCES IN ARCHITECTURAL GEOMETRY, 2016: 240-258.

[184] YAMAZAKI Y, MAEDA J. The SMART system: an integrated application of automation and information technology in production process [J]. Computers in Industry, 1998, 35(1): 87-99.

[185] WANG S, WAN J, LI D, et al. Implementing Smart Factory of Industry 4.0: An Outlook [J]. INTERNATIONAL JOURNAL OF DISTRIBUTED SENSOR NETWORKS, 2016(1): 1-10.

[186] LINNER T, BOCK T. Evolution of large-scale industrialization and service innovation in Japanese prefabrication industry[J]. Construction Innovation, 2012, 12(2): 156-178.

[187] BORJEGHALEH R M, SARDROUD J M. Approaching Industrialization of Buildings and Integrated Construction Using Building Information Modeling [C]. 5TH CREATIVE CONSTRUCTION CONFERENCE (CCC), 2016, 164: 534-541.

[188] 仲继寿,陈义红,汪鼎华,等. 现浇钢筋混凝土高层建筑工业化建造研究与工程示范[J]. 建筑科学,2022,38(3):139-145.

[189] 陈伟光,汪鼎华,仲继寿,等. 落地式空中造楼机钢结构平台系统的研究与开发[J]. 建筑科学,2022,38(3):174-179.

[190] 陈美竹,徐卫国. 机器人时代的建筑综合环境设计研究[J]. 当代建筑,2023(10):116-120.

后 记

当前，我国建筑业正面临新一轮科技革命。然而在建造领域，双碳目标、定制化需求及安全、效能等问题日益凸显。面向建筑绿色化、工业化以及智能化目标的建造智能及机器人增强技术，已成为建筑业转型升级的必由之路。如今，对于智能建造机器人的研发与应用场景存在诸多探索与实践，并呈现以下特征与趋势：

其一，面向建筑工地机器换人，针对劳动力成本提升，研发执行不同建造任务的智能建造机器人。该目标是在建筑单一工艺中完全替代建筑工人劳动，期待大幅度超越人工建造，实现产业升级。

其二，面向建筑工业化转型，针对传统装配式建筑构件生产模式，需要深入实现自动化。智能建造机器人技术引发了提升装配式建筑新型工业化水平的另一种应用场景，其不仅可以提升传统工厂的批量生产能力，也能够满足个性化、定制化的预制建造需求。

其三，面向智能设计的建造范式革命。随着机器智能对人类创作意图的理解，以及人工智能、人机协作的进步，智能建造机器人正在从纯粹的建造工具转向重新定义设计思维与建造流程的伙伴。在人机协作模式下，建筑机器智能逐步成为建筑师能力的体外化增强，重新建构设计建造流程体系，建筑业的科创转型将来自对于人机协作创造力的释放。

其四，探索地外人居的机器人自主智能建造技术。该方向提供了开辟未来人类生活全新应用场景的可能。

智能建造机器人的发展之路仍在探索阶段，亟需打通工艺研发与建筑产业应用的隔阂，建立新的产学研转化机制。建筑界正通过工作营、展览、会议、教学等活动机制，形成新的实验建造共同体，进而完成机器人智能建造共性技术从实验室走向实践应用的过程。另外，随着全球资本对于机器人科技公司的投入，科创企业也率先踏上了建筑产业更新的道路，未来智能建造机器人的研发迭代将迎来更加迅猛的发展。

智能建造机器人的应用和产业化向建筑行业提出了新要求，其研发需要包括建筑在内的机械、电气、自动化、计算机、测绘、结构、工程管理等多专业的参与，交叉性学科人才培养机制必不可少。本教材也试图为智能建造机器人方向的人才培养贡献力量，促进启发与思考。面向建筑业数字化、绿色化、智能化转型升级，我们仍需完善智能建造机器人的应用场景，提出系统化的规范，建立完备的工艺工法体系，共筑立体化的智能建造机器人未来。